建設マネジメントシリーズ 06

公共調達制度を考える
― 総合評価・復興事業・維持管理 ―

土木学会

【Construction Management Series 06】

The Symposium on Construction Management

—Comprehensive Evaluation, Reconstruction Work, Maintenance and Management—

March 2015

Japan Society of Civil Engineers

はじめに

　建設マネジメント委員会では、我が国の建設事業に係る公共調達のあり方について、様々な観点から研究活動を行ってきました。2007年6月から1年間毎月シンポジウムを開催しその記録を、建設マネジメントシンポジウム～公共調達制度を考える～シリーズとして3分冊で出版しました。

　その後、2009年度より毎年、この分野の各方面で行われている取り組みの情報共有を図り、PDCA活動を実践する場として、公共調達シンポジウムを開催しています。これは、建設事業を取り巻く環境、制度が大きく変化する中で、より効果的な公共調達の実現に向けて多様な取り組みが実施されるようになっている現状を踏まえ、それらの情報交換（事例発表等）を通じて、Good Practiceの共有、課題の把握や今後の取り組みのあり方の模索を行うなど、学会がマネジメントセンターとしての役割を果たし、改善運動の深化と拡大に寄与しようとするものです。

　また、東日本大震災の復興事業においては各地で多様なマネジメントの仕組みが試行されており、2013年12月に本委員会主催による講演会を開催しました。

　これらシンポジウム、講演会の記録を取りまとめ、「公共調達制度を考える」シリーズの続編として発刊することとしました。本巻には次の3つの行事において発表、議論されたもののうち、発表者から掲載を承諾いただいたものが収められています。
・2013年度第5回公共調達シンポジウム（2013年6月21日（金）10:30～17:30)
・復興事業マネジメントに関する講演会（2013年12月10日（火）13:00～17:00)
・2014年度第6回公共調達シンポジウム（2014年6月25日（水）10:30～17:30)

　公共調達シンポジウムは毎回集中的に意見交換する課題を特定課題として事例募集を行っています。第5回の特定課題は「総合評価落札方式」とし事例発表とともにパネルディスカッションを、第6回の特定課題は「維持管理に関する入札・契約方式の運用について」とし、基調講演、事例発表、全体討議を行いました。これらに一般課題の事例発表も加え本巻に掲載しました。また、復興事業マネジメントに関する講演会では、復興事業に従事されている行政、民間の関係者の講演記録を収録しています。

　最後に、各シンポジウム、講演会で講演、発表いただいた皆様、企画・運営に協力いただいた建設マネジメント委員会運営小委員会及び土木学会事務局の皆様に心から御礼申し上げるとともに、本報告書が今後の公共調達制度の改善に向けた議論に役立てば幸いです。

2015年3月

土木学会建設マネジメント委員会
委員長　福本　勝司

建設マネジメントシリーズ6　公共調達制度を考える
— 総合評価・復興事業・維持管理 —

1. 2013年度公共調達シンポジウム

1.1　道路インフラの不具合事例公開と設計品質向上に向けた取り組み（金治　英貞）……………… 1

1.2　東日本大震災からの復旧・復興事業に関する施工確保の取組（笹本進）……………………… 10

1.3　中山間地域道路等維持補修業務委託モデル事業（奥会津モデル）（阿部弘明）……………… 19

1.4　ダムESCO事業の提案（松本茂）…………………………………………………………………… 27

1.5　JICAコンサルタント等契約における総合評価落札方式の試行（足立佳菜子）………………… 38

1.6　公共工事の入札・契約における総合評価落札方式の実施状況及びH25年度の
　　　実施方針について（高橋岩夫）…………………………………………………………………… 46

1.7　技術提案書の作成説明会による総合評価落札方式の改善（森芳徳）…………………………… 61

1.8　総合評価落札方式における自己採点方式の試行（山口純）……………………………………… 66

1.9　総合評価方式を合理的に運用するシステムについて（福永知義）……………………………… 76

1.10　国土交通省直轄工事における総合評価の実施状況と海外の動向（森田康夫）………………… 84

1.11　パネルディスカッション ……………………………………………………………………………… 99

　　　　・コーディネーター　　松本直也
　　　　・パネリスト　　　　　小澤一雅
　　　　　　　　　　　　　　　森戸義貴
　　　　　　　　　　　　　　　古俣直紀
　　　　　　　　　　　　　　　高橋岩夫
　　　　　　　　　　　　　　　山口　純
　　　　　　　　　　　　　　　福永知義
　　　　　　　　　　　　　　　加藤和彦
　　　　　　　　　　　　　　　利光正臣

建設マネジメントシリーズ6　公共調達制度を考える
― 総合評価・復興事業・維持管理 ―

2. 復興事業マネジメントに関する講演会

- 2.1　震災復興事業の現状について（水谷誠）……………………………………… 139
- 2.2　三陸沿岸道路事業監理業務について（加藤信行）…………………………… 155
- 2.3　CMを活用した震災復興事業の取り組み（渡部英二）……………………… 166
- 2.4　仙台湾南部海岸事業監理業務について（橋場克泰）………………………… 175
- 2.5　釜石市復興事業CMについて（伊藤義之）…………………………………… 189

3. 2014年度公共調達シンポジウム

- 3.1　【基調講演】地方における社会基盤に関する維持管理技術者育成の試み（沢田和秀）………… 197
- 3.2　石巻ブロック災害廃棄物処理業務（青山和史）……………………………… 218
- 3.3　ICTによる担い手育成（近藤里史）………………………………………… 228
- 3.4　第二阪奈有料道路　道路維持業務委託（賀集功二）………………………… 235
- 3.5　仙台市下水道事業アセットマネジメント（水谷哲也）……………………… 246
- 3.6　かほく市上下水道施設維持管理業務（奥野了平）…………………………… 256
- 3.7　全体討議 ………………………………………………………………………… 268
    - ・コーディネーター　松本直也

1. 2013年度公共調達シンポジウム

(司会) 森田　康夫 (国土技術政策総合研究所 建設マネジメント技術研究室)

- 1.1　金治　英貞 (阪神高速道路株式会社　建設事業本部建設技術課)
- 1.2　笹本　進 (福島県　土木部建設産業室)
- 1.3　阿部　弘明 (福島県　土木部道路管理課)
- 1.4　松本　茂 (栃木県　環境森林部地域温暖化対策課)
- 1.5　足立　佳菜子 (国際協力機構　調達部契約企画課)
- 1.6　高橋　岩夫 (国土交通省関東地方整備局　企画部技術調査課)
- 1.7　森　芳徳 (土木研究所　地質・地盤研究グループ)
- 1.8　山口　純 (広島高速道路公社　企画調査部技術管理課)
- 1.9　福永　知義 (市川市　管財部技術管理課)
- 1.10 森田　康夫 (国土技術政策総合研究所 建設マネジメント技術研究室)
- 1.11 ＜基調プレゼンテーション＞

    小澤 一雅 (建設マネジメント委員会・委員長／東京大学大学院教授)

    ＜パネルディスカッション (全体討議)＞

    ・コーディネーター：

    松本 直也 (建設マネジメント委員会・幹事長／建設経済研究所)

    ・パネリスト：

    小澤 一雅 (東京大学大学院教授)

    森戸 義貴 (国土交通省 大臣官房技術調査課)

    古俣 直紀 (東日本高速道路株式会社 建設・技術本部技術・環境部)

    高橋 岩夫 (関東地方整備局／事例発表者)

    山口 純 (広島高速道路公社／事例発表者)

    福永 知義 (市川市／事例発表者)

    加藤 和彦 (清水建設株式会社 第一土木営業本部)

    利光 正臣 (利光建設工業株式会社)

1.1 道路インフラの不具合事例公開と設計品質向上に向けた取り組み（金治 英貞）

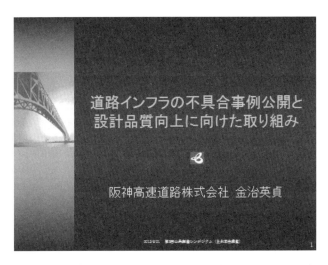

図 1-1 道路インフラの不具合事例公開と設計品質向上に向けた取り組み

阪神高速道路の金治英貞です。本日は、「道路インフラの不具合事例公開と設計品質向上に向けた取り組み」についてご紹介します。

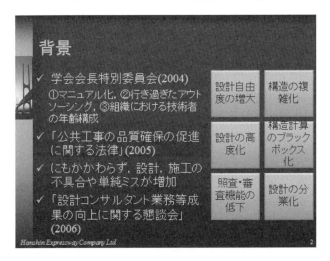

図 1-2 背景

まず、背景ですが、これはみなさまもご存知の通りですが、設計の不具合が増えていることについて 2004 年より学会でマニュアル化、アウトソーシング、組織における技術者の年齢構成の問題等々が議論されています。にもかかわらず、設計のあるいは施工の不具合が増加している状態です。そこで設計コンサルタント業務等成果の向上に関する懇談会が設けられて、また、調査・設計分野に関わる品質向上に関わる懇談会が引き続きなされています。我々は代表的な原因として、設計自由度が増大しているというのがまずあるのではないか。また、都市高速といえば、構造が複雑化しており複雑な構造計算、解析が要求されています。最近では改築事業等が次第に増えてきておりまして、既設構造物と新設構造物の取り合いが複雑化してきている。設計手法、基準自体が高度化している。さらに構造計算ですが、ブラックボックス化している。一方で、マネジメントの方ですが、照査、審査機能が低下してきている。また、設計の分業化という問題も大きな影響を及ぼしています。

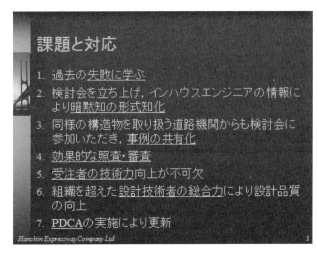

図 1-3 課題と対応

私たちは中堅・若手のインハウスエンジニアを中心として、自分たちでこの不具合を減らすにはどうしたらいいのかを議論してきています。まず、大事なことは「過去の失敗に学ぼう」ということではないかということになりました。また、検討会を立ち上げましたが、インハウスエンジニアの情報により、インハウスエンジニア自らが考えることが大事だと思っています。自分たちで考えることで暗黙知を形式知化しようということです。さらに、同様の構造物を取り扱う道路機関の技術者の方々に検討会に参加していただき事例の共有化を図っています。ま

た、照査、審査というところでは海外、建築分野の事例を調べ、それなりに活かせないかなど、インハウスエンジニアのあるべき姿について考えてきました。しかし、発注者だけでは限度があるということでわれわれの集めた情報を公開し、受注者も含めた組織を超えた設計技術者の総合力によって設計技術力の向上を図ろうということになりました。また、一度不具合の事例を集めるなどの取り組みをしても 2，3 年経れば陳腐化してしまいます。そのようになってはいけないということを念頭においたしくみも重要と考えています。

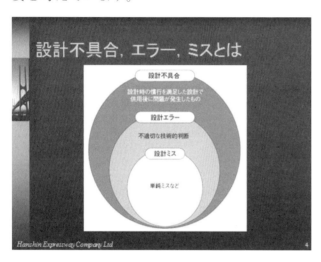

図 1-4 設計不具合、エラー、ミスとは

設計の不具合という言葉ですが、公式的な言葉の定義はないと思いますが、われわれは議論し言葉の定義をしっかりしていこうとしました。まず、単純ミスというのは設計ミスです。国交省さんは設計エラーという言葉をよく使われますが、このエラーという言葉を使わせていただき、設計ミスに加え、不適切な技術的判断、技術的に難しいもので判断を誤る、基準を取り間違える、そのようなものを設計エラーと定義しました。設計不具合は、設計時の基準等は満足していますが、昨今言われているように長寿命化ということで、その当時の設計は満足しているのですが、例えば 5 年後、10 年後に不具合が生じる。このようなものもできれば経験を踏まえて当初から網羅したいと思い、それについては設計の不具合として大きな枠をかぶせています。

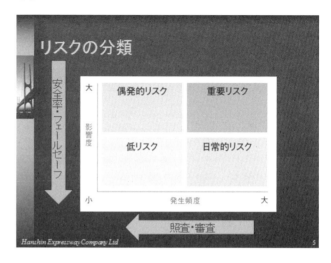

図 1-5 リスクの分類

事例を集めるのは各分野で実施されているとは思いますが、今回、事例を集める上で特徴的なのは、われわれはリスクマップというものを作っております。横軸が発生頻度、縦軸が影響度です。ご存じの通り発生頻度が高くて影響度が大きいのは重要リスクです。すべてが大事ですが、集めた中で優先度をつけて対応していくことを考えています。ちなみに発生頻度を下げたいという時には照査、審査というのが大事になってくる。

図 1-6 設計不具合改善検討会

ちょっと余談ですが、さきほど申しました情報共有化しようと同様の構造物を扱う団体とし

て阪神高速グループ以外に福岡北九州高速道路公社様、名古屋高速道路公社様にも集まっていただき議論してきました。面白いのは不具合というものは結構共通しているところがあると改めて明確になってきました。本日は時間の関係で3例紹介します。どんな様式でまとめているかについては、付録にまとめています。

このような形で具体的な部位だとか発生段階で分類して、さきほどのリスクマップ、概要、対策、解説図、それから生の担当者の声を入れリアリティを持たせています。

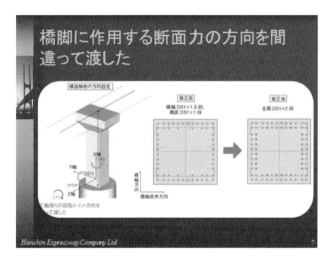

図 1-7 橋脚に作用する断面力の方向を間違って渡した例

これは1つの事例ですが、橋脚に作用する断面の方向を間違っていたということです。橋軸と橋軸直角方向と鉛直方向に軸を持っていまして、橋軸方向の軸はここではz軸ということですが、この軸に対するモーメントの向きにおいて、プラス方向とマイナス方向を設計計算上間違いまして不具合が生じました。対称な構造物であればプラスマイナスの間違いは関係ないのですが、この場合は慣性力が異なってきます。この結果、橋直のモーメントが大きくなるということがわかりまして、【図 1-7】の右側で鉄筋の本数が増えていますが、このような配筋がさらに必要となったということです。さらにケーソンの基礎ですが、基礎の配筋も足りなくなり、その配筋も補ったという事例です。

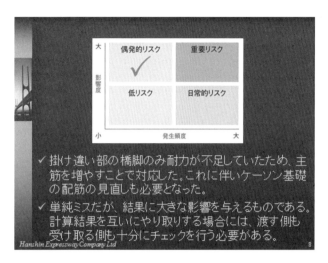

図 1-8 リスクの分類

こういう事象そのものは、発生頻度についてはちょっと判断が難しいのです。これは、同様の符号の間違いの発生頻度は多いのですが、このような大きな事象における発生頻度は少ないためこのような判断を行っています。ただ影響度は非常に大きいというものになっています。

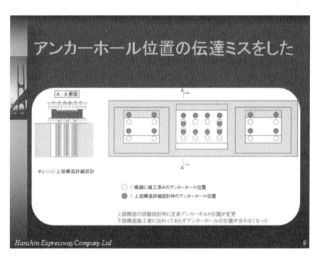

図 1-9 アンカーホール位置の伝達ミス

これはRC橋の支承です。支承の断面、左が側面図、右が平面図になります。何が起こったかといいますと、支承を据え付けるためにこのようなアンカーホールというものが据え付けられて橋脚が完成しましたが、上部工を施工しようとしたときにはまらない。実際にこれはよくおきていることが原因です。上部工事と下部工事が独立して行われます。当然ながら情報共有

をするのですが、同時並行で設計作業が進んでいますので、上部業者の予備段階あるいは途中段階の図面が下部業者に渡りこれをもとに下部の設計が進みます。しかし、上部の詳細設計がどんどん進むにあたり、例えば上部構造の関係で支承がずれるといったことがおこり、その情報あるいは図面が下部業者に適切に伝達されない。こういう事例が非常に多い。これについては、アンカーホールを追加する必要が生じまして、梁の上面を外して鉄筋位置を確認して、アンカーホールを再削孔することになりました。

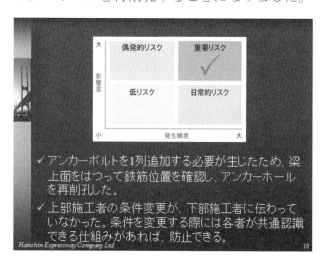

図 1-10 リスクの分類

設計の組織が違うという端境のところでこういうことが起きるという事象が多い。したがって頻度大、リスクも大きいということで重要リスクと設定しました。

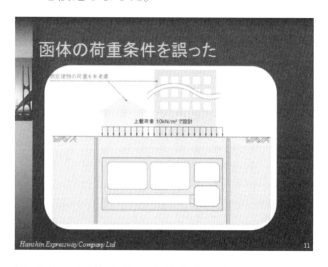

図 1-11 函体の荷重条件を誤った

これは開削トンネルの事例ですが、この上載荷重は一律設計基準上で10kN/㎡です。ですが、土地の利用によってはこのように区分地上権によって上に住宅が建つ場合があるのですが、こういう条件をコンサルタントの設計者にわれわれ発注者が適切に伝えていなかったために、壁厚が若干不足することになりました。これは古くから施工されほぼ完成していたところでした。

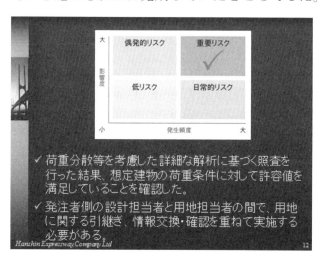

図 1-12 リスクの分類

三次元モデルを使った詳細な解析で荷重分散効果を考慮すると壁はもっと分かり事なきを得たということですが、設計条件を与えるというところはかなりミスが多く、今回は安全性に問題ありませんでしたが、影響度も大きいということで重要リスクに設定いたしました。

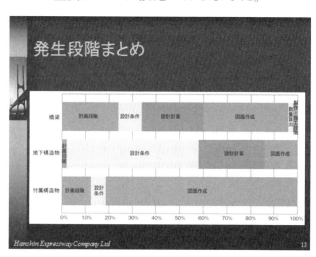

図 1-13 発生段階まとめ

発生段階のまとめですが、【図 1-13】です。橋梁で計画段階、設計段階、設計計算、図面作成とほぼ均等に発生段階が分類されています。一方、地下構造物につきましては設計条件、この段階での不具合が多いということがわかりました。一方、付属構造物につきましては計画段階でのミスは多くなく、図面作成段階で多くなっている。

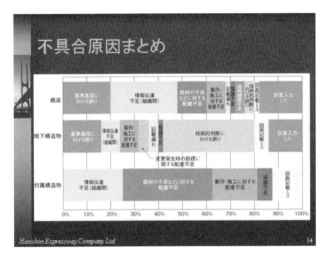

図 1-14　不具合原因まとめ

次に、不具合原因のまとめになりますが、橋梁については基準適用における誤り、情報伝達不足、部材の干渉が多いということです。これに対して、地下構造物については、技術的判断における誤りが多い。橋梁の情報伝達不足、組織間の不具合が多いというのは先ほど申したように下部と上部に分かれるということによります。設計品質向上の方向性ということでは、単に不具合を集めるだけではなくて、不具合事例の把握と不具合とリンクさせチェックリストを活用していこうと思います。

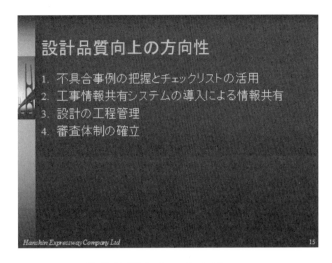

図 1-15　設計品質向上の方向性

次に工事情報共有システムについて、さきほど上部と下部がリアルタイムで同じ図面を共有する、あるいは発注者も同じ情報を共有するというようなシステムを導入しています。設計の工程管理につきましてもより詳細な工程で管理する。

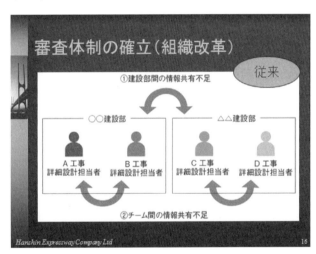

図 1-16　審査体制の確立

審査体制の確立ということでは、従来の組織では○○建設部というのがありそれぞれ分離してやっていました。そのため担当者同士の情報共有がうまくいかないため設計の品質に不整合がみられ、組織改革しました。

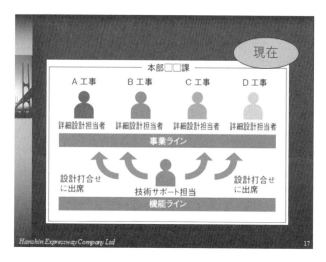

図 1-17 技術サポートライン

図 1-19 事例

このように、共通的な設計は一緒のところに集め、マネジメントする担当者は各工事別に詳細設計を各自担当します。そして横並びに技術サポートラインというものを設け、このサポートラインが全工事の打ち合わせに出るというような対応をしております。

図 1-20 事例（図面）(P-9)
図 1-21 事例（審査書）(P-9)

これはわたしの担当した一例ですが、われわれインハウスエンジニアは全図面を責任をもってチェックしますということです。このように書き込みをしております。一方、設計計算書のチェックについては、審査補助の枠組みにおいてコンサルタントの助けを借り、われわれはここにコメントを付け加えまして回答を求めます。そして最後は確認するという行為です。こうして審査を充実させ不具合をなくそうとしています。

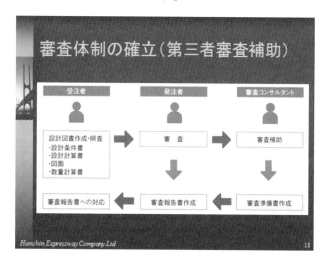

図 1-18 審査体制の確立（第三者審査補助）

もう一つは第三者審査補助ということで、第三者としてコンサルタントを用いて審査をしようということですが、審査補助として審査準備書というものを作成していただき、それとわれわれの審査結果を合わせて審査書として詳細設計を実施した業者に伝えます。そして回答を持って必要に応じ修正を実施し品質を確保するということです。

図 1-22 それでも

このような取り組みをしていますが、残念な

がら不具合が全くなくなったわけではありません。この写真は新設工事ですが床版を撤去している最中のものです。実は配筋を間違えまして、床版を取り替えなくてはいけないという事態が最近発生しました。

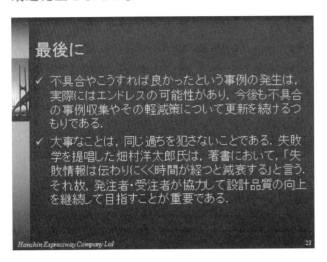

図 1-23 最後に

最後になりますが、不具合というのはエンドレスという可能性があり、こうした活動は続けていかなくてはいけません。大事なことは同じ過ちを二度と起こさないことです。有名な畑村洋太郎さんの言葉で「失敗情報は伝わりにくく、時間が経つと減衰する」に通じます。発注者、受注者が協力して品質を向上していくことが重要であると改めて認識しております。

◇質疑
（会場）
情報公開、不具合の事例を、組織を越えて皆で共有しようということですが、先ほどの各道路担当者の間では情報を共有されていると思いますが、さらにこれを世の中全般、コンサルタントの担当される方など、どんどん広げていくということへのお考え、あるいは実際どの程度やっておられるのでしょうか。
（金治）
今申しました受注者、発注者が協力しなければならないということで、本を出しました。これは日経BP社さんから出していただいたのですが、全部の不具合だとかなりあり、あまり多く不具合を入れると効果的ではないので不具合を選定して入れています。それから、マクロデータチェックということで、我々が集めた、例えばスパンと工種の関係というようなデータも公開しております。みなさんにお役に立てるような形にはしております。それから、産・官・学を集め年に1回講習会を行い、情報を共有しています。また、昨日ですが、あるコンサルタント会社に呼ばれまして、これの説明をしましたが、そういう活動もしているところです。

（会場）
設計の審査補助ということがあったのですけど、その時にもし不具合やエラーがあった時に最終的責任を発注者が取るのか、補助で請けたコンサルタントが取るようになっているのか、そのところを教えてください。
（金治）
これはかなり難しい問題です。かなり議論しまして、海外の事例もいろいろチェックしましたが、ケースバイケースになります。今のところは、指摘をして直しているので問題ない。ただ、一番最後のスライドで床版の鉄筋が足りないことを説明しましたが、詳細設計の責任については、我々の発注形態では橋梁メーカーなど最終的に工事を請け負ったところが詳細設計を行っておりますので、そこが責任を取ることになります。ただ、新たに予算を確保し設計審査補助をやっていて、また我々も見抜けなかったことで反省しているのですが、審査コンサルタント会社のペナルティについては口頭注意に留まり、損害賠償ということにはなっていません。

（司会）
私もこの本を読ませていただきましたが、非常にすばらしい中味で、基本的には臨床の数から積み上がったものですし、海外のことも後半

にまとめて提案などをしています。ぜひ皆様ご購入、ご一読いただき、このような本質的な議論が各組織の中で展開されると、設計のミスという言葉ではなく本質的なところで積み上がっていくのではないかと思いますので、どうぞよろしくお願いいたします。

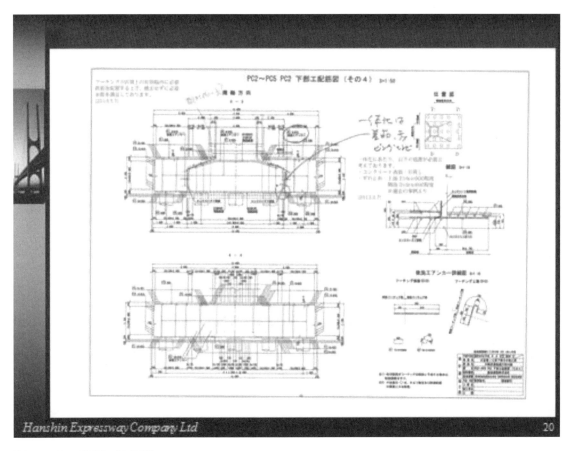

図 1-20 事例(図面)

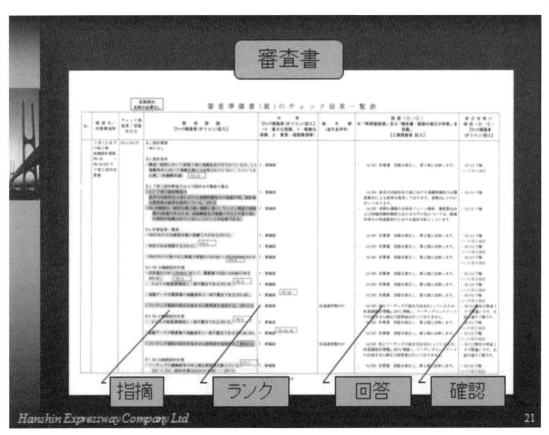

図 1-21 事例(審査書)

1.2 東日本大震災からの復旧・復興事業に関する施工確保の取組（笹本 進）

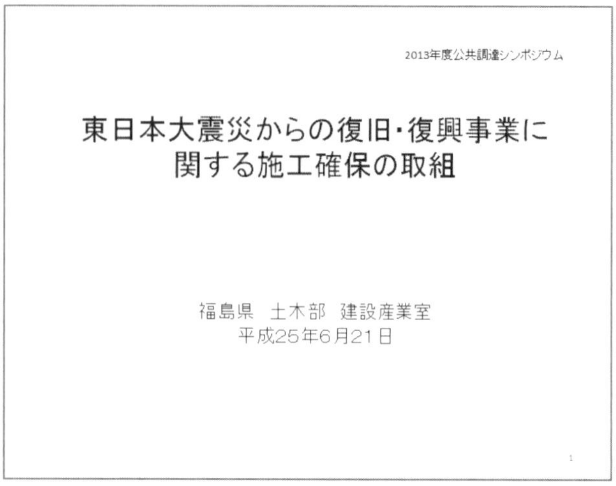

図 2-1 東日本大震災からの復旧・復興事業に関する施工確保の取組

　福島県土木部建設産業室の笹本と申します。今日は、福島県における「東日本大震災での復旧・復興事業に関する施工確保の取組」について発表させていただきます。

図 2-2 東日本大震災の発生(P-16)

　まず、福島県の被害状況ですが、平成23年3月11日の大震災以降、福島県は「新潟・福島豪雨(台風15号)」により被害がさらに増大し、福島県の公共土木施設の被害は、こちらに書いていますとおり、5,860件、3,346億円となっています。

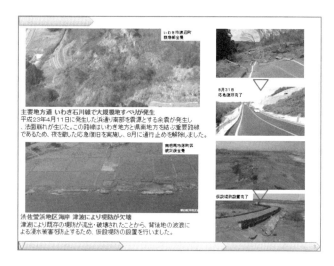

図 2-3 東日本大震災 被害状況

　被害の写真がこちらの写真ですが、平成23年4月11日、ちょうど震災の1か月後に起きた余震で、県内の主要県道の法面が崩壊した状況です。この崩壊により、1名の方が亡くなられております。こちらは津波により海岸の被害状況です。海岸保全施設が失われている状況がわかります。

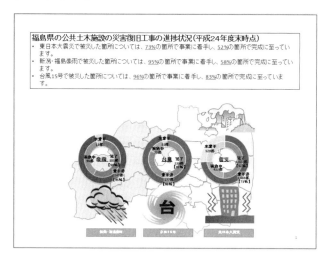

図 2-4 福島県の公共土木施設の災害復旧工事の進捗状況（平成24年度末時点）

図 2-5 福島県 被災の復旧状況(P-16)

　現在の復旧の進捗状況ですが、東日本大震災については、52％のところで完成に至っている状況です。件数では進んでいる状況ですが、海岸保全など海岸の復旧がまだ6％、ほとんど進

んでいない状況です。

図 2.6　土木部一般会計当初予算の推移(P-17)

続いて、福島県土木部の当初予算の推移です。平成 9 年度にピークを迎え、その後減少を続け、平成 23 年度にちょうど 1,000 億円を切ったところで震災が発生しております。予算規模は、前年の約 2.5 倍となっている状況です。平成 9 年に 2,300 億円の実績はあるわけですが、建設企業の状況が変わっているところがあります。今日の資料でお示ししてなかったのですが、福島県建設業協会に加入している企業の社員数ですが、平成 9 年の段階では 18,000 人いましたが、平成 23 年度に震災が起きたときには、6,000 人にまで減っており、約 1/3 となっております。企業の生産性が変わっているので比較はできませんが、工事を発注しても工事を施工する企業側の能力が減少しており、行政側の早期復旧という需要と、建設企業側の施工能力という供給のバランスが崩れている状況です。

図 2-7　H23 以降の不調状況(P-17)

こちらは平成 23 年度、24 年度の福島県の 250 万円以上の工事の不調の状況を表したものです。平成 23 年度の不調の発生率は 12%、平成 24 年度は 22%と増加しております。特徴的なのは棒グラフの一番下の部分ですが応札なしの数です。こちらについては不調の約 6 割が応札なしという状況です。このため福島県としましては 4 つの視点、4 つの連携を中心とした施工確保の取り組みについてまとめております。

図 2-8　復旧・復興工事に関する施工確保の取り組みについて(P-18)

4 つの視点ですが、1 つは入札制度。もう一つは規制緩和。もう一つ施工体制の確保。あとは適切な工事価格の算出の 4 つです。また、4 つの連携とは、1 つは福島県建設工事復旧・復興連絡協議会を各方部で設け、発注者と受注者が情報交換、意見交換を行うこととしております。このほか、被災三県による国への要望。また、被災三県・東北 6 県が連携してあたるということで、例えば広域土砂の発生土の流用の調整等も含まれています。さらに、県内の発注者間、県と市町村の積算手法等の統一化ということも取り組んできました。入札制度につきましては緊急を要する災害復旧工事には複数者の見積り合わせによる随意契約とし速やかに対応することにしました。

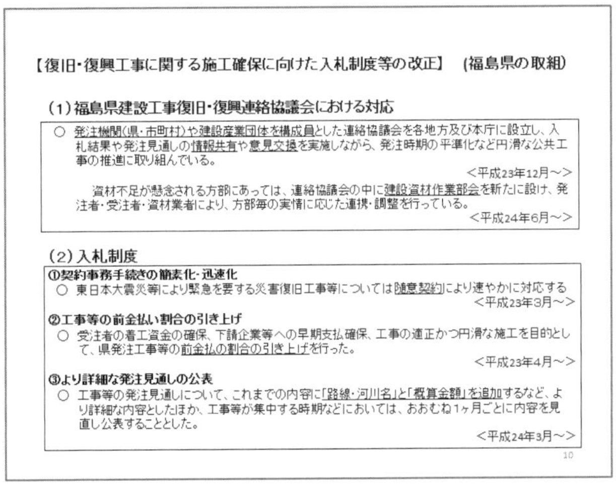

【復旧・復興工事に関する施工確保に向けた入札制度等の改正】　(福島県の取組)

(1) 福島県建設工事復旧・復興連絡協議会における対応

○ 発注機関(県・市町村)や建設産業団体を構成員とした連絡協議会を各地方及び本庁に設立し、入札結果や発注見通しの情報共有や意見交換を実施しながら、発注時期の平準化など円滑な公共工事の推進に取り組んでいる。
<平成23年12月～>

資材不足が懸念される方部にあっては、連絡協議会の中に建設資材作業部会を新たに設け、発注者・受注者・資材業者により、方部毎の実情に応じた連携・調整を行っている。
<平成24年6月～>

(2) 入札制度

①契約事務手続きの簡素化・迅速化
○ 東日本大震災等により緊急を要する災害復旧工事等については随意契約により速やかに対応する
<平成23年3月～>

②工事等の前金払い割合の引き上げ
○ 受注者の着工資金の確保、下請企業等への早期支払確保、工事の適正かつ円滑な施工を目的として、県発注工事等の前金払の割合の引き上げを行った。
<平成23年4月～>

③より詳細な発注見通しの公表
○ 工事等の発注見通しについて、これまでの内容に「路線・河川名」と「概算金額」を追加するなど、より詳細な内容としたほか、工事等が集中する時期などにおいては、おおむね1ヶ月ごとに内容を見直し公表することとした。
<平成24年3月～>

10

図 2-9　復旧・復興工事に関する施工確保に向けた入札制度等の改正①

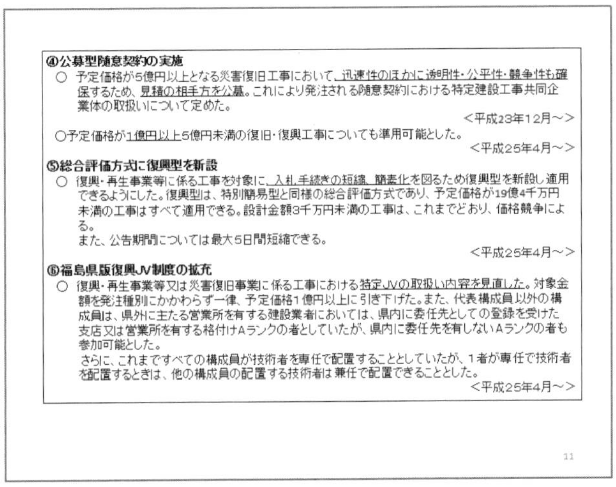

④公募型随意契約の実施
○ 予定価格が5億円以上となる災害復旧工事において、迅速性のほかに透明性・公平性・競争性も確保するため、見積の相手方を公募。これにより発注される随意契約における特定建設工事共同企業体の取扱いについて定めた。
<平成23年12月～>
○予定価格が1億円以上5億円未満の復旧・復興工事についても準用可能とした。
<平成25年4月～>

⑤総合評価方式に復興型を新設
○ 復興・再生事業等に係る工事を対象に、入札手続きの短縮、簡素化を図るため復興型を新設し適用できるようにした。復興型は、特別簡易型と同様の総合評価方式であり、予定価格が19億4千万円未満の工事はすべて適用できる。設計金額3千万円未満の工事は、これまでどおり、価格競争による。
また、公告期間については最大5日間短縮できる。
<平成25年4月～>

⑥福島県版復興JV制度の拡充
○ 復興・再生事業等又は災害復旧事業に係る工事における特定JVの取扱い内容を見直した。対象金額を発注種別にかかわらず一律、予定価格1億円以上に引き下げた。また、代表構成員以外の構成員は、県外に主たる営業所を有する建設業者においては、県内に委任先としての登録を受けた支店又は営業所を有する格付けAランクの者としていたが、県内に委任先を有しないAランクの者も参加可能とした。
さらに、これまですべての構成員が技術者を専任で配置することとしていたが、1者が専任で技術者を配置するときは、他の構成員の配置する技術者は兼任で配置できることとした。
<平成25年4月～>

11

図 2-10　復旧・復興工事に関する施工確保に向けた入札制度等の改正②

また、5億円を超える大規模なものに関しては公募型随意契約を実施し、迅速性の他、透明性・公平性を確保することとしました。公募型随意契約としては、5億円未満の中規模の工事につきましても広く公募者を求めることとし、平成25年4月から1億円以上のものも対象とすることにしました。この公募型随意契約においてはJV制度も設定しております。復旧復興事業については、特定JVとし、当初この制度を入れたときには構成員に地元要件をつけていたところですが、その後平成25年4月から、県外からの参加者を拡大するため、代表構成員以外については県の入札資格があれば構成員となれるようにしました。また、復旧復興事業については、入札手続きの短縮・簡素化を図るため総合評価方式の簡便な方式として復興型を取り入れています。このほか不調のあったものに関しては地域要件を最大まで拡大することや、いままで見積りの提出があった場合は見積内訳書をもらっていたのですが、見積内訳書の提出の不要などの手続きの簡素化なども図っております。

図 2-11　復旧・復興工事に関する施工確保に向けた入札制度等の改正③

　また、格付け要件についても、合冊前におけるすべての案件に参加可能であった格付の企業も参加できるといった方法。低入札価格調査については、低入札価格を下回った場合には誓約書をもって低入札価格調査の実施に代えることができるようにしました。さらに、規制緩和ですが、専任の主任技術者が兼務できる工事の緩和、これは国の取り組みでしたが、これにならって福島県でも現場代理人の常駐義務の緩和なども行っています。

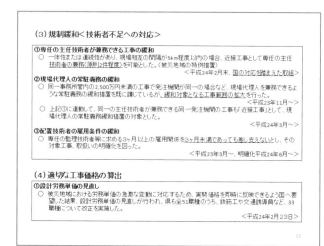

図 2-12　復旧・復興工事に関する施工確保に向けた入札制度等の改正④

　もう一つですが、緊急を要する災害復旧工事に限って、配置技術者については3ヶ月以上の雇用が必要であるとされていますが、災害復旧工事に限っては3ヶ月未満であっても良いというような取り組みを行っております。また、適切な工事価格の算出ですが、労務単価が上がっているので、国にも要望し、適正な実勢単価を反映した設計労務単価としているところです。賃金等の変動に伴う請負代金額の変更、いわゆるインフレスライドも取り扱っています。

○ 「実勢価格を適正に反映した設計労務単価の設定」を県並びに関係各位から国に対し強く要望してきた結果、普通作業員や運転手など工事の主要な部分を　担う5職種の作業員の単価が改定された。
<平成24年6月21日、国の対応を踏まえた取組>
※なお、支払実績と設計労務単価にかい離が生じていないことから、9月，12月の単価改定は実施されなかった。
○ 実績価格や法定福利費相当額を反映し、被災地等の入札不調に対応した機動的な措置として設計労務単価が大幅に改定された。本県平均20％増。
<平成25年4月5日、国の対応を踏まえた取組>

②東日本大震災に伴う賃金等の変動に伴う請負代金額の変更（インフレスライド）
○ 上記①にあわせ、既契約工事についても、労務単価や資材等の急激な物価変動に対応した請負代金額の変更を可能とした。
<平成24年3月～、国の対応を踏まえた取組>

③点在する工事での工事箇所毎の間接費算定
○ 発注者の判断により、工事箇所毎の間接工事費の算定を可能とした。
<平成24年6月～、国の対応を踏まえた取組>

④遠隔地からの建設資材調達に係る設計変更
○ 通常は地域から調達している砂利等の建設資材について、工事実施段階において当初の調達条件によりがたい場合には、輸送費や購入費用など調達の実　態を反映して設計変更を行うこととした。
<平成24年6月～、国の対応を踏まえた取組>

⑤被災地以外からの労働者確保に要する間接費の設計変更
○ 宿泊費や通勤費用等の労働者確保に要する追加費用が発生した場合には、実績に応じて設計変更により対応できこととなった。　<平成24年10月～、国の対応を踏まえた取組>

14

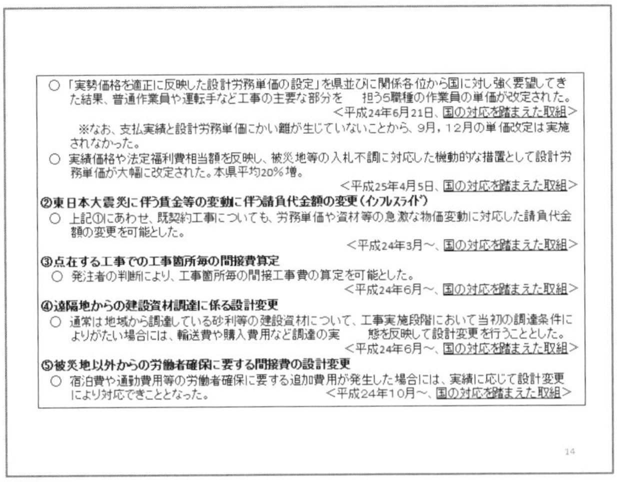

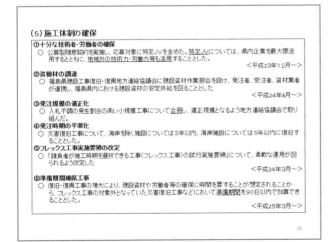

図 2-13　復旧・復興工事に関する施工確保に向けた入札制度等の改正⑤

点在する工事間の間接費算定ですが、工事箇所毎の間接費の算定を可能としました。また、遠隔地からの資材調達に関わる設計変更として、適正価格を反映するため遠隔地から足りない資材を運んできた場合、その輸送費や調達費用を設計変更で見るようにしています。被災地以外からの労働者の確保についてですが、宿泊費や通勤費用が増加することになりますが、その実績に応じて変更することとしました。施工体制の確保についてですが、十分な技術者・労働者の確保として、さきほどのJVですが、JVによって地域外の技術力、労働力も確保することとしました。

（5）施工体制の確保

①十分な技術者・労働者の確保
○ 公募型随意契約を実施し、応募対象に特定JVを含めた。特定JVについては、県内企業を最大限活用するとともに、地域外の技術力・労働力等も活用することとした。
<平成23年12月～>

②資機材の調達
○ 福島県建設工事復旧・復興地方連絡協議会に建設資材作業部会を設け、発注者、受注者、資材業者が連携し、福島県内における建設資材の安定供給を図ることとした
<平成24年6月～>

③発注規模の適正化
○ 入札不調の発生割合の高い小規模工事について合冊し、適正規模となるよう地方連絡協議会で取り組んだ。

④発注時期の平準化
○ 災害復旧工事について、海岸を除く施設については3年以内、海岸施設については5年以内に復旧することとした。

⑤フレックス工事実施要領の改定
○ 「請負者が施工時期を選択できる工事（フレックス工事）の試行実施要領」について、柔軟な運用が図られるよう改定した
<平成24年3月～>

⑥準備期間確保工事
○ 復旧・復興工事の増大により、建設資材や労働者等の確保に時間を要することが想定されることから、フレックス工事の対象外となっていた災害復旧工事などにおいて準備期間を90日以内で加算できることとした。
<平成25年3月～>

15

図 2-14　復旧・復興工事に関する施工確保に向けた入札制度等の改正⑥

資材の調達ですが、福島県復旧・復興連絡会議に建設資材作業部会を設けまして、発注者、受注者における情報共有によって資材安定供給を図ろうとしています。また、発注規模の適正化、発注時期の平準化として、海岸以外の工事は3年以内に復旧、海岸工事については5年以内に復旧となっております。さらに、適切な工事の設定としまして、労働者や資材、技術者の確保のための準備期間を設け、準備期間を 90日以内で加算できるような設定としました。またちょっと別なものでが、工事受注に対して企業側にインセンティブを与えるために、一定の工事成績を取った者に対しては、工事成績の加点を行っております。

<参考>

①工事受注に対するインセンティブの付与
○ 受注意欲を高めるため、一定程度以上の評定点で工事を完了した場合は工事成績評定で加点を行い、「工事受注」そのものに対するインセンティブを与えることとした。
<平成25年4月～>

②疑義申立期間の設置
○ 入札参加者が、契約締結前に工事発注機関に対して、積算に対する疑義申し立てできる期間を設けることとした。
<平成25年4月～>

16

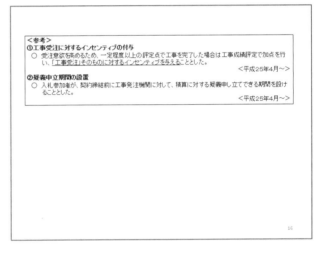

図 2-15　参考

図 2-16　平成24年度における福島県の工区別工事契約状況(P-18)

このように不調対策を進めており、【図 2-16】は不調の解消状況でございます。棒グラフの下から、不調がなかった工区、不調の解消があった工区、不調増加の工区、となっております。不調であったものの約半分が解消しています。平成 24 年度の実績ですが、すべての建設工事について契約できているものが 91％まで到達しています。これから海岸工事を発注したいのですが、まだ 6％で、今後の正念場だと私たちは思っています。過去に経験したことない大災

害であるため手探りで対策を進めてまいりました。できることは何でも取り組んできたという状況です。今後、受注状況などを注視しながら、追加の政策を検討していきます。何か良い方法などありましたらご指導いただけたら幸いです。これで事例発表を終わります。

◇質疑
（会場）
　教えて欲しいことが一つありまして、公募型の随契というものについて、1社に絞るのにどういう視点で特定するのか教えていただきたいのと、また随契の時は、基本的に落札率は100％近くで落札・契約する形になっているのでしょうか。
（笹本）
　落札率については、複数者の見積り合わせになるので、90数％です。また随契は単独の随契ではなく、複数者の見積り合わせによる随契で取り扱っています。一般的に随契と言うと単独随契ということになりますが、福島県の場合は過去に官製談合等の理由があり指名競争入札をやめております。その代り条件付きで緊急を要するようなものは指名競争に近い複数者見積の随契を行っております。公募型の随契についてですが、それには要件の単純なものから、技術的にレベルの高いものについてはその実績要件を付して、落札条件を決めることにしています。
（会場）
　公募型指名競争というような感じなのでしょうか。
（笹本）
　そのような感じです。

（会場）
　今見積りを含めた総合評価の審査をするということですが、見積と実際の指名競争入札を代用する入札のやり方、それの違いが何か教えてください。
（笹本）
　随契は、緊急を要する災害復旧工事等に限っております。災害復旧工事のように急ぐものは随契ですが、通常事業については総合評価でやっており、復興緊急事業については、簡便な総合評価でやっております。災害復旧事業と通常事業は入札方式を変えてやっているところです。

（会場）
　もう一つ質問します。海岸はなぜ際だって遅れているのでしょうか。
（笹本）
　海岸につきましては、私も担当ではなくて詳しいことはわかりませんが、今回の津波は大きいものでした。その海岸保全施設の高さの設定が難しく、それを決めてから更に用地が決まってきます。防災拠点基地等、区画整理事業も併せてやっており、海岸施設については今設計をやっている状況でして、平成25年9月の頃から発注がでてくるという状況です。

（会場）
　復旧復興ということで、たいへん急いでやらなければならない事業を、体制を取るのが非常に難しい中で、一つは規制緩和ということで条件を緩和していろいろな人が参加できる、仕事ができる条件を整えることによって何とか早く進めたい、ということを頑張っておられる状況を理解させていただきました。施工をやる人たちの体制を整えることも大変だと思うのですが、福島県のインハウスの人たちにとっても、いきなり2.5倍の事業をやれと言われて非常にご苦労されているのではないかと思います。発注者側の体制を確保するためにはどんな工夫をされているのか聞かせていただければと思います。
（笹本）
　その通りでして、職員の数が足りない状況です。特に中間管理職が設計の審査、さらには用地交渉、住民説明会等を行っているのに加え、

部下の管理もしなくちゃいけない。中間管理職は非常に超勤が多くなっております。その状況を変えるために今取り組もうとしているのはCMです。CMで外部からの力を入れて、レベル的には中間管理職の力をもった方を民間から導入して、補充していくという方法を今考えているところです。

（会場）

CMとは、以前から利用されていたのですか、それとも今回初めてなのでしょうか。

（笹本）

今回初めてやろうとしているところです。

（会場）

事業をやるには、事業の上流段階にできるだけいろいろな体制あるいは知恵を入れることがその後のいい事業につながると思いますが、そこの仕組みをうまく作ることで、福島県だけではなくて、他でも活用できる仕組みになるのかなと思いますので、ぜひ今のお考えをやっていただきたいと思います。

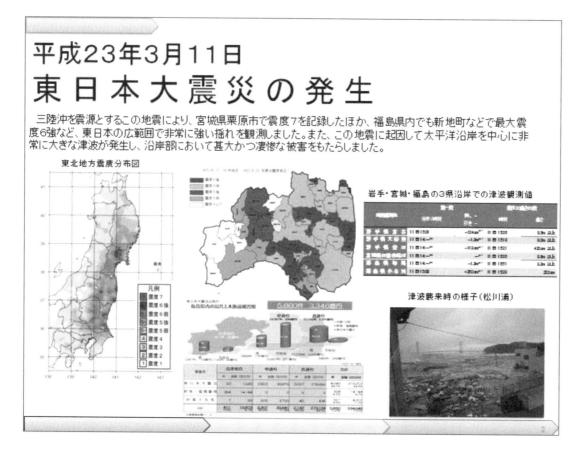

図 2-2 東日本大震災の発生

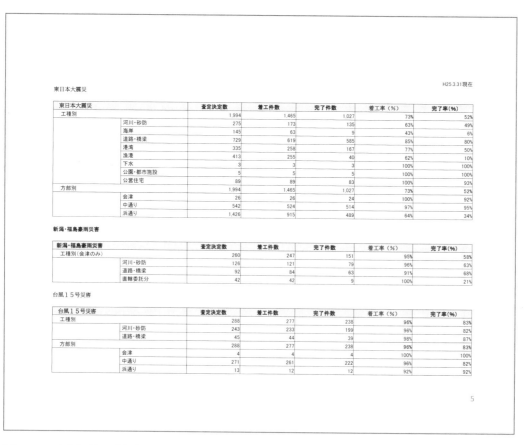

図 2-5 福島県 被災の復旧状況

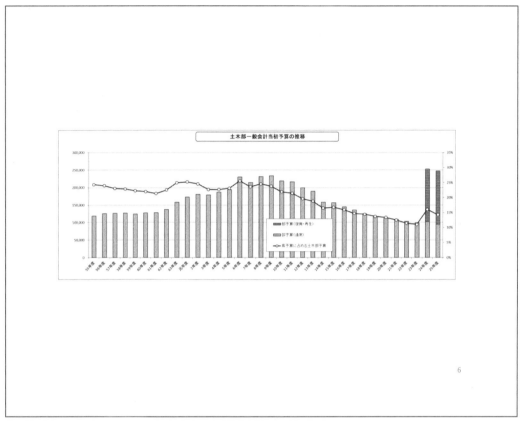

図 2-6 土木部一般会計当初予算の推移

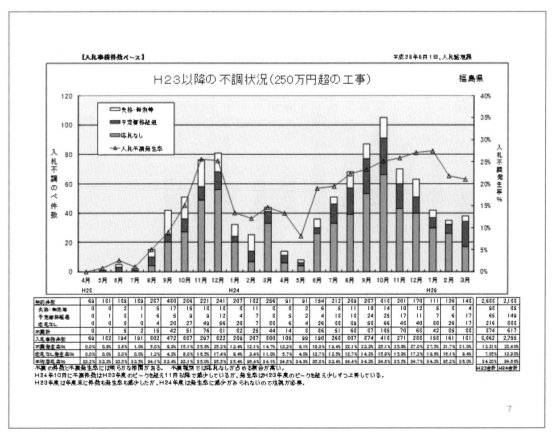

図 2-7 H23以降の不調状況

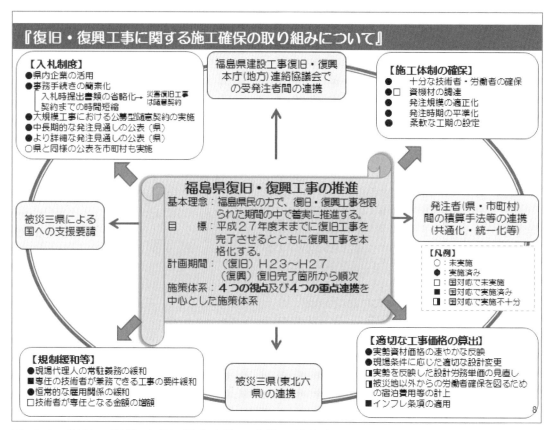

図 2-8 復旧・復興工事に関する施工確保の取り組みについて

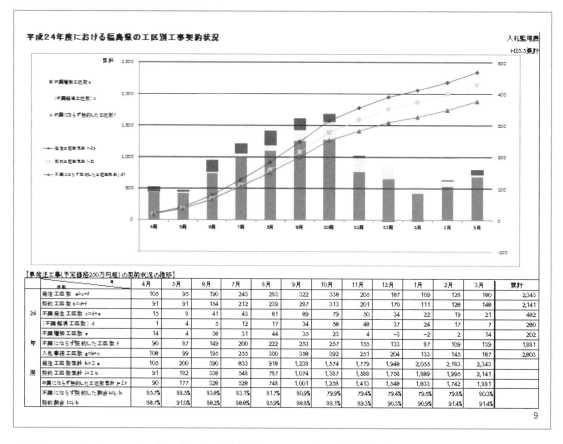

図 2-16 平成 24 年度における福島県の工区別工事契約状況

1.3 中山間地域道路等維持補修業務委託モデル事業（奥会津モデル）（阿部 弘明）

図 3-1 中山間地域道路等維持補修業務委託モデル事業（奥会津モデル）について

福島県土木部道路管理課、阿部と申します。私からは、奥会津モデルと呼んでいますが、中山間地域道路等維持補修業務委託モデル事業について発表させていただきます。

図 3-2 地域の概要

まず、地域の概要ですが、福島県は東北の南に位置し、浜通り、中通り、会津の3つの特色ある地域に分かれております。今回の発表の管内ですが、会津のさらに西側、新潟に接する部分で、こちらの三町一村が奥会津モデルを実施している地域です。

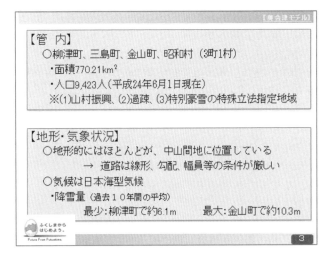

図 3-3 管内概要

管内の概要です。いま申しました三町一村は、柳津町、三島町、金山町、昭和村、面積が770 km²、人口が9,000人で、山村振興、過疎、特別豪雪の特殊立法指定地域となっています。地形については、ほとんどが中山間地域に位置しています。気候は日本海型気候、降雪量は、一番少ないところで柳津町で約6.1m、最大で金山町で10mを超す豪雪地帯です。

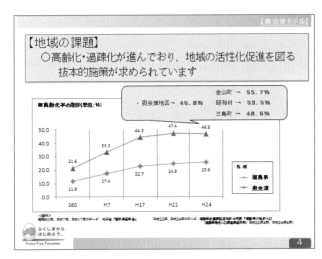

図 3-4 地域の課題

この地域の課題としては、高齢化、過疎化が進んでいます。特に高齢化については、金山町において55.7%、昭和村は53.5%、奥会津地区4町村では46.8%と高齢化が進んでおり、地域活性化の促進を図る具体的な対策が求められているところです。

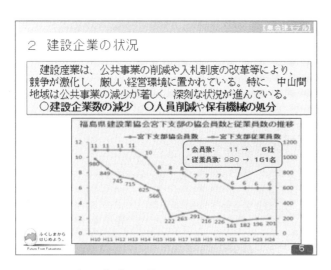

図 3-5　建設企業の動向

建設企業の状況です。建設産業については、さきほど地震後が 2.5 倍に増えたという話しがありましたが、それ以前は公共事業の削減、右肩下がりです。公共事業の削減や入札制度の改革などによって競争が激化しています。そうした中でこの 4 町村が属します建設業協会の宮下支部がありますが、会員数と従業員数を示したものがこちらのグラフになります。平成 10 年からのグラフですが、会員数すなわち会社の数は、11 社が 6 社と約半減、従業員数については 980 名から 161 名と、さきほど 3 分の 1 という話しがありましたが、奥会津では約 2 割まで減っているという状況です。企業も減る、人員も減るという中で、さらに会社の保有する機械を処分したり、と深刻な状況にあります。

図 3-6　県管理の公共土木施設

一方で、県の管理の公共土木施設です。この管内においては 18 路線 239km の道路、そのうち 17 路線 199km が除雪路線ということで、ほとんどの道路を除雪しているというところです。この管内には国道が 3 本あります。117km ありますが、のちほど話に出てきますが、国道 252 号、国道 400 号が東西と南北に走る、この地域の骨格となる道路です。そのほか河川の管理として 220km、砂防施設としては 33 地区で、県ではこれらの土木施設の維持管理を建設企業に委託し、安全安心の確保に努めているところです。

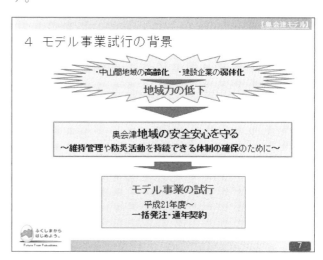

図 3-7　モデル事業施行の背景

中山間地域の高齢化、建設企業の弱体化といった背景から地域力の低下が問題となっています。このままでいきますと地域の防災活動がままならない状況となっていってしまうという危機感の中で、奥会津地域の安全安心を守る、維持管理や防災活動を維持できる体制確保のために、福島県では平成 21 年度より一括発注通年契約のモデル事業の試行に踏み切ったところです。

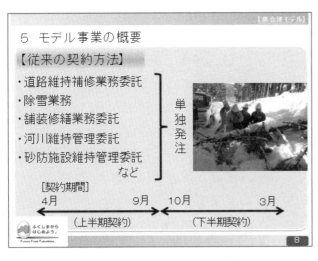

図 3-8 モデル事業の概要

　モデル事業の概要です。従来の契約方法ですが、地域の安全安心を守る事業としまして道路維持補修業務や、除雪業務、舗装修繕業務等々いろいろな業務委託がありました。以前はこれらの業務をおのおの単独で発注していました。

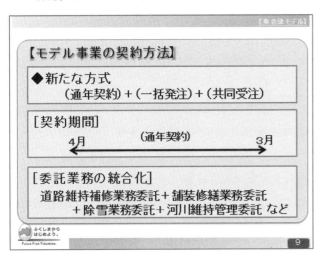

図 3-9 モデル事業の契約方法

　また、この発注の期間でございますけれども、1年間に上半期下半期と2回に分けて契約しているのがこれまでの実態でした。今回モデル事業としましては、まず契約期間を1年間の通年契約としたというところが1つ、あとは業務委託の統合化というところで、先ほどいろいろありました業務委託すべてをまとめ統合化いたしまして一括発注という形をとっています。さらに共同受注という新たな方式によりモデル事業をスタートしております。

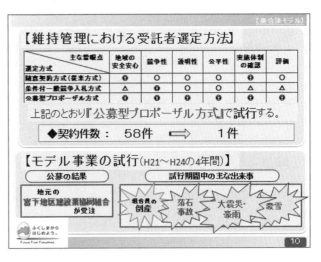

図 3-10 維持管理における受託者選定方法

　受託者の選定方法です。様々な検討を行い公募型プロポーザル方式で試行するという形でスタートしております。契約件数については、さきほどの道路維持補修業務、除雪業務、舗装修繕業務等々のこれまで58件あった委託の件数を1件に統合しているという状況です。公募の結果ですが公募型プロポーザル方式により公募した結果、地元の建設会社12社からなります宮下地区建設業協同組合が受注しております。平成21年から平成24年の4年間の試行期間中に様々な出来事がありました。まず、平成21年度、試行を始めたその年にこの管内の2社が倒産しました。この組合員に入っていたメンバーです。平成22年度には国道400号という骨格となる道路で、落石により数ヶ月間の通行止めが発生しました。平成23年には、東日本大震災、さらにはこの奥会津の地域で非常に甚大な被害がでた、7月の新潟福島豪雨もありました。さらには雪です。22年、23年、24年と3年間豪雪が続いております。この地域では平成23年度の、新潟福島豪雨が非常に大きな被害を生みました。その際、宮下協同組合が復旧復興、応急対応に尽力されております。その取り組みを説明させていただきたいと思います。

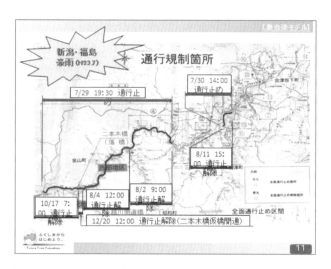

図 3-11 H23.7 新潟・福島豪雨通行規制箇所

さきほど出ました国道 252 号ですがこのように東西に通っている道路です。その脇に只見川という川が流れています。この川の異常出水により国道 252 号が 7 月 29 日の 19 時 30 分からこの区間に渡って通行止め、次の日 30 日 14 時からはこの区間に渡って通行止めというような状況になりまして、奥会津地域が一時孤立するというような状況になりました。そのような中で組合員の方々は昼夜を問わず対応に当たっていただき、早いところでは 8 月 2 日からの通行止めの解除を皮切りに、順次通行止めの解除をしていったところです。これが 7 月 30 日に通行止めになった箇所は、このように国道 252 号が崩落してしまい、通行止めとなってしまいました。

図 3-12 国道 252 号の道路崩壊に対する対応①

たまたまですが、これの第一発見者が先ほどの受注者である協同組合の社員でした。その方がその場で交通誘導、それから関係するところへの連絡をスムーズに行っていただきまして、二次災害が発生せずに、適確な対応をしていただきました。この組合員の方は、われわれがこの地域を守るんだという意識が相当強く根付いていた現れで自ら誘導等に当たっていただいたと思っております。

図 3-13 国道 252 号の道路崩壊に対する対応②

その後も迂回路設定やバリケード、案内標識、案内誘導員の配置確保などを組合員全体で行い、応急工事を進め、通行止めから 10 日足らずで通行止めを解除しました。

図 3-14 国道 252 号の道路崩壊に対する対応③

図 3-15 国道252号の道路崩壊に対する対応④

そのほか組合員の連絡体制がきちんとなっていたことから、それらを上手に活用した通行止めの標識の設置、迂回看板の設置、バリケードの設置、これらをスムーズに行っていただけました。崩落土砂の撤去作業も、総動員で対応しました。

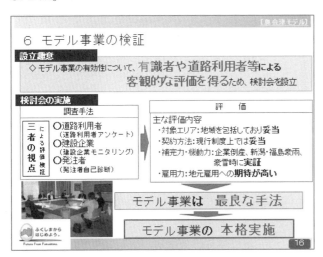

図 3-16 モデル事業の検証

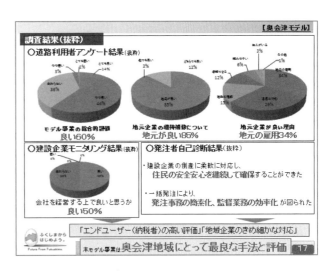

図 3-17 調査結果

モデル事業の検証です。平成24年度にモデル事業の有効性について、客観的な評価を得るため、有識者や道路利用者等による検討会を設置いたしました。検討会におきましては、道路利用者、建設企業、発注者、この三者の視点によって評価検証を行いました。主な評価内容としましては、対象エリアについては、地域を包括しており妥当であろう。契約方法については現行制度上では妥当であろう。補完力、機動力については企業倒産、豪雪時に実証されています。雇用力についても、地元雇用への期待が高いということで、検討会においてこの奥会津地域におけるモデル事業は最良な手法であるという意見をいただいております。

このようなことから福島県ではモデル事業を、平成25年度から本格実施することとしました。

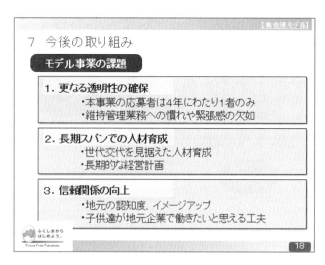

図 3-18 今後の取り組み

　今後の取り組みでございますが、モデル事業の課題としまして、4年にわたって応募者が1社のみということもあって、維持管理への慣れや緊張感の欠如が懸念されますので、課題の1つ目としまして「さらなる透明性の確保」。2番目としましては除雪オペレーターの高齢化ということもあり世代交代を見据えた人材育成、また企業の長期的な経営計画の支援をはかるうえで「長期スパンでの人材育成」が2つ目の課題。あとは建設企業のイメージアップ等に関する「信頼関係の向上」というものを課題として取り上げております。また、今後の取り組みとして今年度から複数年契約の試行をスタートしています。

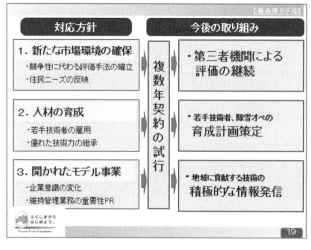

図 3-19 複数年契約の試行

　複数年というのは2カ年程度ですが、これをスタートさせ今後も引き続き第三者機関による評価の継続や、人材育成計画、積極的な情報発信を進めていきたいと思います。

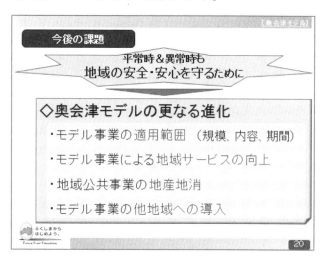

図 3-20 今後の課題

　平常時も異常時も地域の安全安心を守るために、モデル事業の適用範囲の拡大や、サービスの向上、公共事業の地産地消、モデル事業の他地域への導入を今後の課題として、奥会津モデルのさらなる進化に今後もつなげていきたいと考えております。

◇質疑
（会場）
　2点お伺いしたいのですが、1点は維持管理事業で、最近点検が話題になっていますが、この契約の中に点検業務が入っているのかどうか。それから、報酬の算定ですが、災害の中で出ていくとなると、技術的な経費が出ていくが、その時に総価契約でやられているのか、あるいは維持管理契約で使われている単価契約みたいなものでなされているのか、そのところをお伺いしたい。
（阿部）
　橋梁の点検、付属施設の点検はこの業務に今のところ入っておりません。今後地域の企業が

できるものについてはどんどん増やし、事業量を拡大していくという方向で考えております。もう一点、契約の方法ですが、このモデル事業については、総価契約と単価契約と両方入っております。年間を通じて必ず実施するような除草業務については何kmということで総価契約を結んでおります。その他、側溝の土砂上げや応急対応につきましては単価契約でございます。したがって、7月の新潟福島豪雨時は緊急対応で毎日出ていただき、それらの費用につきましては単価契約による緊急対応としてお支払させていただいております。

（会場）
　少子高齢化の中で、非常に参考になる取り組みをなされていると拝聴させていただきました。質問が2ありまして、1点は組合が受注しているということですが、組合の中に入っている参画企業の仕事の分担はどのようになされているのか教えていただきたい。2点目は、組合と発注者である県の施設管理という面での責任分担がどういうふうになっているのかについて教えていただきたいと思います。

（阿部）
組合員の中での仕事の分担の話ですが、基本的には4町村をエリアとして、そこに10の企業が組合に入っているのですが、それが点在しておりますので、ある程度エリア毎に維持管理をしていくというのが実態かと思います。ただ、先ほどのような7月豪雨のような異常事態の時には全員でサポートに入るというようなやり方をしていると思われます。組合と発注者の責任分担ですが、今回この奥会津では組合が受注されているという例ですが、通常は地元の企業とこのような維持管理業務を契約しております。役割の分担につきましてそれと全く同じでございまして、あくまで、側溝が詰まれば県から指示し、補修する、という流れで、組合だから特に変わったことがあるわけではありません。

（会場）
　モデル事業の検証と今後の取組について話を伺いました。そのモデル事業が効果を上げているのは、仕事の量が変わったのではない、確かに束ねているところは効率的ですが企業間の競争の制約になるのではないかと思うのですが、いわゆる価格競争などを激しくやらなくてそれなりに仕事が入る、そのことが悪いとは言いません、いいことだと思っているのです。透明性の確保が問題と言われていますがこれが問題だ、となると、そもそもどういう競争相手を念頭に置かれているのかというところを聞きたい。それと、競争性を制約した結果分配が生まれてくると思われるのですが、そこで競争、これは組合同士あるいは組合を2チームに分けてもいいのですが、そうするとまた同じことになってしまいます。競争を支えることがメリットであるのならば、このような課題を掲げることはおかしいのではと私は思うのですがいかがでしょうか。

（阿部）
　私たちが思っていることは、今のような過疎化が進んで高齢化が進んで人がいなくなる、企業が少なくなるという地域においてまで競争性を求めるべきか、ということについて疑問を持っています。課題に挙げましたが、今後の競争性に代わる評価手法の確立ということで、本当にこの地域に競争性が必要なのか、ということも含めて、地域の方のニーズにきちんと応えているのか、適切にスムーズに維持補修業務ができているのかなど、そういう視点から競争性と代わった評価のやり方がないかと思っております。競争性を高めようとこの地域では考えておりません。

（会場）
　モデル事業の検証とか、オフィシャルにこういうことを出される時に、ここのところをもっと強く堂々と主張されればいいと思うのですが。

そうすればモデル事業の意味があるという思いがあります。

（阿部）
ありがとうございます。

（会場）
　私は北海道の会社のものでして、同じような方法でやっている地区がありまして、今ご質問にありましたが、競争性の確保はしない方がよいと私は思っております。だいたいそこで問題になるのは、協同組合の中でのマネジメントで、仕事がその地区に適切に配分されているか、そういうことが協同組合の中のもめごととして起こる可能性がありますので、むしろそのマネジメントが適切に行われているのかを第三者なり発注者がきっと見守ってやる、そういったやり方が一番良いのではないかと思っております。このようにやっていくと1社独占になっていくのではと思われていますが、続いておりますので、ぜひそういう視点も必要だと思っております。

1.4 ダム ESCO 事業の提案（松本 茂）

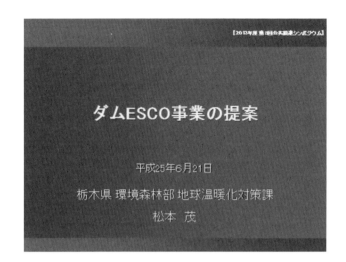

図 4-1 ダム ESCO 事業の提案

栃木県の松本です。本日は「ダム ESCO 事業の提案」と題して説明させていただきます。【図4-1】

本日お話しする内容は、三点あります。まず、1点目は「ダム ESCO 事業の紹介」です。現在、栃木県では、寺山ダムにおいてダム ESCO 事業を進めておりますので、事例を踏まえて報告させていただきます。次に、ダム ESCO 事業の仕組みを知っていただくため、2点目として「事業スキーム」について、そして3点目として「事業導入施設の選定の考え方」について説明させていただきます。

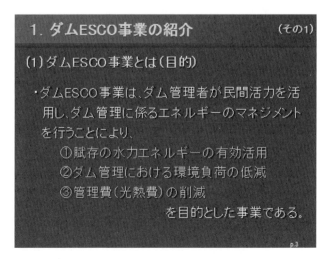

図 4-2 ダム ESCO 事業の紹介(1)①

さっそく1点目の「ダム ESCO 事業の紹介」です。【図 4-2】 まず、当事業の目的は、ダム管理者が民間活力を活用してダム管理に係るエネルギーのマネジメントを行うことにより、一つ目は賦存の水力エネルギーを有効活用すること。二つ目は、ダム管理における環境負荷の低減を図ること。三つ目はダム管理費を削減することです。

図 4-3 ダム ESCO 事業の紹介(1)②

簡略に申しますと、既存のダムにおいて民間事業者の資金や経営能力、そして技術力等を活用して、新たな水力発電の実施と既存施設の省エネルギー化を図る事業です。【図 4-3】 当事業により、県民に新たに電力を供給するとともに、施設の CO_2 排出量を削減し、さらにダム管理費の縮減も図るものです。

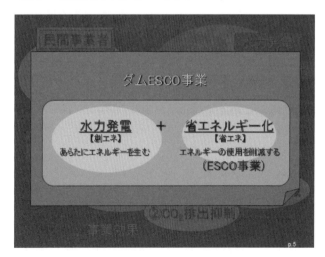

図 4-4 ダム ESCO 事業の紹介(1)③

ダムESCO事業は、水力発電による創エネとESCOによる省エネの二つの事業を組み合わせて、同時に行うところにも特徴があります。【図4-4】

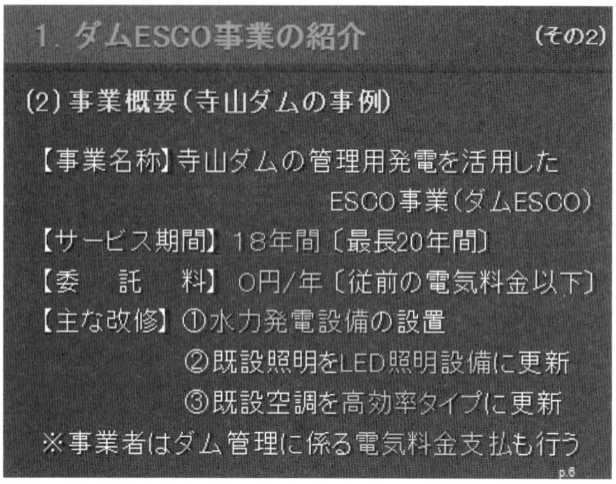

図 4-5 ダムESCO事業の紹介(2)事業概要

続きまして事業の概要です。【図 4-5】 寺山ダムの事例をもとに説明いたします。通称をダムESCO事業としましたが、正式名称は寺山ダムの場合「寺山ダムの管理用発電を活用したESCO事業」としています。事業のサービス期間は最長20年間としており、この期間の設定は電気事業用以外の水力発電設備の法定耐用年数を採用しています。後で説明しますが、我々が事業スキームを構築後、国が決定した固定価格買取制度においても、水力発電の買取期間は20年間と設定されました。なお、事業はプロポーザル方式による公募となりますので、具体的なサービス期間は事業者の提案によって決定することになります。寺山ダムでは、サービス期間を18年間として契約しています。次に、県の支出する事業の委託料については、従前の電気料金を上限とする支払スキームです。寺山ダムの場合、事業者の提案により年間0円で事業を運営できることになりました。寺山ダムの主な事業内容は、新たに最大出力190kWの水力発電設備を設置し運転するとともに、既設の照明全てのLED化と、既設の空調機の高効率タイプへの更新です。更に、事業者はダム管理に係る電気料金の支払を行うとともに、発電量と電気料金の削減を保証します。

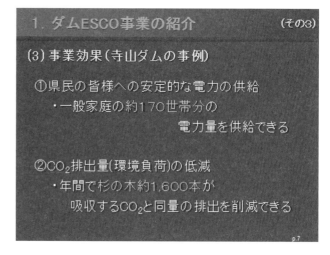

図 4-6 ダムESCO事業の紹介(3)事業効果①

事業効果については、寺山ダムの事例にて具体的にご説明します。【図 4-6】 まず、一つ目の水力発電では、一般家庭約170世帯分の電力量を発電します。次に二つ目のCO_2排出量の低減では、年間で杉の木約1,600本が吸収するCO_2と同量の排出を削減します。

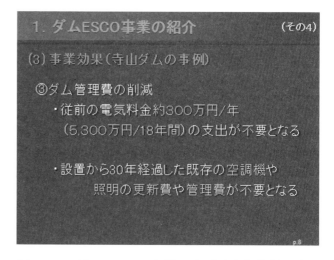

図 4-7 ダムESCO事業の紹介(3)事業効果②

また、三つ目のダム管理費の削減では、従前の寺山ダムの施設管理に係る電気料金の年間約300万円について、事業導入により支出を0円として年間約300万円を削減します。委託期間の18年間では、約5,300万円もの管理費を削減することになります。【図 4-7】 更に、寺山

ダムは管理に移行してから30年が経過し電気設備の大規模な修繕が必要となっていましたので、事業者が省エネルギー化のために照明や空調機を更新することにより、本来、県が負担すべき約1,000万円の更新費と、更新した機器の18年間の維持管理費を削減することができます。

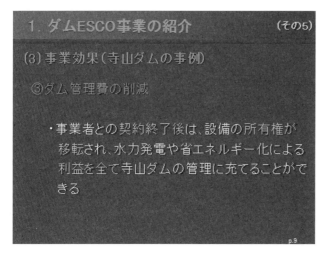

図 4-8 ダム ESCO 事業の紹介(3)事業効果③

なお、事業者との契約終了後は、設備の所有権が県に転移され、水力発電や省エネルギー化による利益を全て寺山ダムの管理に充てることができます。【図 4-8】

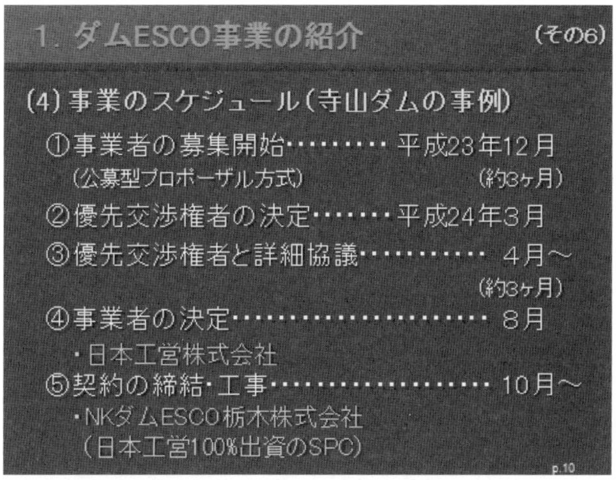

図 4-9 ダム ESCO 事業の紹介(4)事業スケジュール①

次に、事業のスケジュールについて、寺山ダムの事例にてご説明します。【図 4-9】 事業者の募集は、平成23年12月から公募型プロポーザル方式で開始し、約3ヶ月間かけて優先交渉権者を決定、4月以降、優先交渉権者との詳細協議を進めました。この協議は、3ヶ月程度の期間で事業の詳細を詰めるものです。そして、寺山ダムでは平成24年8月に事業者を決定しました。事業者は日本工営株式会社様です。その後10月に日本工営株式会社様が100％出資したSPCであるNKダム ESCO 栃木株式会社様と契約に至り、現在、工事に着手している状況です。

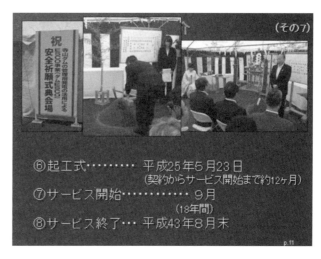

図 4-10 ダム ESCO 事業の紹介(4)事業スケジュール②

先月の5月23日には、寺山ダムの現地にて起工式がとり行われました。【図-10】 サービスの開始は、契約から約1年後の今年の9月、そして18年後の平成43年8月末にサービスを終了する予定です。

以上、「ダム ESCO 事業の紹介」をさせていただきました。

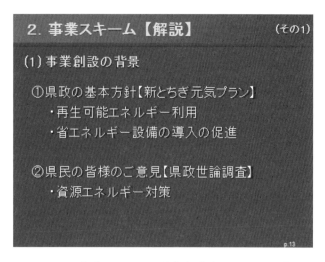

図 4-11 事業スキーム(1)事業創設の背景①

続きまして、本日2点目の話となります「事業スキーム」について、ご説明します。【図 4-11】まず、はじめに栃木県がこの事業を創設した背景は、1つ目は、県の基本方針である総合計画の中で、再生可能エネルギーの利用や省エネルギー設備の導入促進を掲げており、県が率先して実行していることがあげられます。2つ目は、県民ニーズを把握するために行っている県政世論調査において、県の資源エネルギー対策についての要望が上位にあげられていることです。

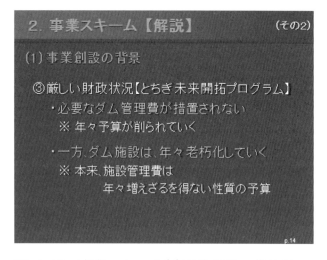

図 4-12 事業スキーム(1)事業創設の背景②

そして、3つ目が、県の厳しい財政状況があげられます。【図 4-12】 県では歳入確保の取組と併せて、組織体制のスリム化や我々職員の給与カットなどを行った上で、公共事業費を抑えており、ダム施設の維持管理のための予算についても年々削減されています。一方、ダム施設は年々老朽化していくものですから、管理する7ダムの予算をやりくりしながら何とか施設管理を行っている状況です。

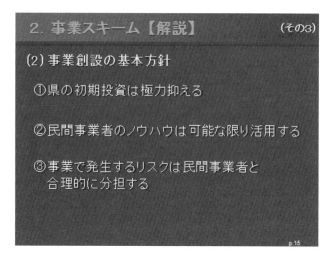

図 4-13 事業スキーム(2)事業創設の基本方針①

当事業を創設する上では、3つの基本方針を設定しました。【図 4-13】 まず、1つ目は県の初期投資は極力抑えよう、そして2つ目は民間事業者のノウハウは可能な限り活用させていただく、その上で、3つ目は事業で発生するリスクを民間事業者と合理的に分担するということです。

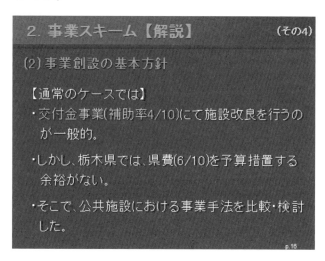

図 4-14 事業スキーム(2)事業創設の基本方針②

ダムの施設改良については国の交付金事業にメニューがあり、事業費の4割を国費で充当することが可能なのですが、栃木県では残りの6割の県費を措置することができず、交付金事業を活用できない状況でした。【図 4-14】　そこで、公共事業における事業手法を比較検討することとしました。なお、事業手法を検討する上では、行政だけではなく民間事業者からの視点が重要ですので、2つの視点から評価を行っています。

評価項目／事業手法	①合理的な公民リスク分担	②公共の財政負担軽減		③供用開始の早さ	④運営の柔軟性
		初期投資	維持管理		
公設公営	×	×	×	×	○
公設民営（指定管理者制度等）	△	×	△	×	△
民設公営（リース方式等）	○※	○	○	○	×
民設民営（PFI方式等）	○	○	○	○	×

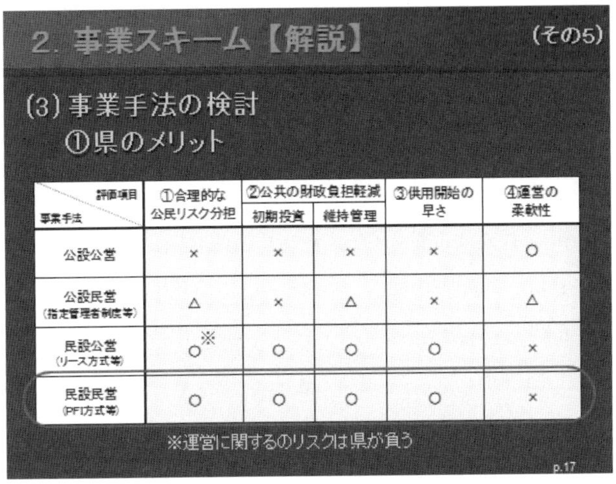

図 4-15　事業スキーム(3)事業手法の検討①

まず、県の視点から整理した結果を説明します。【図 4-15】　事業手法としては、県が自らの資金で建設、管理・運営を行う「公設公営方式」。次に、建設は県、管理・運営については指定管理者制度などにより一定期間民間を活用する「公設民営方式」。また、リース方式等により、建設と維持管理については民間を活用する「民設公営方式」。更に、運営まで民間を活用する「民設民営方式」。これらの4つの事業手法について、4項目で評価を行いました。1つ目の評価項目は「合理的な公民リスク分担」が可能か。2つ目は「公共の財政負担軽減」について、これは初期投資と維持管理の二つに分けて評価しています。そして3つ目は「供用開始の早さ」、4つ目は「運営の柔軟性」です。結論としては、県の事業創設の基本方針に沿って総合的に評価すると、「民設民営方式」が最も県にメリットのある事業手法であると評価しました。

評価項目／事業手法	①事業採算性の確保	②事業段階の民間ノウハウの発揮	③応募のしやすさ
公設公営	×	×	×
公設民営（指定管理者制度等）	△	△	○
民設公営（リース方式等）	○	△	○
民設民営（PFI方式等）	○	○	○

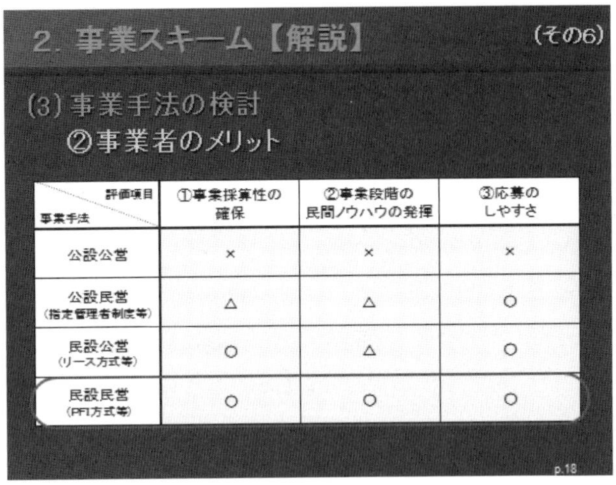

図 4-16　事業スキーム(3)事業手法の検討②

次に、民間事業者の視点から整理した結果を説明します。【図 4-16】　事業手法は、先程と同じ四つです。評価項目は「事業採算性の確保」、「事業段階の民間ノウハウの発揮」、「応募のしやすさ」の三項目です。結論としては、県の視点と同じ「民設民営方式」が民間事業者にもメリットの大きい事業手法であると評価しました。

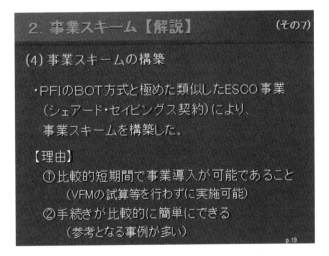

図 4-17 事業スキーム(4)事業スキームの構築①

以上のことから、「民設民営方式」としてPFIのBOT方式を用いることが最も適しているというのが、比較検討の結果です。【図 4-17】

一方、PFI法に従い事業を行う場合には、導入可能性調査を行いVFMの試算等を検討した上で、事業方針の策定や特定事業の選定をしなければならず、事業導入までに相当の期間を要するとともに、県庁内の担当職員のみでの対応は難しくなります。事例調査の結果、施設の省エネルギー化においては、PFI的な手法としてESCO事業が確立されており、比較的短期間で事業導入が可能であるとともに、手続きについても他の事例を参考にできることがわかりました。そこで、栃木県ではESCOという事業スキームを基本に事業を組み立てました。

図 4-18　ESCO事業とは(P-37)

　参考までにESCO事業について、簡略に説明いたします。【図 4-18】　ESCOはEnergy Service Companyの略でして、省エネルギー改修にかかる費用を光熱水費の削減分で賄う事業です。施設管理者である県は、民間事業者の資金やノウハウを活用することにより、初期投資を要することなく省エネのメリットを享受できるとともに、省エネ効果も保証され、さらに契約期間終了後は光熱水費の削減分を全て県の利益にすることができます。通常のESCO事業の場合、省エネによる「削減」のメリットで事業を成立させますが、ダムESCO事業では未利用の水力エネルギーを「追加」して、「省エネ」と「創エネ」により事業を成立させています。

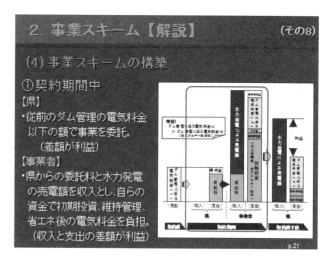

図 4-19 事業スキーム(4)事業スキームの構築②

　構築した事業スキームについては、上図に示す事業費の収支のイメージで説明します。【図4-19】　契約前は、ダム管理に年間約300万の電気料金が掛かっています。事業の契約期間中、県は委託料としてこの電気料金以下の額を事業者の提案に応じて支払うこととします。契約期間中の県の利益は、この委託料と従前の電気料金との差額です。一方、事業者は、県からの委託料と水力発電による売電額を収入として、初期投資と導入した機器の維持管理、また、ダム管理に係る電気料金の支払いなども行います。

　なお、電気料金については、省エネ改修により事業導入前のaより事業導入後のbの方が安くなり、この差分は契約期間中の事業者の収益となります。

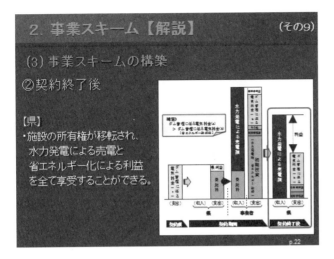

図 4-20 事業スキーム(4)事業スキームの構築③

契約終了後については、改修設備の所有権が県に移転され、水力発電による売電額は全て県の収入になるとともに、電気料金の支出も契約前と比べ抑えることができます。【図 4-20】

以上が「事業スキーム」についての説明です。

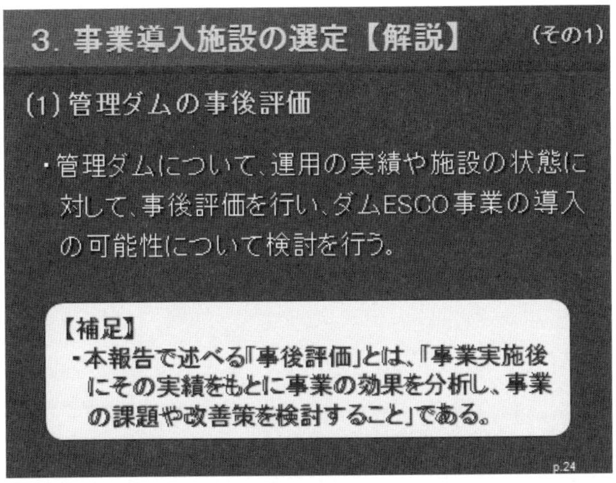

なお、「事後評価」という言葉ですが、施設の運用後にその実績をもとに施設の課題や改善策を検討するという意味を込めて使用しています。ダムは、他のインフラに比べ施設管理に係るデータが整っている特徴があります。

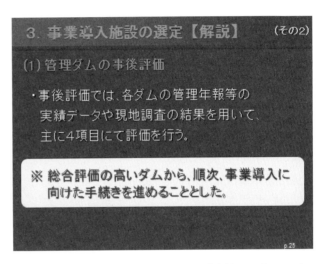

図 4-22 事業導入施設の選定(1)管理ダムの事後評価②

図 4-21 事業導入施設の選定(1)管理ダムの事後評価①

最後に、本日お話しする3点目の「事業導入施設の選定の考え方」についてです。【図 4-21】栃木県では7つのダムを管理しています。まず、各ダムの運用の実績や施設の状態について事後評価を行い、ダムESCO事業の導入の可能性について検討を行いました。

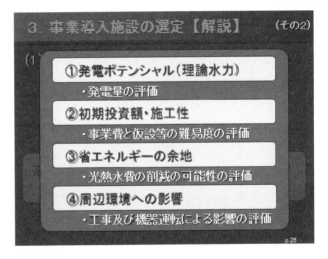

図 4-23 事業導入施設の選定(1)管理ダムの事後評価③

ダム ESCO 事業の事業導入段階では、ダム管理年報等の実績データや現地調査の結果等を踏まえ、「発電ポテンシャル」、「初期投資額と施工性」、「省エネルギーの余地」、「周辺環境への影響」の四項目で評価を行います。【図 4-22】【図 4-23】

「発電ポテンシャル」については、ダムの放流量と、貯水池及び放流口の水位差の関係から理論的に算出できますので、計算値に発電効率や売電単価等を乗じて、事業収入等を評価します。「初期投資額等」については、経済産業省のハイドロバレー計画ガイドブックやその他の参考資料から、事業費や施工性を評価します。「省エネルギーの余地」については、光熱水費の支出の実績や機器更新による省エネ効果の多寡から、省エネの余地を評価します。「周辺環境への影響」については、工事による影響や機器の運転による影響を想定し評価します。

以上が「事業導入施設の選定の考え方」です。なお、栃木県では、評価結果を総合的に判断し、事業性の高いダムから順次事業を導入する方針で進めています。

図 4-24　事業導入施設の選定(2)事業スケジュール(P-37)

最後に、参考までにダム ESCO 事業のプロジェクト全体のスケジュールについて、説明いたします。【図 4-24】　平成 22 年度は事業手法の検討や事業スキームの構築といった「構想段階」、平成 23 年度上半期は「計画段階」として管理 7 ダムの事後評価等を行っています。そして、平成 23 年 8 月の再生可能エネルギー特別措置法の成立を受け、下半期からは「事業導入段階」と位置づけ、12 月から最も事業性の高い寺山ダムについて事業者の募集を始めました。その後、平成 24 年 7 月から固定価格買取制度が施行され、売電単価と期間が決定しましたので、8 月に事業者を決定し 10 月に契約に至ったという流れです。平成 25 年度からは「事業実施段階」となります。現在、栃木県では、寺山ダムに続き、塩原ダムについても事業導入を進めています。またダム ESCO 事業のノウハウについては、他の自治体にも移転しています。特に、隣接する福島県に対しては、技術による復興支援として事業導入のサポートをしており、四時ダムの事業化も進んでいる状況です。

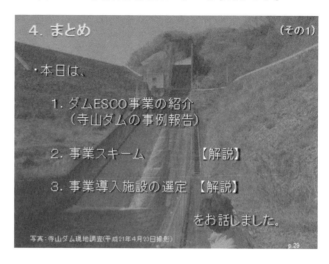

図 4-25　まとめ①

お時間も来ましたので、まとめさせていただきます。【図 4-25】　本日は寺山ダムを事例として「ダム ESCO 事業を紹介」するとともに、併せて「事業スキーム」、「事業導入施設の選定の考え方」について説明いたしました。

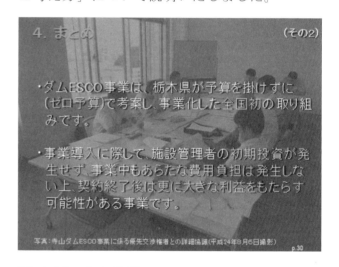

図 4-26　まとめ②

ダム ESCO 事業は栃木県が予算をかけずに、ゼロ予算事業として考案し事業化した取り組みです。【図 4-26】　事業導入にあたって、民間活力を活用することにより、施設管理者に初期投資が発生せず、事業中も新たな費用は発生しません。さらに契約終了後には大きな利益をもたらす可能性のある事業です。

図 4-27 まとめ③

　全国の多くの管理ダムにおいて事業導入が可能であるとともに、他の社会資本の既存ストックを有効活用する上で、参考になる事業モデルであると考えています。【図 4-27】
　以上で説明を終わりにさせていただきます。ご清聴ありがとうございました。

◇質疑
（会場）
　先駆的な取り組みについて貴重な情報をありがとうございました。2 点お伺いさせてください。今回、寺山ダムを始め、塩原ダムにおいてもダム ESCO 事業を導入するとのことですが、「今後、栃木県で目指しているダム管理の姿」と「ダム ESCO 事業の位置づけ」についてお聞きしたい。もう一点は、すでにダム ESCO 事業の事業者が決まったということですが、「事業に参加される民間事業者の視点から見た事業参画のメリット」は具体的にどういうところにあるのでしょうか。

（松本）
　まず、「栃木県が目指しているダム管理の姿」ですが、県では 3 つのダム管理の方針を定めています。「計画的な施設管理を行うこと」、「危機管理体制の徹底を図ること」、「施設の機能向上・省力化を目指すこと」です。1 点目の「計画的な施設管理」は、施設の機能維持を目的としており、現在、いわゆる「長寿命化」に取り組んでいるところです。2 点目の「危機管理体制の徹底」は、維持した施設の機能を、365 日 24 時間、最大限に発揮させることです。3 点目の「施設の機能向上」は、社会ニーズに応じて施設の機能を見直し、改良しながら施設を有効活用していくことです。現在、この 3 つの方針に沿って、ダム管理を行っています。そして「ダム ESCO 事業の位置づけ」は、3 点目の「施設の機能向上」の方針に従い取り組んでいる施策の一つです。私は「施設の機能向上」は、「目的達成のための確実性の向上」、「目的達成のための効率性の向上」、「目的拡大への対応性の向上」の三つに集約されると考えておりまして、ダム ESCO 事業は「目的拡大への対応性の向上」のための施策として整理しています。
　2 点目の「民間事業者の視点からみた事業参画のメリット」ですが、まずは民間事業者がノウハウを発揮し易い事業であることが挙げられると思います。そして事業のリスク分担において、県がダム管理者、いわゆる河川管理者の立場で事業者とリスクを分け持つことにより、事業者は河川法に関するリスクが低減され、固定価格買取制度を活用して、長期間安定的に収入計画を立てることが出来る事業であることが挙げられると考えています。
　なお、本日、寺山ダム ESCO 事業のパートナーである日本工営株式会社から、SPC である NK ダム ESCO 栃木株式会社の荒井取締役社長様が御参加されていますので、「民間事業者からみたメリット」についての率直なコメントをいただければと思います。

（荒井）
　ダムの建設工事は、利害関係者の費用負担によって実施されます。通常、既設のダムを利用して民間企業が単独で発電事業を行う場合には、建設当初に遡って費用負担が発生するバックアロケーションの問題があります。しかし、この

ダムESCO事業は県が事業を推進するものであり、バックアロケーションの問題が発生せず、民間企業の技術と資金を迅速に活用できる点が大きなメリットとして挙げられます。これにより、県にとってはダムの管理費の削減につながり、国民にとっては利水放流の未利用エネルギーが還元されることになります。ダムESCO事業は、官民の障壁を取り除く非常に画期的なビジネスモデルであると考えています。
（松本）
　以上2点について回答させていただきました。ありがとうございました。

（会場）
　電力の自由化につながる話は今後このように拡大していくと思いますし、電力の自由化には非常に良いことだと思うのですが、具体的に電力の自由化を行う際に問題になるのが、送電施設の負担金の話です。送電施設についてはどのようになっているのでしょうか。
（松本）
　売電先となる東京電力の連系に要する費用の負担と、連系の分界点までの整備が必要となります。この整備はダムESCO事業の中で行うことになります。

（会場）
　非常に先駆的なプロジェクトでよろしいかと思います。民間事業者の立場からこのプロジェクトを見ると、18年間のロングタームの契約になっているので、リスクヘッジの観点から1つ質問をしたいのですが。18年間の中で、水が溜まらないなど事業が成り立たなくなるリスクへのヘッジや責任については、契約上どのように対応することになっているのでしょうか。
　もう1つは、売電価格はかなり収益に影響するわけですが、今後18年間のサービス期間の中で制度が変わった場合の対応について、契約上、盛り込まれているのかどうか。以上2点について教えていただきたい。

（松本）
　まず1点目ですが、確かに渇水リスクはありますので、契約上は必要に応じて甲乙協議という形にさせていただいております。県は過去10ヵ年の流況データを開示し、事業者に収支の計画を検討いただいた上で、相互合意の下に契約を締結しています。但し、長期の事業となりますので、想定の範囲を越える様な渇水が発生した場合については、契約上、「気候変動等の環境の変化などによるもの」として扱い、事象が発生した時点で事業者と県が協議を行い、合理的に妥当な対応を行うことにしています。
　2点目の売電価格についてですが、現在の我が国の固定価格買取制度は、当初設定した売電価格が20年間保障されるものですので、売電価格の変動リスクは無いものと考えています。但し、契約上は、「制度が変更」となった場合のリスクは、県が負っています。
（会場）
　あと1つだけ、こういうリスクは非常にフォースマジュール（不可抗力）的なものですが、こういうものに双方がリスクヘッジするための、例えば保険とかそういう適用を検討されたのかどうか。
（松本）
　現在、フォースマジュールのリスクを全て移転できる保険はありません。従って、一般的な施設管理上のリスクについては事業者が保険に入っているものの、その他については、県と事業者がリスクを保有する形となっています。ダムESCO事業は、公民が連携した新しい事業の試みであり、こういったスキームの事業が増えることにより、それに応じた新たな保険商品なども生まれ、事業を行う環境も整ってくるものと思っています。

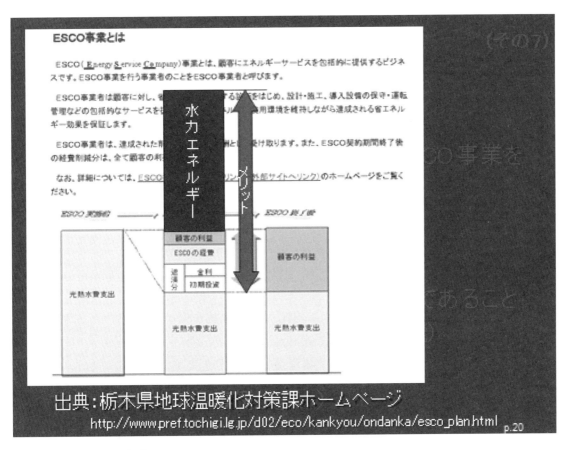

図 4-18 ESCO 事業とは

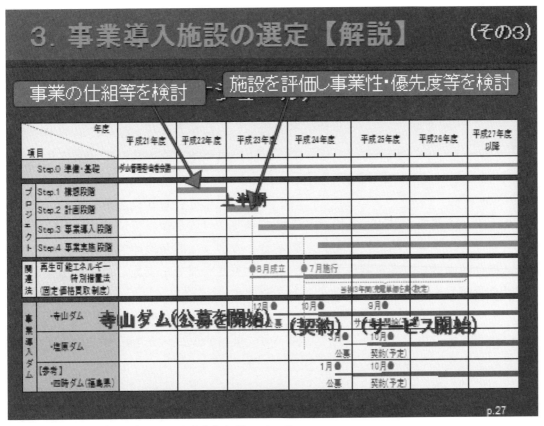

図 4-24 事業導入施設の選定(2)事業スケジュール

1．5　JICAコンサルタント等契約における総合評価落札方式の試行（足立　佳菜子）

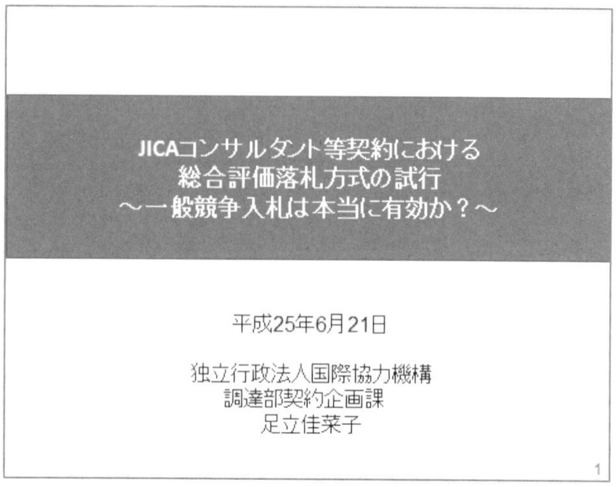

図 5-1　JICAコンサルタント等契約における総合評価落札方式の試行

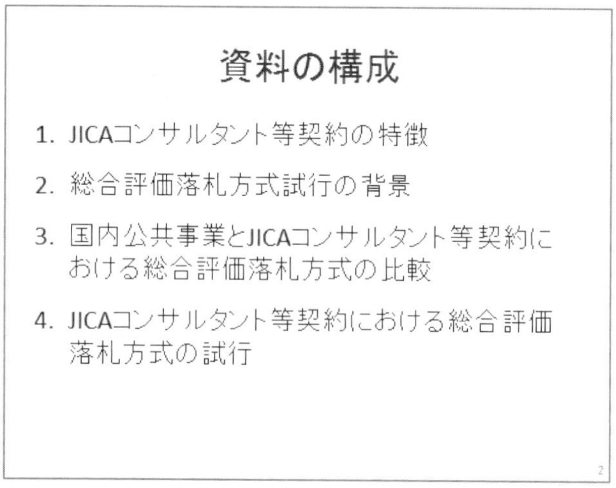

図 5-2　資料の構成

本日の発表の流れですが、まず、JICAで実施しておりますコンサルタント等契約の特徴を簡単にお話しして、総合評価落札方式を試行することとなった背景を説明します。次に国内公共事業とJICAコンサルタント等契約における総合評価の違いについて簡単に比較し、現在実際に試行しているコンサルタント等契約における総合評価落札方式の試行状況について説明させていただきます。

図 5-3　JICAコンサルタント等契約の特徴

　JICAは世界約150カ国において開発途上国政府からの要請を受け、技術協力、円借款、無償資金協力などを実施しているところです。途上国からの要請は、環境分野、教育分野などのソフト分野から道路などのインフラまで、非常に多岐にわたっています。内容も開発計画策定支援から教員などの人材育成、組織強化ですとか実証調査等々非常にさまざまです。途上国の支援というのは政府開発援助の一環として、外交の一環として行っていますので援助を通じた途上国との関係強化というのが非常に大事になっており、途上国からさすが先進国の日本の協力であるといっていただけるような高い質の協力を実施して関係を強化していく必要があります。途上国は日本と違いまして非常に状況の変化が激しいといったようなこともあるので途上国の状況の変化に合わせた柔軟な協力といったことも必要不可欠となっています。JICAが実施するこのような開発援助の中で、コンサルタントにも重要な部分を実施していただいているところです。

図 5-4　コンサルタントを活用する業務(P-45)

　コンサルタントに実施していただいている業務としましては、準備調査からはじまり、開発計画、立案の支援とか実際の技術協力、資金協

力の実施支援、事後評価、フォローアップなどがあり、各段階で非常に高度で専門的な業務をコンサルタントの方に請け負っていただいているところです。こちらの図にある案件の策定から実施、フォローアップまでという流れの中で、【図 5-4】の白抜きの部分がコンサルタントの方に実施していただいている業務でして、援助の最初から最後まで、各段階で関わっていただいていることを示したものです。

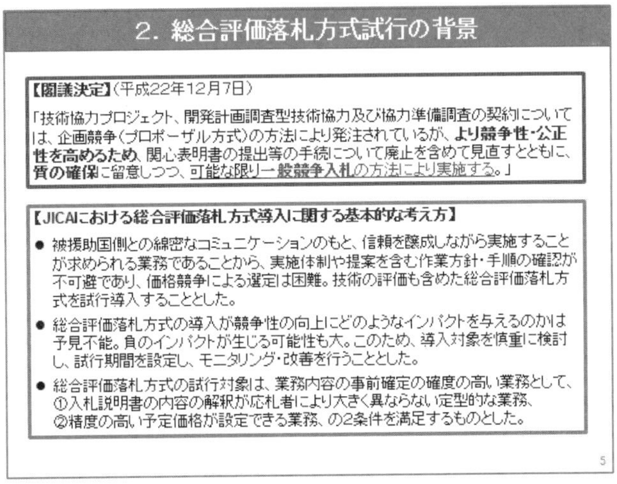

図 5-5 総合評価落札方式試行の背景

このように途上国との信頼関係の構築のために技術的にも非常に高いレベルを求められていますのでJICAといたしましてはコンサルタントの方を選定するときには技術力重視としてプロポーザル方式による選定を行っておりました。ところが、より競争性、公正性を高めるために、質の確保に重視しつつ、可能な限り一般競争入札による方法で実施するようにと平成 22 年 12 月に閣議決定が出されました。これを受けてJICAも何らかの形で一般競争入札を取り入れなくてはいけないということで、どのようにすれば事業に支障が出ずに行っていけるかを慎重に検討していきました。基本的な考え方としましては、JICAの協力は、途上国政府との綿密なコミュニケーションのもと信頼関係を構築していくことが求められていますので技術は必須です。安ければ良いというわけではないので価格競争のみというのは難しく、技術と価格の両方を考慮した総合評価落札方式を実施することにしました。ただ、総合評価で技術の評価をするといっても、価格競争が今まで以上に入っておりますのでどのような影響が出てくるのかというのは予測が難しいところがあり、導入を慎重に検討して、試行期間を設けつつ実施し、その結果をモニタリングしながら実際にどのようにやっていくのがよいのかというのを検討していくこととしました。総合評価の試行対象としては業務内容を事前に確定できそうな案件として、2つの条件を設けまして、1つ目は、入札説明書の内容の解釈が見る方によって大きく異ならない、要は定型的な業務であること、2つ目は精度の高い予定価格が設定できる業務であること、の2つの条件を満たすものを総合評価の試行案件として考えることにしました。

図 5-6 コンサルタント等業務における対象分類(P-45)

こちらの図がどういうものは総合評価で、どういうものは企画競争で行うかをイメージしたものです。総合評価につきましては、先ほど説明申し上げましたように、内容の解釈が人によって大きく異ならずにきちっとできるものです。例えば基礎的な調査は誰が行っても大体調査項目が決まっていて方法も決まっている。地図作成とか測量も比較的方法が決められている。総合評価で行ったもののフォローアップも総合評価の対象として考えられる。一方、企画競争の方が適していると思われるものは、業務の内容が事前に確定することが難しい案件です。かなり多くの案件がそうなのですが、途上国政府と実施しながら考え状況の変化に合わせて行っていかなければならないことがたくさんあります。そういったものは総合評価では難しいので、企画競争で実施すべきであると考えております。また、例えば政策支援とか開発計画など後々の事業につながるものに関しては、質を最優先すべきであり、そういったものについても技術力

を最重視した企画競争にしております。さらに、協力の中には日本の技術、特有の技術といったようなものを売りにした協力もあり、そのようなものについても技術を重視すべきであって、総合評価の対象から外しているというところです。

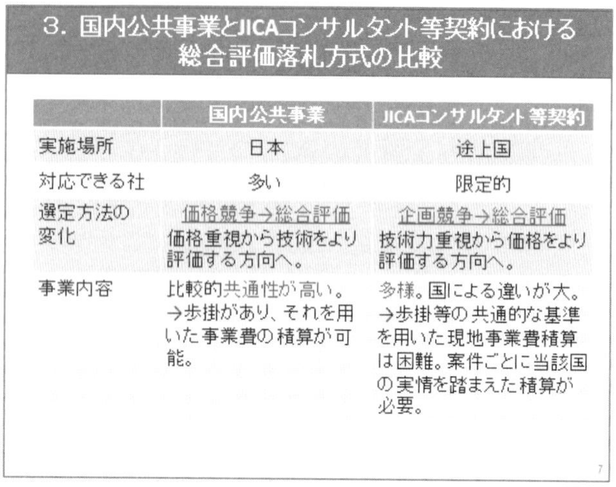

	国内公共事業	JICAコンサルタント等契約
実施場所	日本	途上国
対応できる社	多い	限定的
選定方法の変化	価格競争→総合評価 価格重視から技術をより評価する方向へ。	企画競争→総合評価 技術力重視から価格をより評価する方向へ。
事業内容	比較的共通性が高い。 →歩掛があり、それを用いた事業費の積算が可能。	多様。国による違いが大。 →歩掛等の共通的な基準を用いた現地事業費積算は困難。案件ごとに当該国の実情を踏まえた積算が必要。

図 5-7　国内公共工事とJICAコンサルタント等契約における総合評価落札方式の比較

【図 5-7】の表は国内の公共事業とJICAコンサルタント等契約の違いを簡単にまとめたものです。国内の場合は、実施場所が当然ながら日本であり、環境や前提条件がある程度共通しています。一方、JICAコンサルタント等契約については、実施場所は約150カ国の途上国、途上国と一口に申しましても、先進国レベルの国から、本当に貧しい一日1ドル以下で生活しているようなところまでさまざまです。対応できる社ですが、国内の公共事業は比較的多いのに対して、途上国で、英語で業務を行うということになりますとJICAのコンサルタント等契約に対応できる社というのは国内に比べると比較的限定的になっているという状況です。選定方法の変化ですが、国内の場合は、価格競争からより技術を評価する総合評価に移ってきているのに対して、JICAの場合は技術力を重視した企画競争から、より価格を重視した総合評価に移ってきていて、方向性の違いがあります。事業内容については、国内の場合は比較的共通性が高く、積算については歩掛があり、それに基づいた積算が可能となっていますが、JICAの場合は、中身もやり方も非常に多様でして、国による違いも大きいので歩掛等の一定の積算基準を設けることが非常に困難であるため、案件に応じて、積算を1件1件行っていかなくてはならないという状況です。

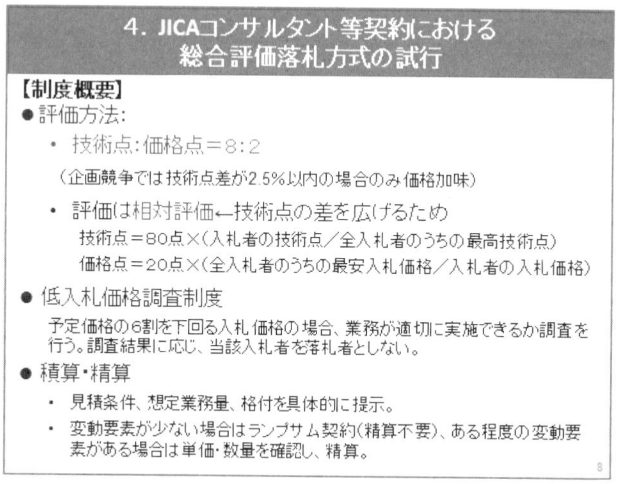

図 5-8　JICAコンサルタント等契約における総合評価落札方式の試行

JICAコンサルタント等契約における総合評価の制度の概要ですが、技術点と価格点の比は8:2です。できるだけ技術点の方を重視しようして、【図 5-8】のようになっています。ちなみに企画競争の方では技術点差が2.5%以内の場合のみ見積価格を開け価格点を加味するという方式になっています。この場合は最低価格に2.5点を加点し、それ以外のところには最低価格との差額に応じて加点を行うという方式になっています。総合評価の場合の評価は基本的に相対評価にしています。これは技術点の差を広げるために相対評価にした方が良いだろうと、このようにしています。具体的な計算方法はここに書いているとおりです。また、低入札価格調査制度を設けておりまして、これは予定価格の6割を下回る入札価格の場合には、業務が適切にできるか調査の上、調査結果に応じ、当該入札者を落札者としないという制度です。積算については、入札で価格を入れていただくので、

見積もり条件、想定業務量、格付を企画競争の時以上に明確に入札説明書に記載しています。精算に関しては、変動要素が少ない場合は精算不要なランプサム契約、ある程度の変動要素がある場合、例えばあらかじめ現地に行く回数が決められない場合などにおいては、何回行ったかなど数量を確認して精算するといった方式にしております。

総合評価落札方式　試行案件

	案件名	合計人月	進捗	入札図書配布数	応札者数	落札率（%）
1	ギニア国コナクリ都市圏大縮尺地形図作成プロジェクト	13.01	契約済	5	1	98.8%
2	モンゴル国第2次初等教育施設整備計画フォローアップ協力	4.09	契約済	2	2	74.4%
3	平成24年度課題別研修事後評価調査・現況調査	10.8	終了	5	2	88.8%
4	平成24年度円借款事業（特別円借款・STEP）施工安全確認調査	37	応札者0、分割して企画競争	1	0	－
5	平成24年度貧困プロファイル作成	10.8	終了	5	1	97.6%
6	アフガニスタン国未来への架け橋・中核人材育成プロジェクト	141	契約済	4	1	93.5%
7	カンボジア国全国道路網整備計画に係る基礎情報調査	8	終了	6	2	62.1%
8	マレーシア国高齢化に係る情報収集・確認調査	8.4	契約済	5	1	92.8%
9	東ティモール国道路構造状況診断情報収集・確認調査	8.6	契約済	6	2	61.6%
10	パプア・ニューギニア国生物多様性保全基礎情報収集・確認調査	2.4	契約済	13	5	89.3%

9

総合評価落札方式　試行案件

	案件名	合計人月	進捗	入札図書配布数	応札者数	落札率（%）
11	キルギス国オシュ・ジャララバード州道路維持管理機材整備計画	9.89	入札済	4	1	69.9%
12	コロンビア国防災分野情報収集・確認調査	9.52	入札済	10	3	77.0%
13	カンボジア国人材育成奨学計画準備調査	2.66	公示中	7		
14	スリランカ国人材育成奨学計画準備調査	2.61	公示中	4		
15	ベトナム国人材育成奨学計画準備調査	2.66	公示中			
16	バングラデシュ国人材育成奨学計画準備調査	2.62	公示中			

入札済み12件中6件が1社もしくは0社応札。

10

図 5-9,10　総合評価落札方式試行案件

【図 5-9,10】の2枚のスライドが2012年の3月から公示を始め、2013年6月まで16件実施しております総合評価の試行案件です。表中下線のある案件は応札者が1社もしくは0社のものです。

総合評価落札方式　試行案件　評価結果

	案件名		技術点（提案書評点）	価格点	総合点	価格（千円）
1	ギニア国コナクリ都市圏大縮尺地形図作成プロジェクト	A社	80 (80.85)	20	100	280,000
2	モンゴル国第2次初等教育施設整備計画フォローアップ協力	A社	80 (81.93)	20	100	10,466
		B社	79.87 (81.80)	16.7	96.57	12,535
		差(A-B)	0.13 (0.13)	3.3	3.43	-2,069
3	平成24年度課題別研修事後評価調査-現況調査	A社	80 (73.00)	20	100	26,130
		B社	－ (82.38)	失格	－	29,900
		差(A-B)	－ (-9.38)	－	－	-3,770
4	平成24年度円借款事業（特別円借款・STEP）施工安全確認調査	－	－	－	－	－
5	平成24年度貧困プロファイル作成	A社	80 (78.60)	20	100	23,097
6	アフガニスタン国未来への架け橋・中核人材育成プロジェクト	A社	80 (84.90)	20	100	740,652
7	カンボジア国全国道路網整備計画に係る基礎情報調査	A社	78.34 (82.48)	20	98.34	16,435
		B社	80 (84.23)	15.51	95.51	21.194
		差(A-B)	-1.66 (-1.75)	4.49	2.83	-4,759

＊赤字の案件は価格による逆転があったもの。　11

総合評価落札方式　試行案件　評価結果

	案件名		技術点（提案書評点）	価格点	総合点	価格（千円）
8	マレーシア国高齢化に係る情報収集・確認調査	A社	80 (82.20)	20	100	21,500
9	東ティモール国道路構造状況診断情報収集・確認調査	A社	76.50 (77.44)	20	96.50	18,950
		B社	80 (80.98)	14.00	94.00	27,063
		差 (A-B)	-3.50 (-3.54)	6.00	2.5	-8,113
10	パプア・ニューギニア国生物多様性保全基礎情報収集・確認調査	A社	80 (80.88)	20	100	8,284
		B社	78.91 (79.78)	18.04	96.95	9,183
		C社	76.54 (77.38)	19.51	96.05	8,493
		D社	71.96 (72.75)	19.32	91.28	8,575
		E社	76.79 (77.63)	失格	失格	11,650
		差 (A-B)	1.09 (1.1)	1.96	3.05	-899
11	キルギス国オシュ・ジャララバード州道路維持管理機材整備計画	A社	80 (81.02)	20	100	31,975
12	コロンビア国防災分野情報収集・確認調査	A社	80 (80.68)	19.92	99.92	28,503
		B社	78.25 (78.92)	20	98.25	28,395
		C社	77.22 (77.88)	19.76	96.98	28,744
		D社	基準下	－	－	－
		差 (A-B)	1.75 (1.76)	-0.08	1.67	108

12

図 5-11,12 総合評価落札方式試行案件評価結果

【図 5-11,12】は技術点と価格点の差を示したものです。ご覧いただいておわかりのように技術点差より価格点差の方が大きい傾向にあります。下線で示しているものは価格で逆転したケースでして、企画競争に比べて価格での逆転が多くなっております。

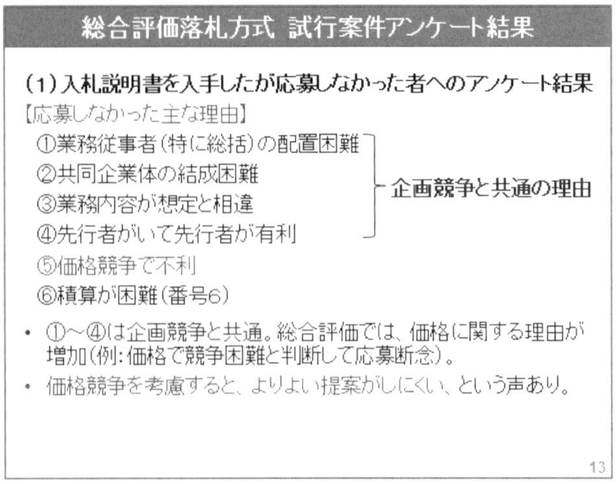

図 5-13 総合評価落札方式試行案件アンケート結果（入札不参加者）

試行ですのでモニタリングのためにすべての案件でアンケート調査を行っていますが、応札しなかった社に聞いたところ、応札しなかった理由として、企画競争と同じ理由もありますが、価格競争で不利になるという総合評価特有の回答もありました。もう少しいい提案をしたいが、価格競争を考慮するとちょっと提案がしにくいという声もありました。

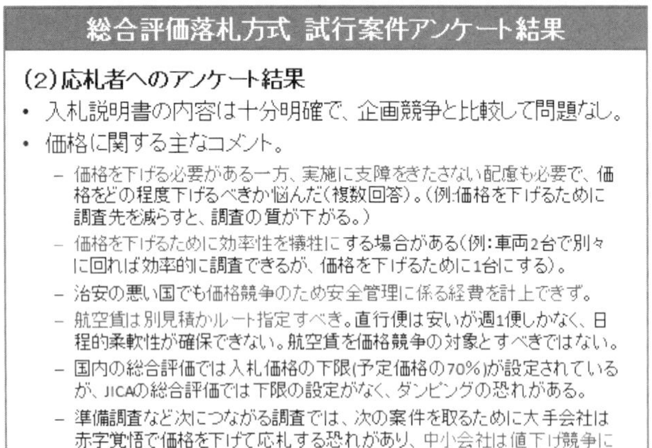

図 5-14 総合評価落札方式試行案件アンケート結果（応札者）①

応札者にもアンケートを行ったところ、入札説明書の内容は明確だが、価格競争があるため価格をどの程度下げれば良いか迷う、価格を下げるために質を下げるようなケースもある、そういった声とか、中小企業は値下げ競争に巻き込まれると厳しい、といったような声も頂戴しており、やはり価格が大きなネックになっているのではないかと思われます。

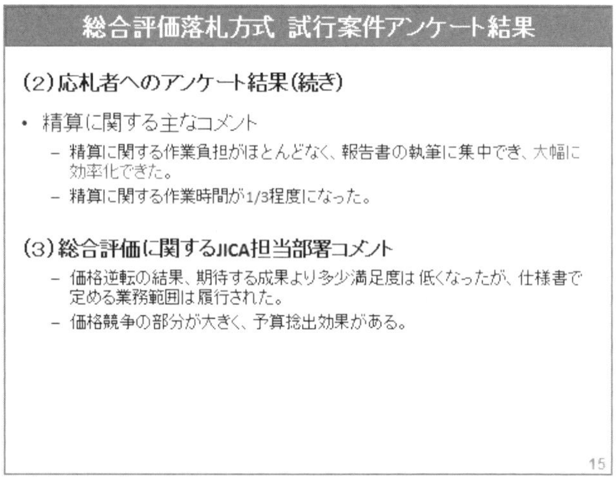

図 5-15 総合評価落札方式試行案件アンケート結果（応札者）②

精算については、企画競争の場合は精算を細かくやっているのですが、総合評価においては入札していただいているので精算が簡略化されており、その点については精算をした社から非常に簡素化できて良かったとの声をいただいています。

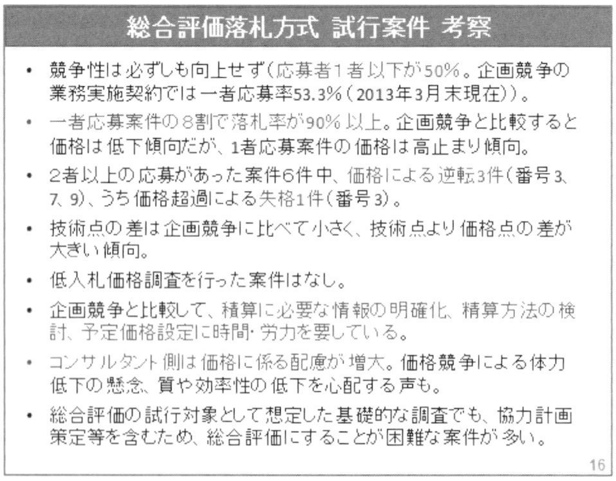

図 5-16 総合評価落札方式試行案件考察

これまでの試行を踏まえた考察ですが、競争性については企画競争と比べて必ずしも改善したという状況にはありません。価格については、

企画競争と比較すると低下傾向にありますが、一者応札案件の8割で落札率が90%以上と1者応札案件の価格は高止まり傾向にあります。また、2者以上の応募があった案件のうち価格による逆転が3件ですが、そのうちの1つは予定価格をわずかに超過したために失格になっており、こういうところが新たな課題です。低入札価格調査については、2013年6月に入札を行った案件で2件、調査を行わなくてはならない案件が出ています。予定価格の2%と30%で2社が入札という、対応に苦慮する案件が2件出てきております。企画競争と比較して、価格が非常に大きくなっているので積算をどのようにしていけば良いのかという課題がJICA、コンサルタント側にあります。

総合評価落札方式試行 モニタリング項目

- 下記項目にて試行案件のモニタリングを継続し、課題、改善点を整理していく。

検証の視点	指標案、判断基準
入札までの結果で確認	
競争性	応札者数、一者応募率
仕様書、見積条件の適切さ	アンケート／ヒアリング結果 予定価格と落札価格の比較
予定価格の上限拘束性の弊害の有無	アンケート／ヒアリング結果 価格超過による失格、入札不調事例
ダンピングの有無	予定価格と落札価格の比較 価格による逆転落札した案件のレビュー
入札説明書、技術プロポーザル・見積作成にかかる労力（企画競争との比較）	アンケート／ヒアリング結果
業務の実施を通じてモニタリング	
総合評価落札方式としての案件選定の妥当性	契約変更の有無、理由
精算の簡素化、適切性	精算方法、精算に要した時間
事業の質へのインパクト	実績評価結果 開発効果へのインパクト調査結果

17

図 5-17　総合評価落札方式モニタリング項目

今後は【図 5-17】のような項目でモニタリングを継続していきながら実施していく予定です。

今後に向けて

- 価格競争に偏らない工夫
  ←より技術点差をつける評価を検討
- 予定価格の上限拘束性を緩和する方策の検討
- 質やトータルコストのモニタリング
- 試行結果を踏まえた対象案件の精査

18

図 5-18　今後に向けて

今後に向けてですが、価格競争がJICA、コンサルタント側に重くのしかかっているので、なんとか技術点差をつける評価にできないかということを今後の課題として検討しています。予定価格を少しでも超えたら失格となってしまうことへの対策も課題です。また低価格入札への対応も課題です。先ほど紹介した低価格入札の案件の場合、コンサルタントの方に内訳やお考えなどをお伺いしていると、不足する部分は自社負担で実施するとのことです。自社負担の場合、質が確保できるかとかどう判断したら良いのかをJICAで検討中ですが、こういったところが検討課題です。援助というものは一回限りではなくて、調査があって実施があってそれがつながっていくというところがあるので、最初の調査時の価格が安くても後で再調査が必要になるなど、トータルでコストがかさんでしまっては本末転倒です。トータルコストをどのように見ていくかということと、試行結果を踏まえた対象案件の精査というのを考えております。国内の方が総合評価の導入が進んでいるかと思いますので、低価格入札ですとか予定価格の上限拘束性に対してどのように皆さんが対応しているのかというのを知ることができたら大変幸いでございます。

◇質疑
（会場）
　技術点において、複数社であまり点数が離れていない場合、技術点の内容を評価する方法を教えてください。
（足立）
　技術点については、類似業務の経験、業務従事者の経験、実施体制の提案などを評価のポイントとしております。案件ごとにどのような項目でどのような配点になっているかということはJICAのホームページの調達情報のところに、すべての入札説明書を記載しております。その中に具体的な記載があり、もしご関心がございましたらこちらの方をご覧いただければと思います。

（会場）
　具体的に技術テーマを与えて書いてもらうということはないのでしょうか。
（足立）
　案件によってはそれはやっております。現在のプロポーザル評価、企画競争の方は特定のテーマを定めて、それについて書いていただくということはしていないのですが、総合評価については試行ということもあり、この際いろいろなところを試行してみようと、例えば生物多様性の調査については「生物多様性についてどのようにお考えですか」といったテーマを設けて、そこに対する記述をしていただいて評価するというケースがございます。

（会場）
　今回こういう場で事例を発表していただきありがとうございます。
　民主党政権時代の事業仕分でこういうことになったことを理解していますが、そもそもの背景は1者応札が非常に多いという状況をどう緩和するか、どういう方向にもっていくか、ということでこの議論が始まったと思いますが、総合評価をこれからどのように運用していくかということに加えて、もともとの背景の1者応札に対してその状況を改善するために機構の方で取り組まれている施策を少しご紹介していただければと存じます。
（足立）
　総合評価以外の現在の評価が競争性向上に向けて取り組んでいるいくつかの方策をご紹介させていただきます。
　まずは、途上国で実施する案件に対して、2週間で提案を書いてくださいというのはなかなか難しいので、なるべく案件の予測性の向上を図るために、このような案件が公示で出される予定という案件情報を前広に出しております。新規案件についての説明会を実施するといったような取り組みもしております。積算や精算などがコンサルタントの方にとって負担になっているということがありますので、そのようなものについての説明会とか手引きのような資料集の作成・公開となども行っています。
　また、2013年度については、より若手の方とか国内の人材が積極的に応募いただけるように、プロポーザル評価で若手に対して加点を行うとか、国内経験豊かな方については、外国語の能力は評価せず技術力重視の評価とする、といったような評価方法を導入したいというようなことも考えているところです。

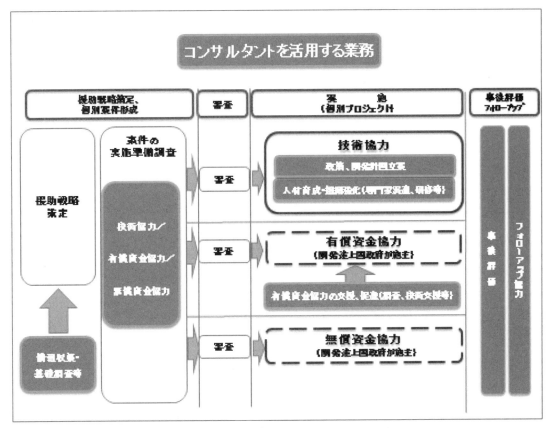

図 5-4　コンサルタントを活用する業務

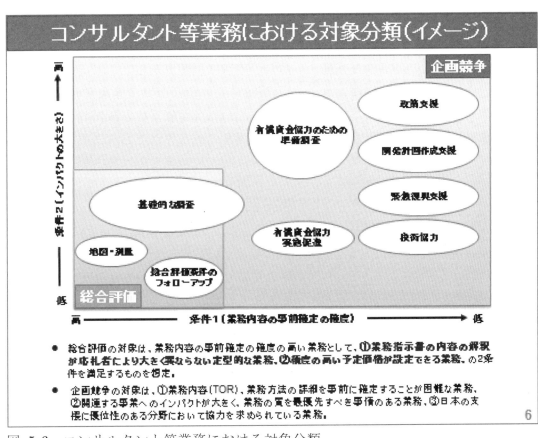

図 5-6　コンサルタント等業務における対象分類

1.6 公共工事の入札・契約における総合評価落札方式の実施状況及びH25年度の実施方針について（高橋　岩夫）

図 6-1　公共工事の入札・契約における総合評価落札方式の実施状況及びH25年度の実施方針について

　国土交通省関東地方整備局企画部技術調査課で、工事の総合評価を担当しております高橋と申します。公共工事の入札・契約における総合評価落札方式について、これまで関東地方整備局で実施してきました内容について、特に、本年度に行います実施方針、この8月から本格化します総合評価入札について紹介したいと思います。

図 6-2　入札・契約方式別実施状況

　はじめに一般競争入札についての資料を用意しております。一般競争入札については平成16年当初まではダム事業を中心に行ってきましたが、以降17年度から3億円、18年度には2億円まで拡大して行っているというところです。20年度から6,000万円以上の工事について適用を拡大して行っているという状況です。関東地方整備局では6,000万円以下についても、1,000万円以上のものを原則対象としていますので、こちらに記載の通り平成24年度については、緊急随契を除くとほぼ100％一般競争で行っております。

図 6-3　落札率、低入札発生状況(P-52)

　続いて落札率、低入札発生状況についてまとめております。落札率については平成14年度93.8％と高い時代があったわけですが平成17年度には87％まで減少してきています。次に低入札の発生状況ですが、4.8％だったものが、平成17年度には14％まで上昇してきています。そうした中で極端な低価格の受注により工事の品質の確保に影響が及ぶこともあったことから、平成18年度に緊急公共工事品質確保対策が打ち出され、総合評価落札方式におきまして施工体制確認型が導入されております。平成18年度以降は低入札の発生率は減少してきておりまして、落札率は90％台まで上昇してきており、平成24年度には90.8％と推移してきている状況です。低入札の発生率については1％まで減少してきている状況です。併せて、調査基準価格の見直しが行われておりまして四角で囲ってあるような割合で変わってきております。平成20年度、平成23年度には、現場管理費を上げておりまして、平成25年5月16日には一般管理費を30％から55％まで上げている状況です。これを行うことにより工事費全体で調査基準価格が2％程上がってきている状況です。

図 6-4　不調・不落発生状況(P-52)

続きまして、不調不落の発生状況についてもまとめております。不調不落については平成18年度から20年度にかけてだいぶ増えてきておりまして、総合評価の導入がその原因となっているのではないかとの考えもありますが、実態としてこのように増えてきております。このような状況の中で発注に関する見直しとして、例えば見積もりを活用した積算や、施工場所が点在する不人気工事についての積算方法の見直しを行っているところです。平成21年度以降については減少しており、現在では14％台となっています。その中でも昨年度特に不調が多かったものは、建築、暖冷房でした。

図 6-5　応札状況(P-53)

続いて、1工事あたりの応札者の状況です。平成20年度以降1工事あたりの応札者がだいぶ多くなってきましたが、発注件数に応じて集中するものが変わってくるのかなといった感じがあります。WTO以外の工種別で見ますと、一般土木とか鋼橋上部、PCには応札者が集中しますが、機械設備や通信設備の応札者は少ないといった現状です。

図 6-6　多様な入札契約の試行状況(P-53)

総合評価落札方式の実施状況をグラフにまとめております。平成16年頃から試行していましたが、その当時は件数が少なくて1％台でした。平成17年に、公共工事の品質確保の促進に関する法律、いわゆる品確法が制定されまして、導入率を増やしており平成18年には約60％、平成19年においては94％ということで100％に近い数字で実施しているところです。

入札契約の関係はもう少し掘り下げた形で実施しているところです。この中で段階選抜方式については、昨年度にWTO案件まで拡大して実施してきているところです。維持工事の複数年契約についても実施してきています。

図 6-7　段階選抜の試行(P-54)

段階選抜方式について少し詳しくご説明申し上げます。段階選抜方式については平成22年度より実施しています。先ほど申し上げましたように、昨年度からはWTO案件まで拡大しております。規模の大きい工事あるいは難易度の高い工事についてはヒアリングを行っており、技術力についても評価を行っているところです。

図 6-8　段階選抜の試行：競争参加者へのアンケート結果(P-54)

そのヒアリングの実施の状況です。発注者側から審査官5名、応札者からは配置予定管理技術者1名でヒアリングを実施しました。ヒアリングの評価については理解度あるいは認識度に応じて採点を行います。そして上位1位の方にヒアリング係数1.0を付与しまして、それ以外は採点に応じてヒアリング係数を与える方法を用いております。工事全般の施工計画を出してもらうのですが得られた基礎点にヒアリング係数をかけ最終的な施工計画の評価点にしております。

図 6-9　試行状況：WTO対象工事への試行拡大(P-55)

ヒアリング対象者にアンケートを行ってみたところ、審査官の理解度が非常に高くて有意義な質問をしてもらったという意見をいただいており、どうしてもヒアリング係数に差が生じてしまうことについても納得ができるといった高い評価を得ています。反面、1人の技術者に対してヒアリングを行うことにしておりますので、個人に対する負担が大きいといった声もありました。こちらは今後の課題と考えております。

応札者の方々にもアンケートを採っております。アンケートで6割の方から技術提案の負担に対して有効ではないかという回答をいただきまして、段階選抜方式では負担軽減を目標としていましたので、当初の目的は達成できたのではないかと考えております。

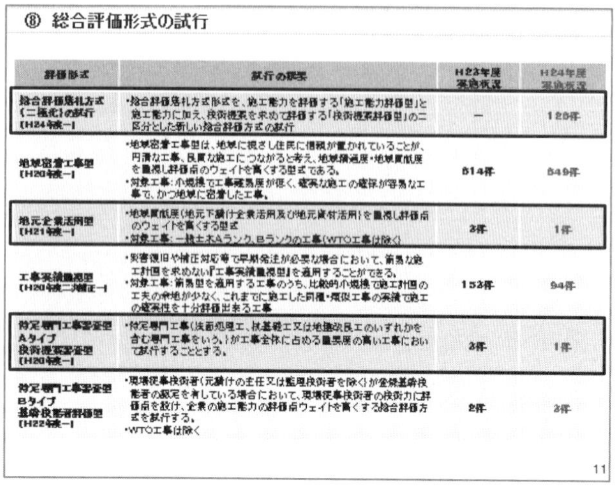

図 6-10 総合評価形式の試行

【図 6-10】は段階選抜方式の事例です。昨年度実施しましたWTOの案件ですが一次審査の段階では、それぞれの企業の実績などを提出していただいて審査するものです。ご覧のとおり、図中の枠で囲った部分ですが、これが企業の基礎点になるのですが、ほとんどの企業が同じような点数を獲得していることが、グラフを見ておわかりになると思います。それに対して配置予定技術者については、企業によってばらつきが生じております。企業と技術者の割合を1：1にしていますが、これによって企業の固定化を緩和できるといった期待を持っています。

図 6-11 総合評価方式(二極化)の試行(P-55)

こちらは総合評価形式の試行の内容です。昨年度までは総合評価方式の二極化の試行を実施してきております。二極化につきましては全体で130件弱の工事を実施しております。地域密着型については地域に根ざした住民の信頼を深める企業に施工していただくことによって、良質な工事が期待できるという方式です。

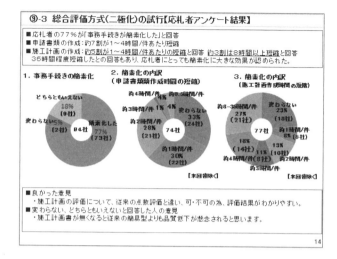

図 6-12 総合評価方式(二極化)の試行【応札者アンケート結果】①

【図 6-12】からアンケート調査の結果を掲載しております。【図 6-12】発注者側、【図 6-13】は応札者からのアンケート結果で、事務手続きの簡素化したといったことが大きな成果となっています。

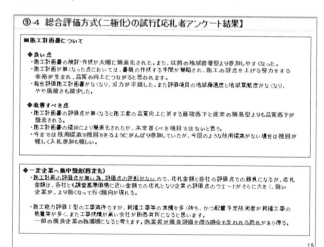

図 6-13 総合評価方式(二極化)の試行【応札者アンケート結果】②

そのほかの内容についてもアンケートをとっております。例えば施工計画書ですが、従来から各地の現場で施工を行う際に工夫してもらっている、いわゆる技術提案を提出してもらっているわけですが、今回は施工計画についてはか

なり簡素化しています。どの程度簡素化されているのか意見をいただいたところ、多くの方から簡素化されているとの意見をいただいています。しかしながら改善すべき点のところに記載していますが、従来技術提案のところで挽回していたところが、「今回の技術提案の簡素化によって挽回できなくなるのではないか」という声も上がっております。また、「一部の優良企業の独断場になってしまうのではないか」という懸念の声も上がってきております。

図 6-14 総合評価提案内容に関する工事完成後の効果確認（本官工事）(P-56)

次に、技術提案の内容が実際の現場でどのような効果があったのか、効果の測定を昨年度より実施しているところです。本官工事については、本局の検査官が現場に赴き、施工中の工事の内容を確認しております。そうした中で一部の工事は履行義務だけを果たそうとして現場条件が変わったにもかかわらずそのまま実施しているといった状況も見られています。

図 6-15 総合評価提案内容に関する工事完成後の効果確認（分任官工事）(P-56)

続いてこちらは分任官工事です。小規模な工事についてですが、同様に効果の確認を実施しています。こちらの現場の声としましては、提案内容を履行はするのですがそれ以降の管理不足によって効果が低減する事例が見られているところです。以上がこれまでの関東地方整備局での取り組みです。次に平成25年度の関東地方整備局の実施方針について説明します。

実施方針は先ほど申したように、施工能力評価型と技術提案評価型と大きく2つに分けられ二極化について、これを今年の8月以降に全面的に取り組んでいこうということです。

図 6-16 総合評価落札方式の見直し(二極化)(P-57)

これが概念図です。

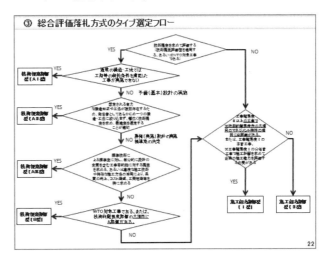

図 6-17 総合評価落札方式のタイプ選定フロー

選定フローにつきましては、このような形になっています。

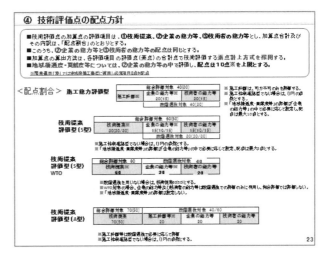

図 6-18 技術評価点の配点方針

今回大きく変わるところは、企業の技術力と技術者の技術力を1：1にすることと、施工能力評価型では施工計画については評価点を加算せずに可か不可かで評価していくといったところです。

図 6-19 二極化技術評価点の配分表（施工能力評価型）（P-57）

【図 6-19】が施工能力評価型の配分表ですが、このように工事の実績、成績、表彰の3つを主な評価点として企業と技術者についてそれぞれ確認していこうというものです。

図 6-20 二極化技術評価点の配分表（技術提案評価型）（P-58）

【図 6-20】は技術提案評価型です。技術提案評価型については従来から行っている技術提案を提出してもらいますが、評価点を30点として今後も実施していく予定です。企業の施工能力と配置予定技術者の能力はご覧のとおりです。

図 6-21 技術評価点の配分表（自由設定項目等について）（P-58）

先ほど言った3つの評価項目以外で自由項目を設定しております。これは現場の状況に合わせて自由に設定しているものです。

図 6-22 同種工事施工実績の評価基準について（P-59）

同種工事の施工実績についてですが、より高い同種性があるかということで優位性を評価しています。

図 6-23 同種工事施工実績の評価基準（同種性の適用について）（P-59）

【図 6-23】が適用事例です。

図 6-24 施工能力評価Ⅰ型における「施工計画」の評価について（P-60）

施工計画の評価については一般的な施工計画書を書いていただきます。右下に書いてあるような内容ですと不可となり欠格となってしまいます。

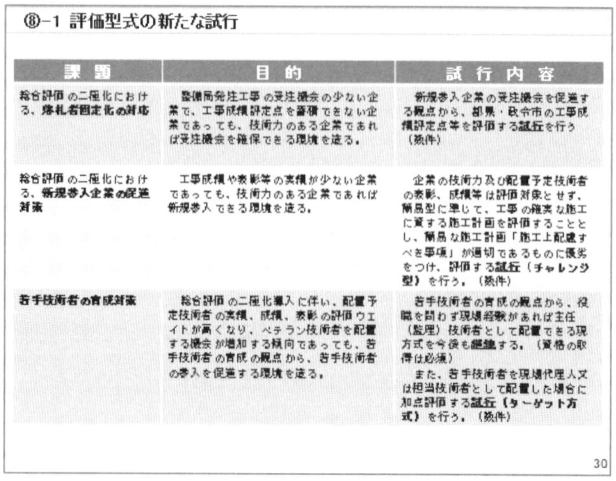

図 6-25 評価形式の新たな試行

二極化を行う際にさまざまな懸念がありましたが、その対策案としてこれら3つがあります。

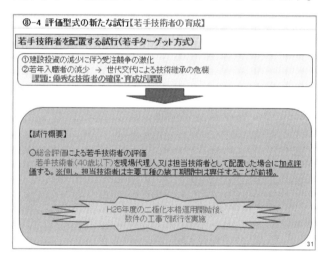

図 6-26 評価形式の新たな試行（若手技術者の育成）

1つは、若手技術者の育成です。配置予定技術者のウェイトが高くなりますと、若手技術者を現場に配置しづらいという声がありましたので、それについて、例えば、40歳以下の若い技術者を担当技術者として現場に配置した場合に加点する試行を考えているところです。

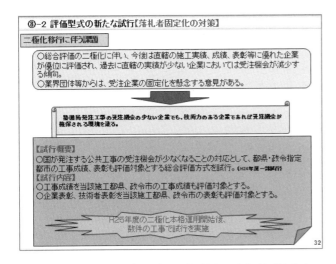

図 6-27 評価形式の新たな試行（落札者固定化の対策）

次に落札者が固定化するのではないかという懸念については、従来は関東地整の工事の成績を評価項目としていたのを当該都県、政令市の工事成績も評価対象とするといったことを今後試行していきたいと考えております。

図 6-28 評価形式の新たな試行（技術提案チャレンジ型）（P-60）

最後になりますが、新規参入が難しくなっているのではないかとの懸念がある中で、新規参入の方々もチャレンジできるような体制を整えるために、企業の技術力と配置予定技術者の技術力を評価項目とせずに、技術提案のみを評価項目とするという試行を考えております。これについては、詳細が出来次第随時試行していきたいと考えております。

◇質疑
（会場）

2つ教えて欲しいことがあります。まずは、段階選抜のところで、加算点が結構当落線上にありますが、実際 H 社とか I 社とかそこらへんはどのように判断されているのか。もう1つは、試行で海外の標準契約を参考にしたという、それをやった結果はどうだったのか、紹介いただけませんでしょうか。

（高橋）

まず当落線上ということですが、工事の入札公告を行う際には、この工事は段階選抜であって、何社程度に選抜しますと（7社だったかと思うのですが）最初に公告文に謳っております。この事例では結果的に、この7社目と8社目の点差が生じておりましたので、ここで選抜させていただいておりますので、特段問題ございませんでした。もしこれが同点であれば、7社が8社、9社と広がる事があります。この事例の場合はたまたま7社のところで差がついたということです。

それから、海外の契約を参考にしたというものについてですが、受注者と発注者の間に第三者的な役割を、海外では外注するわけですが、今回の工事では、関東地方整備局の幹部クラスの人がその役割として両者の間に入って、会議のやり取りなどについて中立的な立場で助言を行うといったことを試行的に実施しました。結果的には受注者側からは良かったという意見はいただいております。

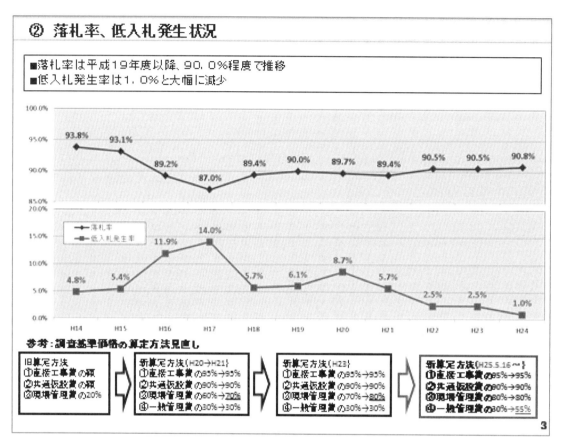

図 6-3 落札率、低入札発生状況

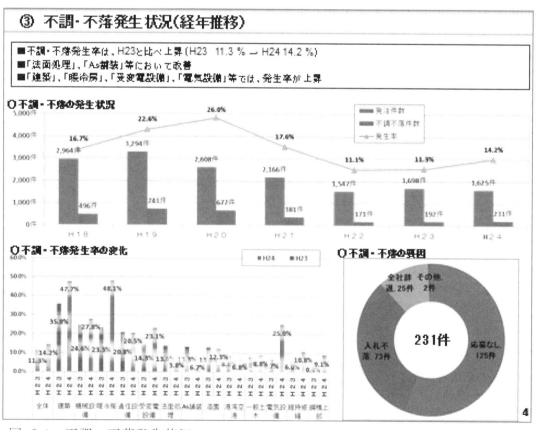

図 6-4 不調・不落発生状況

図 6-5　応札状況

⑥ 多様な入札契約の試行状況

試行内容	試行の概要	H23年度実施状況	H24年度実施状況
段階選抜方式の試行 [平成22年度－]	・技術提案に係る負担の軽減を図る観点から、総合評価方式における段階選抜を試行 ・対象は技術提案を求める案件(標準型)で、提案者が比較的多い案件 ・規模の大きい工事や工事難易度の高い工事等では技術者ヒアリングを実施	4件	8件
維持工事等の複数年契約 [平成21年度－]	・発注者の事務手続きの軽減、コスト縮減を目的に試行 ・契約期間は2〜3年	4件	8件
技術提案書の採否の詳細な通知 [平成22年度－]	・総合評価の透明性の確保を目的に試行 ・試行対象は本局契約の全工事及び事務所契約工事の一部(簡易型除く)	161件 本　官:125件 分任官:　36件	94件 本　官:　79件 分任官:　15件
ITを活用した「技術提案書作成説明会」の実施	・受注者の技術提案書作成方法への理解を深め、資料作成に関する透明性を確保するため実施。 ・H22: テレビ会議システムを活用 ・H22: インターネットを活用	1件	0件 ([illegible])
設計成果電子データの提供	・受注者側の技術提案書作成の情報収集に係る負担軽減等を目的に実施 ・ホームページからのダウンロード方式、または、CD−ROMを貸与する方式で試行 ・従来の来所等による閲覧も並行して実施	5件	9件
海外の標準的な契約等を参考にした発注・契約の試行 [平成22年度]	・国土交通省成長戦略に盛り込まれた、日本の建設企業の海外展開を支援するとともに、公共工事に関わる受・発注者の現場実態に合わせた発注・契約について検討するため、海外での標準的な契約等であるFIDIC約款等を参考にした発注・契約の試行を実施	継続(1件)	継続(1件)

6

図 6-6　多様な入札契約の試行状況

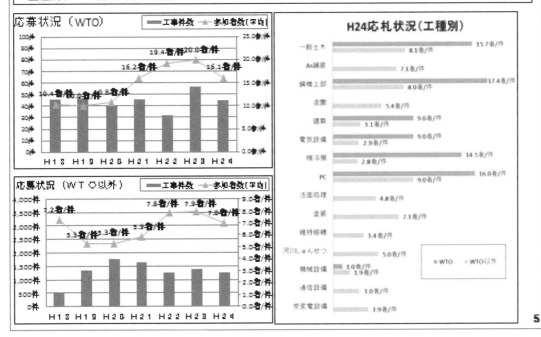

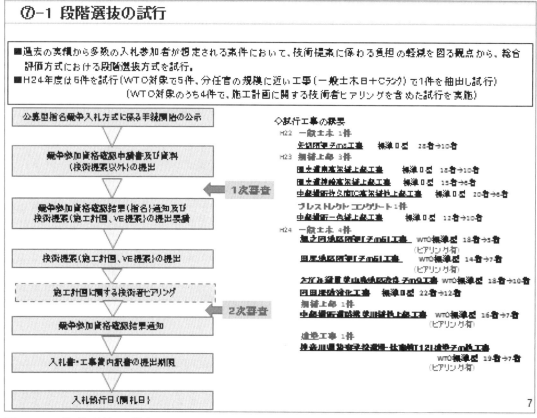

図 6-7 段階選抜の試行

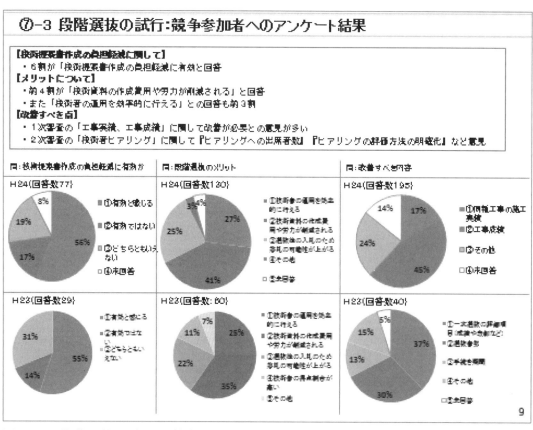

図 6-8 段階選抜の試行：競争参加者へのアンケート結果

図 6-9　試行状況：WTO 対象工事への試行拡大

⑨-1 総合評価方式(二極化)の試行

■試行：2極化の契約件数は126件
■技術提案評価型は13件試行
- S型(WTO)：10件
- S型(WTO以外)：3件

■施工能力評価型は113件試行
- Ⅰ型：66件
- Ⅱ型：47件

※地域密着工事型　47件(37%)

1．【型式別：試行件数】

		技術提案評価型		施工能力評価型		合計
		S型(WTO)	S型(WTO以外)	Ⅰ型	Ⅱ型	
標準	標準	5	2	45	21	73
	2段階選抜	5	1	0	0	6
	小計	10	3	45	21	79
地域密着		0	0	21	26	47
合計	合計件数	10	3	66	47	126
	率	8%	2%	52%	37%	100%
		13件 10%		113件 90%		

2．【工種別：試行件数】

工種	技術提案評価型		施工能力評価型		合計
	S型(WTO)	S型(WTO以外)	Ⅰ型	Ⅱ型	
一般土木工事	9	1	34	9	53
アスファルト舗装工事	0	1	3	0	4
鋼橋上部工事	0	0	2	0	2
造園工事	0	0	1	0	1
建築工事	1	1	9	7	18
電気設備工事	0	0	4	0	4
暖冷房衛生設備工事	0	0	4	0	4
PC工事	0	0	0	0	0
法面処理工事	0	0	0	0	0
塗装工事	0	0	0	0	0
維持修繕工事	0	0	4	22	26
河川しゅんせつ工事	0	0	0	1	1
機械設備工事	0	0	3	6	9
通信設備工事	0	0	2	1	3
受変電設備工事	0	0	0	1	1
合計	10	3	66	47	126件
	13件		113件		

12

図 6-11　総合評価方式(二極化)の試行

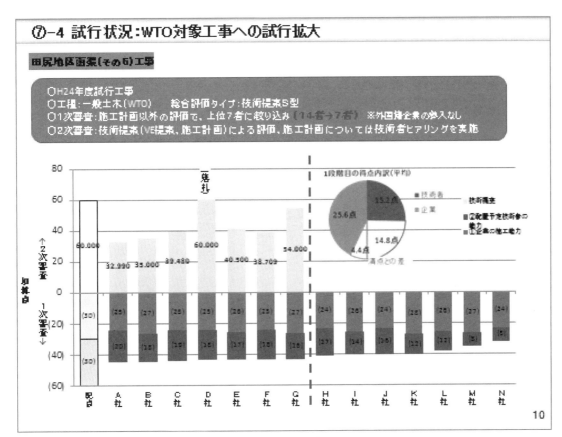

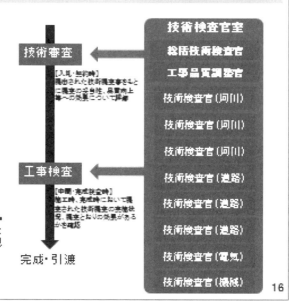

図 6-14　総合評価提案内容に関する工事完成後の効果確認（本官工事）

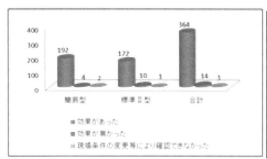
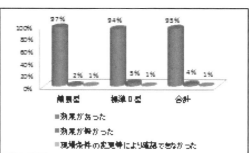

図 6-15　総合評価提案内容に関する工事完成後の効果確認（分任官工事）

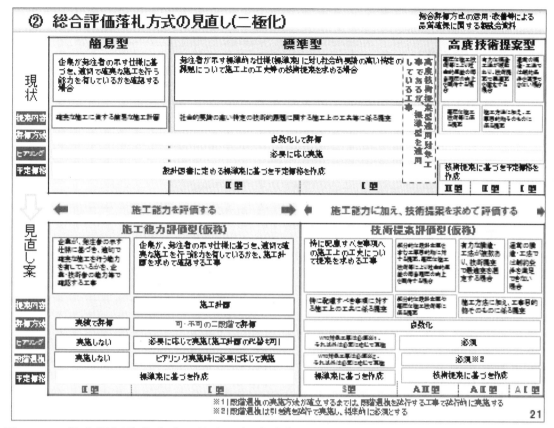

図 6-16　総合評価落札方式の見直し(二極化)

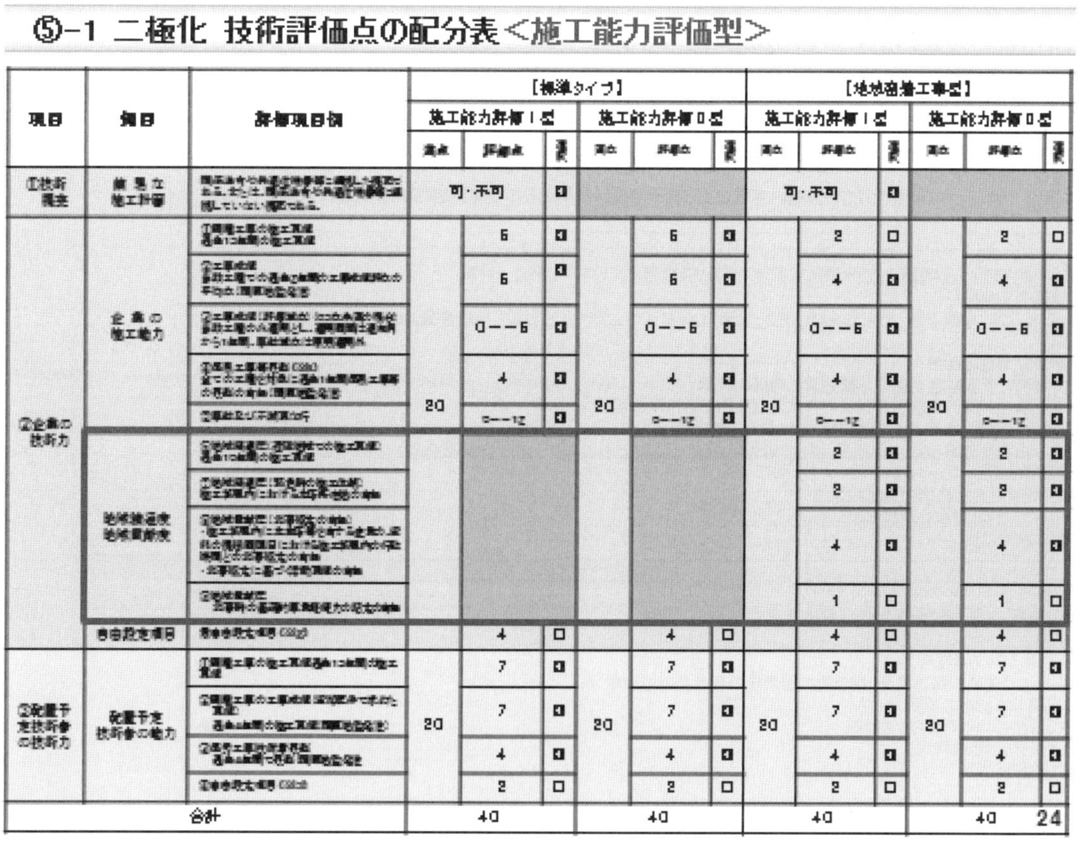

図 6-19　二極化技術評価点の配分表（施工能力評価型）

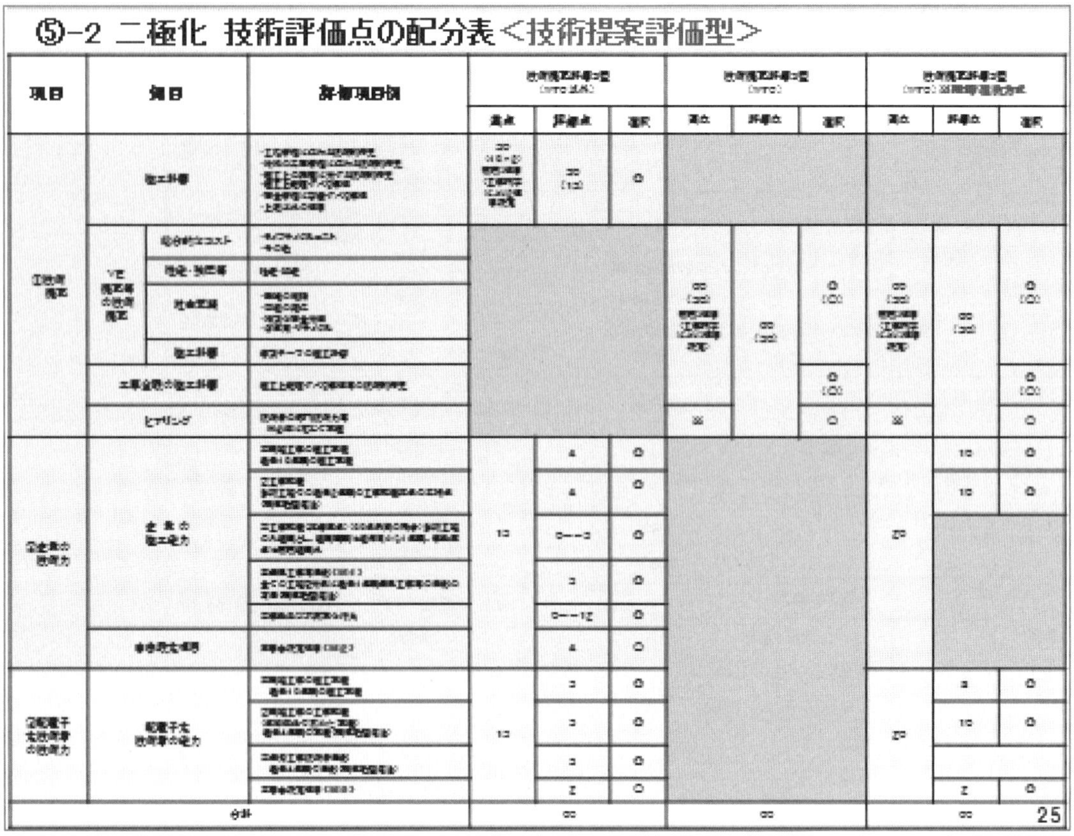

図 6-20 二極化技術評価点の配分表（技術提案評価型）

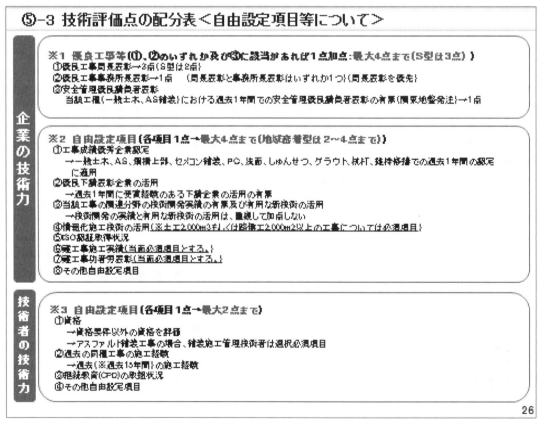

図 6-21 技術評価点の配分表（自由設定項目等について）

⑥-1 同種工事施工実績の評価基準について

【目的】

施工能力評価型及び技術提案評価型において、企業の技術力及び配置予定者の技術力について、資格要件で求め提出された施工実績が対象工事の設計内容（数量・構造等）と比較し、同種性がより高い場合は優位に評価するものとする。

項目	細目	評価項目例	評価項目区分（評価基準）	配点：施工能力評価型 Ⅰ型	配点：施工能力評価型 Ⅱ型	配点：技術提案評価 S型（WTO以外）
企業の技術力	企業の施工能力	①同種工事の施工実績 過去15年間の施工実績 資格要件で求めた実績要件の同種性に加え、構造形式、施工方法、設計条件等について異なる同種性を評価する （ ）内は評価基準を2段階とした場合	より高い同種性が認められる	6(6)	6(6)	4(4)
			高い同種性が認められる	3	3	2
			同種性が認められる	0(0)	0(0)	0(0)
配置予定技術者の技術力	配置予定技術者の技術力	①同種工事の施工実績 過去15年間の施工実績 資格要件で求めた実績要件の同種性に加え、構造形式、施工方法、設計条件等について異なる同種性を評価する （ ）内は評価基準を2段階とした場合	より高い同種性が認められる	7(7)	7(7)	5(5)
			高い同種性が認められる	4	4	3
			同種性が認められる	0(0)	0(0)	0(0)

27

図 6-22　同種工事施工実績の評価基準について

⑥-2 同種工事施工実績の評価基準（同種性の適用について）

【同種性の適用】

評価基準は①「より高い同種性」②「高い同種性」③「同種性が認められる」の3段階を基本とし、同種性は当該工事で求める主たる工事内容　をもとに同種要件を「施工数量」、「設計規模」、「構造型式」のいずれかで評価することを基本とする。

なお、「施工数量」、「設計規模」で同種性を評価する場合の判断基準は、①「より高い同種性」は当該工事で求める工事内容の設計値以上とし、②「高い同種性」は①で求める設計値×0．7以上とするものとし、それ以外は③「同種性が認められる」として判断し運用する。

ただし、工事内容から上記により難い場合は評価基準を①「より高い同種性」②「同種性が認められる」の2段階や、同種性を「施工数量」、「設計規模」、「構造型式」の組み合わせにて評価することも可能とする。

「企業の技術力」と「配置予定技術者の能力」の同種性の判断基準は同じもので運用する。

【事例1：盛土工事の場合（盛土量20,000m3、掘削土（河川内）10,000m3）】

＜資格要件＞　（ア）河川堤防の築堤工事（維持的工事は除く）であること

（イ）河川の掘削又は床掘の河川工事（維持的工事は除く）であること。

＜評価項目区分＞　同種要件：施工数量で求める場合

①より高い同種性　：盛土量が20,000m3以上の実績

②高い同種性　：盛土量が14,000m3以上の実績

③同種性が認められる　：上記①②以外の場合

※施工数量により同種性を判断する場合、設計値（設計数量）が小規模で評価基準が適当でないと考えられる場合は同種要件を組み合わせて評価基準を区分できる。

【事例2：低水護岸工事の場合（法長10m、コンクリートブロック張工2,000m2、根固ブロック製作・設置3t/個500個）】

＜資格要件＞

（ア）河川における連節ブロック張、コンクリートブロック張又はコンクリートブロック積のいずれかによる護岸工事であること。

（イ）仮締め切りを伴う河川工事であること。

＜評価項目区分＞　同種要件：施工数量＋設計規模で求める場合

①より高い同種性　：コンクリートブロック張工2,000m2以上及び根固ブロック製作・設置3t/個の実績

②高い同種性　：コンクリートブロック張工2,000m2以上及び根固ブロック製作・設置2t/個の実績

③同種性が認められる　：上記①②以外の場合

※施工数量により同種性を判断する場合、同種要件を組み合わせて評価基準を区分できる。

28

図 6-23　同種工事施工実績の評価基準（同種性の適用について）

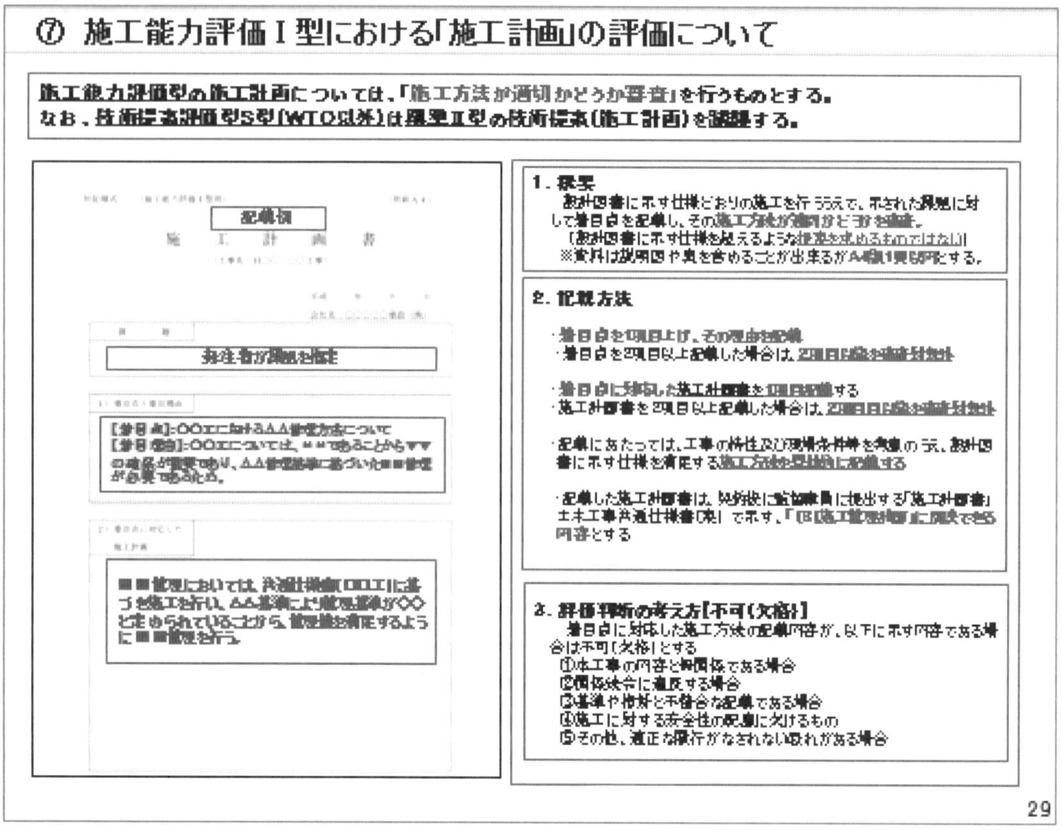

60　建設 M.S.06　公共調達制度を考える　— 総合評価・復興事業・維持管理 —

図 6-24 施工能力評価Ⅰ型における「施工計画」の評価について

図 6-28　評価形式の新たな試行（技術提案チャレンジ型）

1.7 技術提案書の作成説明会による総合評価落札方式の改善（森 芳徳）

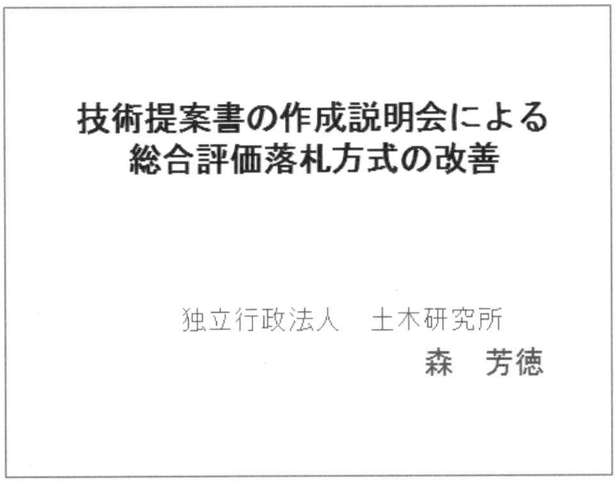

図 7-1 技術提案書の作成説明会による総合評価落札方式の改善

　技術提案書の作成説明会による総合評価落札方式の改善について、事例紹介として発表させていただきます。私は今、土木研究所に所属していますが、この事例紹介は、私が地方整備局に所属し、技術審査等をやっていた際に行っていた事例紹介です。さきほど関東地整の資料の中にも多様な入札の試行状況というものもありましたが、そこにITを活用した技術提案書作成説明会の実施というものがあり、その取り組みの一部です。

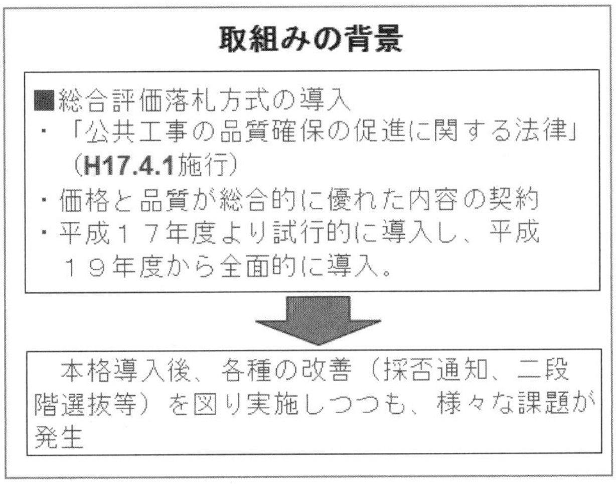

図 7-2 取組みの背景

　取り組みの背景ですが、ご承知のように平成17年に品確法ができ、地方整備局も総合評価落札方式を平成17年18年頃から全面的に導入してきたところですが、導入当初は施工体制確認型が存在しなくて、相当低入札が続いておりました。その改善として施工体制確認型を導入したり、政権が変わり総合評価方式がブラックボックス化しているのではないかという批判を踏まえ採否通知を行ったり、段階選抜を行ったり、このように順次改善に取り組んでいたものの、いろんな課題が発生していったということです。

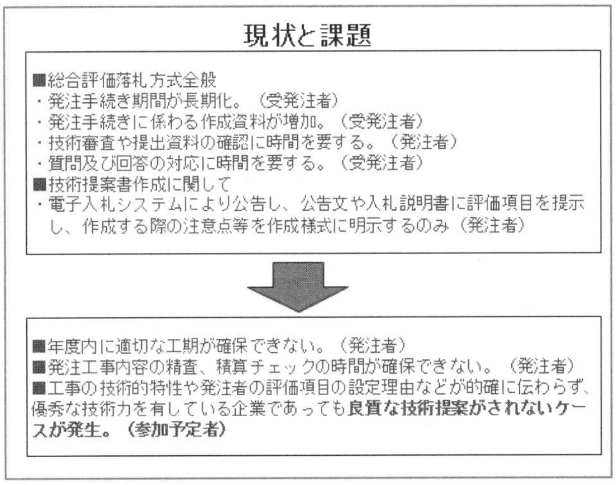

図 7-3 現状と課題

　現状と課題ですが、総合評価方式を導入したことで発注手続き期間が長期化してしまいました。そのため、下の枠の方に示しておりますが発注者側からしますとなかなか適切な工期設定ができない。手続きが、WTOなどでは半年程度かかってしまうため工期の設定に問題が生じる。発注手続きに関わる作成資料も増加してしまった。発注者もそうですし、受注者も技術提案書といった作成資料が増えてきてしまった。発注者側としては頂いた技術資料について技術審査を行いますが、その時間を非常に要してしまった、そのために発注者が本来重点的に行うべきところの工事内容について積算を含めてのチェックの時間が確保できなくなってきている。これも受発注者側双方ですが、質問回答を電子

入札で行うということで、非常に手間・時間を要するというような状態でした。総合評価で重要となる技術提案書の作成も現在は電子入札システムで、データ上でやりとりをするだけなので、私たちからすれば公告資料の中で、この工事の中で重要なところはこういうところですということをしっかりと明示して手続きをしますが、それがうまく伝わらないと、工事の技術的特性、何でこの工事でこの評価項目を設定しているのかといったところが的確に伝わらないことがありました。その結果、優秀な技術力を有している企業であっても的を得ない、良質な技術提案がされないというケースが発生していました。

図 7-4 取組み目的（改善方策）

そのような現状を踏まえ、発注者側の意図をこちらから的確に伝え、それに対して参加の意思がある企業から疑問点があっても迅速に対応することが必要ではないかと考え、解決する1つの手段として、従前実施していた現場説明会のようなものをやることが効果的ではないかと考えました。しかし、それをやると参加者同士あるいは発注者受注者含めて顔を合わせてしまう。そうすると談合の温床となるということが叫ばれていましたので、そのような可能性が高まる機会の危惧もあってなかなか踏み込むことができませんでした。今回の取り組みではそういう部分を意識し、透明性、公平性、競争性を確保した技術提案書の作成説明会を実施しました。

図 7-5 試行概要（第1段階）

この試行は私が取り組んできた平成21、22年頃のものですが、二段階に分けて実施しました。平成21年に行っていたのは対面方式というような形、まさに今このように座っているような形で、発注者側が前面に座って説明するという対面方式で取り組みました。対象工事の一例でここにあげていますのが千葉県内の鋼橋上部工事で、概算が10億円、工期が約2カ年で、この説明会の参加者を募集したところ20社の企業の参加がありまして、あらかじめ参加者を登録することにして、最大でも1社あたり2名に限定して行いました。ちなみにこのときの技術提案の項目は下に書いてあるような現場施工の工程管理と上部工架設時の安全管理という技術提案項目を設けておりました。その実施状況ですが、開催時の写真に示されているように従前の現場説明会のように1つの部屋に集まっていただきましたが、その際の留意事項として、基本的に事前登録した方のみで、室内、室外も含め私語とか会社名を名乗るとか、質問の際に所属を名乗るとかを一切禁止にしました。発注者側としては工事の内容も含め主に工事の現場特性と何でこの工事でこのような評価項目を設定したのかといった主旨を徹底的に説明するとともに、当時は技術ダンピングと呼んでいまし

たが、新技術とか新材料を使っていいものを仕上げますという単にコスト負担を伴うような技術提案はやめてくださいということに重きをおいて説明をさせていただきました。アンケート調査をした結果、参加された9割がこのような説明会は良かった、今後もこのような説明会は継続してほしいといった結果でした。

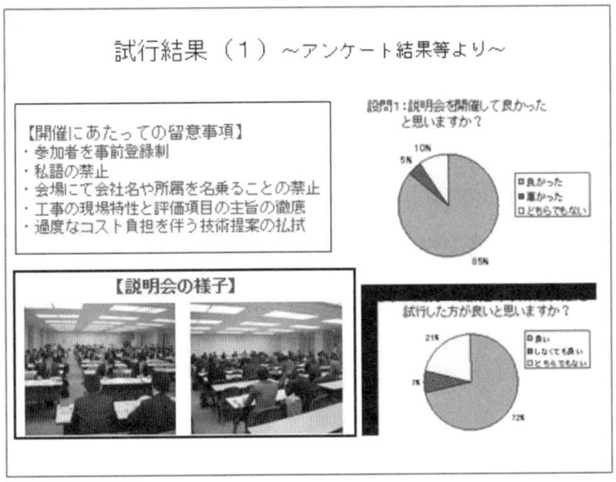

図 7-6　試行結果（1）アンケート結果等より

その他の意見としては、メリットとしては、電子入札ではその後質問回答という場面が出てきますが、その質問が激減されました。説明会の際に質問のやりとりを20件程度やりましたので、質問の内容を他の参加者の方と共有できたことで質問数が激減しました。1つの工事で平均100件ぐらい、多いときは200件程度質問が集中しますが、今回に関しては5件程度でした。参加者の皆様からすると、その場で質問の回答が聞けるのでよりわかりやすかったということでした。

試行結果（２）～参加者からの意見等～

【メリット】
・電子入札での質問数が激減
・同規模の平均質問数：　約１００件→５件
・説明会時にその場で質問回答ができ、企業側にも好評。

【デメリット】
・業者同士が顔を合わすこととなる。

【発注者側の意見】
・質問の数が減り、効率化となる。
・業者が顔を合わせないような工夫が必要。
・事前に質問を出させると、官民ともに効率的になると思う。
・お互いにメリットがあるため試行を行っていきたい。

図 7-7　試行結果（2）参加者からの意見等

発注者側のメリットである質問の数が減ったことは、発注者側だけでなくて参加者ともに効果的だったということでした。それからデメリットですが、顔を合わせてしまうと談合の温床と言われるようなことが起こってしまう。

試行概要（第２段階）
～技術提案書等の作成説明会（ＴＶ会議方式）～

■対象工事：神奈川県内のトンネル工事
　（平成２２年１０月公告）
■工事規模：Ｌ＝約１５０ｍ、開削ボックスカルバート
　Ｃｏ＝約８，０００m^3、鉄筋＝約１，２００ｔ
■概算金額：約１７億円
■工　　期：約２０ヶ月
■入札参加者数：３０者
■開催方式：予め登録した参加者を４会場に分散し、ＩＣＴ技術を活用したＴＶ会議方式にて実施。
■開催日：平成２２年１０月
■技術提案項目：
「現場施工の安全管理に係わる具体的な施工計画」
「場所打ちコンクリート構造物の品質管理に係わる具体的な施工計画」

図 7-8　試行概要（第2段階）

その翌年度、平成22年度になりますが、テレビ会議方式として、トンネル工事と他にもう1件試行を実施してございます。このトンネル工事については概算金額で17億、入札の参加者が30社でした。テレビ会議方式では、事務所を会場として利用しまして4会場に分散し、ICT技術を活用したTV会議で実施しました。

図 7-9 試行概要（第2段階）

【図 7-9】が概念図ですが、整備局は日頃災害対応で光IPネットワーク、専用回線を構築しています。その専用回線を活用しまして、各事務所に分散して3社から4社程度に分散して集まっていただきました。こちら側は整備局の本局において説明を行い、説明をみなさん一律に聞いていただいた後に質問回答を受け付けました。質問とか回答のやりとりは他の事務所にいる方も共有できるというような取り組みであり、最初の年にくらべると、皆さんが顔を合わせるということを解消できたと考えています。

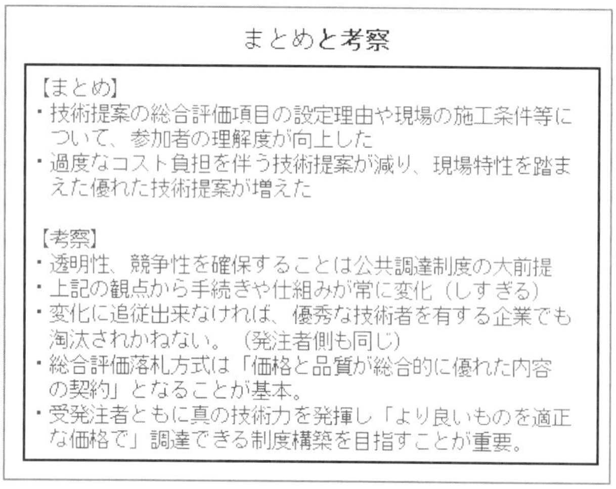

図 7-10 まとめと考察

今回の事例紹介はここまでですが、この後もインターネットを活用した説明会として継続しているところです。まとめと考察ですが、この取り組みにより結果的に総合評価項目の設定理由とか現場の施工条件についての参加者の理解度が向上されました。また、当時問題になっておりました過度なコスト負担といったものは減り、現場特性を踏まえた技術提案がされたというような結果でした。考察になりますが、透明性公平性というのは公共調達制度の大前提でありますが、現在いろんな取り組みが行われていて、仕組みが変化しすぎるんじゃないかという気持ちもあります。それに追従できないと優秀な技術力を有されている企業でも淘汰されかねないとの危惧もあります。

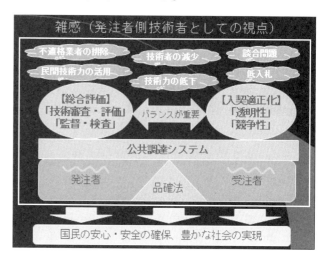

図 7-11 雑感

最後に私の個人的な発注者側技術者としての視点から漫画的なものをお見せしますが、公共調達システムというのは品確法という土台の上にあり、天秤のようなものでありますが、その両輪として総合評価と入札契約の適正化というものがあると思います。上にある雲はいろいろな課題、問題でありまして、そのようなものの中で公共調達システムがありますが、そもそも私たちは安心安全、豊かな社会、こういうものが最終的な究極な目標でして、その目標のためにこういう制度、方式を、バランスをとりながらやっていくことが今後も重要でないかという気がしております。

◇質疑
（会場）

私は特に現場説明会は技術提案していただくとき、提案を求める側の趣旨が提案をする側に伝わらないとお互いにいいことはないので、ぜひどんどんやっていただきたいと思っているのですが、先ほどのアンケートの中で、概ね良いという評価だったと思いますが、一部に悪かったという人と、しなくてもよい、という人が含まれていましたが、こういう人たちがどういうご意見だったかということが具体的にわかりますでしょうか？

（森）

どちらでもないという方は、参加者の個人的感想であったと思うのですが、これをやらなくてもしっかり私たちは公告資料を見て、それで十分どういう現場条件であるのか、あるいは実際にほとんどの企業様は現地に行かれて、技術提案書をつくるときに、現場状況を見て書いたり、本当に仕事を取りに行っている方はやっている。実際は現場に行ってちゃんと確認するので、このような説明会をやらなくても自らそこはやるのです、やっています、といった方の意見であったことかと記憶しております。

（会場）

その人は参加しなければいいと思うのですけれども、しない方がいいとか悪かったという人は具体的に何か理由があるのかなと思ったので…、それを聞かせていただければということです。

（森）

悪かったという方の意見は、この写真の通りです【図 7-6】。このように顔を合わせてやっているので、従来の現場説明会と同じで、また当時の談合のようなことを助長してしまうのではないか、というような意見が入っております。それで、次の実施にこれの改善に取り組んでいます。

（会場）

それは企業の人が応札する人がおっしゃっているのですか？

（森）

そうです。参加者からのご意見です。

（司会）

いずれにしましても、発注者にとって建設会社やコンサルタントとのコミュニケーションをすることはすごく大事なことで、最近どうもそれぞれと距離を置かざるを得ない、しょうがないという向きがあるような気がしていて、そういう意味ではこの現場説明会だけでなく、いま最新の技術開発はどこにあるのかなど、いろいろな課題を共有して、よりよいものを国の為に残していくことができればいいと思います。そういう意味でこのようや試みは価値があるかと思うところです。

1.8 総合評価落札方式における自己採点方式の試行（山口　純）

図 8-1　総合評価落札方式における自己採点方式の試行について

　広島高速道路公社、企画調査部技術管理課の山口と申します。総合評価落札方式における自己採点方式の試行について説明します。

図 8-2　発表の流れ

　今日の発表の流れですが、はじめに広島高速道路公社の概要について説明させていただきます。2番目として、総合評価の現状、審査側、発注者側の立場からの現状です。3番目として自己採点方式について、4番目として、自己採点方式のまとめ。5番目として、実際に応札された業者の方にアンケートを採りました。そのアンケート調査の結果の報告をします。そして、さらなる課題ということを説明します。

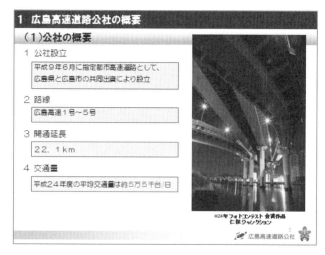

図 8-3　広島高速道路公社の概要

　当公社ですが、平成9年6月に指定都市高速道路としまして広島県と広島市の共同出資により設立されました。現在、名古屋高速道路公社、福岡北九州高速道路公社、広島高速道路公社の3公社があります。路線としては広島高速の1号線から5号線。開通延長としては22.1km。交通量としては昨年度の一日の平均交通量として5万5千台となっております。

図 8-4　開通区間と整備区間(P-72)

　こちらが、さきほど説明しました1号から5号の路線図となります。現在の開通区間につきましては、先ほど説明しました開通区間22.1km。現在の3号線の延伸工事を行っており、こちら2.9kmについては今年度末の開通を目指して、工事を進めております。もう一つの高速5号線については、工事に向けた準備を進めております。

図 8-5　各路線の事業内容（広島高速3号線）

高速3号線の工事ですが 2.9km を来年度末開通に向け工事を進めておりまして、現在では床版工事などは終わり、電気設備や舗装工事を残すのみとなっております。

図 8-6　各路線の事業内容（広島高速5号線）

続きまして高速5号線、こちらは広島駅の北側から高速1号線に接続する工事で現在各種工事発注の準備をしているところです。

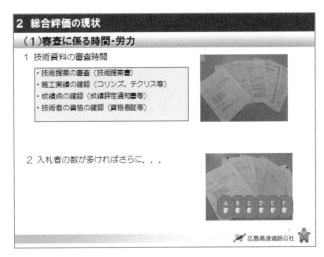

図 8-7　審査に係る時間・労力

本題ですが、総合評価の現状についてです。審査にかかる時間、労力などが発注者側の負担となっています。技術提案の審査、施工実績の確認、成績点の確認、技術者の資格の確認などを発注者は行っていますが、一般競争入札ですと、何社応札があるかわかりません。応札される方が増えますとこれらの審査×応札数ということで時間がかかるという状況にあります。

図 8-8　人員不足(P-72)

【図 8-8】は新聞記事の抜粋です。ある管内に 230 程度の市町村があり、総合評価の実施状況を毎年調査されているようですが、2011 年度に比べて 2012 年度に総合評価を実施した市町村が約 7％減少しています。過去にさかのぼると 2009 年度が 50.2％で最大だったのですが、年々減っているようです。2009 年度に比べ約 20％減少しています。減少した理由として発注者側の人員・人材不足が原因とこちらの記事には書いてありました。

図 8-9　審査間違い(P-73)

もう1点ですが、審査の間違いです。あってはならないのですが、こちらの記事によりますと、システムで過去の工事成績の平均点が算出

されるのですが、そのシステムに入力しないといけない工事の成績点が一部入力されていなかったため、間違った採点で入札が行われた案件が350件程度存在し、そのうち落札者が変更となる工事が2件、契約締結前の案件が1件ありそちらについては再入札したというように書いてあります。

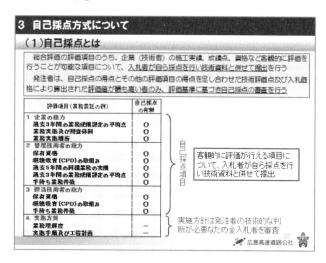

図 8-10　自己採点とは

審査の間違いとか人材不足、そういったことを踏まえて当公社では、自己採点方式という審査の方式を採用しました。自己採点方式がどういったものかといいますと、こちらが当公社の業務委託の評価項目の一覧です。1番の評価項目が企業の能力です。過去3年間の業務成績評点の平均点、実施体制などです。2番の評価項目は管理技術者の能力です。保有資格やCPDです。3番の評価項目は担当技術者の能力です。このような客観的に資料で確認できるもの、誰が見ても同じ答えが出るものについては、応札者が自ら採点できるので技術資料の提出と併せて、採点表を一緒に提出していただきます。発注者は4番の評価項目「実施方針」と呼んでおりますが業務理解度、実施手順及び工程計画、工事であれば技術提案書、こういったものについては、発注者の技術的な判断が必要なので、全応札者を審査します。先ほどの客観的に評価できる1から3番の評価項目に、4番の評価項目「実施方針」の得点を合わせ、価格を含めて

1位の応札者のみ1から3番の自己採点項目について発注者の審査・確認を行います。

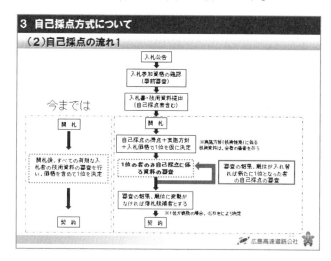

図 8-11　自己採点の流れ1

実際の流れですが、入札公告を行い一定期間後、当公社では事前審査として入札資格の事前の確認を行います。他の発注機関ではこの入札参加資格の確認が最後になる場合もあります。事前審査が終わりますと入札書、技術提案書の提出を行っていただき、開札にいたります。今までであれば開札後、すべて有効な入札者の技術資料の審査を行って1位を決定していましたが、今回、自己採点方式を採用しましたので、客観的に評価できる自己採点対象項目については、入札された方の得点をそのまま加味します。そして、実施方針と価格とすべてを考慮して仮の1位を決定します。その1位の方の自己採点にかかる資料の審査を行い、得点に間違いがなければ、そのまま落札候補者になるという流れです。ここの審査で自己採点が間違っていて、1位と2位が逆転する可能性があります。そういった場合は、新たに1位になった応札者の資料の審査を行います。これを1位が決定するまで繰り返します。また、最終的に1位が複数いる場合はくじ引きで決定するというような流れになっております。

図 8-12　自己採点の流れ2 (P-73)

【図 8-12】の表は応札者別の評価項目・入札価格を一覧に表した事例です。図中の枠の囲み部分が自己採点に係る項目で応札される方が自己採点された部分です。発注者が採点表に記載された得点をそのまま入力します。実施方針については発注者が有効な応札者の方につきまして全者の審査を行います。価格点も含めて、評価値がとりあえず1位になった会社、この場合はD者ですが、D者の自己採点に係る根拠資料等の確認を行い、得点、順位が入れ替わらなければ落札者とします。A者からC者の自己採点にかかる審査はしないというのが自己採点方式です。

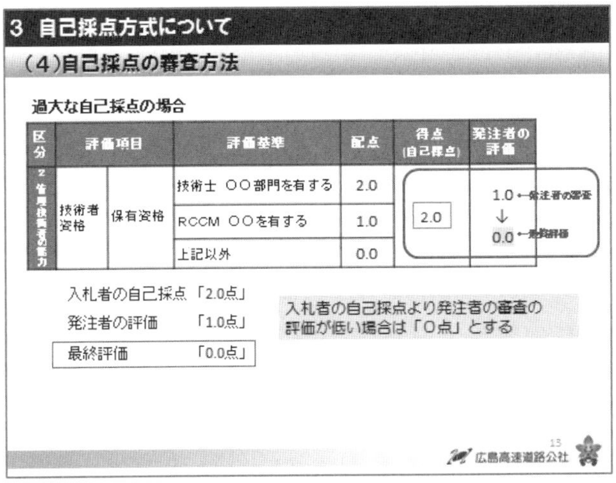

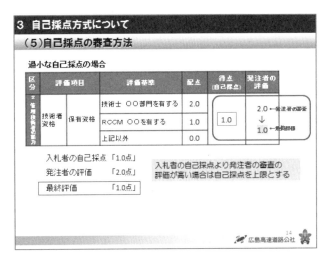

図 8-14 自己採点の審査方法②

次は自己採点が過小だった場合です。この例ですと応札者の自己採点が1点、発注者の評価が2点の場合、自己採点を上限とするルールなので、そのまま1点という評価にします。このようなルールを定めて審査の方を行っております。

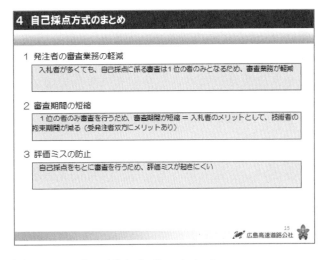

図 8-13 自己採点の審査方法①

自己採点の審査方法ですが、例えば応札者の自己採点が過大だった場合、この例の場合ですと、保有資格の評価項目ですが、技術士の〇〇部門を有していたら2点、RCCMであれば1点という配点です。応札者が間違ってRCCMなのに2点と記載した場合、発注者の評価はRCCMなので1点とするのではなく0点とします。過大評価の場合は0点とするルールにしています。このようなルールにしないと、過大な評価で出される可能性があります。応札者全員が満点で出されると結局すべての入札者の審査を行うことになりますので、ここのルールは厳しくしています。

図 8-15 自己採点方式のまとめ

自己採点方式のまとめです。これまでの説明で皆さんお分かりになると思いますが、発注者の審査業務が軽減されます。自己審査に関わる審査は1位の応札者のみになるため、審査業務が軽減します。それに伴い審査期間も短縮します。これについては応札される企業の方にも技術者の拘束期間が減るというメリットがあるのではないかと思います。もう1点は、先ほどの

新聞記事の事例でありましたが、審査ミスです。発注者はミスが起きないようにダブルチェックなど行っていますが、間違うこともあります。ミスが起こりにくいというは自己評価方式の良いところではないかと思います。

図 8-16　アンケート結果①(P-74)

続きまして、応札者の方にアンケート調査を行いました。①入札参加資格の確認方法ですが、当公社では事前審査方式で行っていますが、事後審査の方が落札候補者のみの審査で済むので事後審査が良いのではないかと思いアンケートを採りましたが事前審査が良いという結果でした。事前審査が良い理由としては、入札資格があるのをまず確認してから入札に参加したいという意見が多かったです。②自己採点の理解度についても発注公告に書いてありますので概ね理解できたとの評価でした。

図 8-17　アンケート結果②(P-74)

③自己採点による入札参加者への負担ですが、たいした負担ではないという意見が3割程度ありました。若干、手間が増えるとか、評価に間違いがあった場合のリスクが入札者側に移っているという意見もありました。④自己採点をする上で、Excel のシートを用意しております。そちらについて問題なかったかを聞いております。

図 8-18　アンケート結果③(P-75)

⑤自己採点の必要性ですが、どちらでもよいとか、必要との意見としては、落札決定までの期間が短くなるのであれば必要であるといった意見がありました。⑥技術資料の事後提出については、客観的に評価できる部分について、1位の応札者のみ後で提出を求めるという方式にしたら、書類作成の手間が減るので、事後提出が良いという意見もありますし、事後提出にすると落札決定まで期間が延びますので今のままでよいという意見もあり、半々でした。

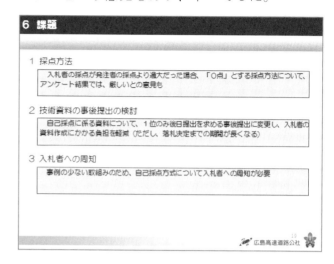

図 8-19　課題

最後に、課題としまして、1の採点方法については、過大な評価で提出があった場合、0点とする採点方法について、アンケートでは、厳しいのではないかという意見もありました。2の技術資料の事後提出の検討については、最後のアンケートの方で説明しましたが自己採点に関わる資料の提出について、事後提出にすれば応札者の方の負担が軽減されるのでこちらについても検討を行っていきたいと思います。最後に3の入札者への周知について、あまり事例がなく、広島県でも事例がないため応札される方への周知が必要であり、課題として認識しております。

◇質疑
（会場）

いくつかの県で行われているものと理解していますが、特に広島高速独自の部分はありますか。それと実際に発注者側の定量的評価、何時間ぐらいこの業務に関わっていて、どのくらい軽減できるか、それらの検討がもしなされているのであれば教えていただければと存じます。

（山口）

　他県で、参考にさせていただいたのは大分県様です。私は広島県から広島高速道路公社に出向していますが、広島県で総合評価を担当していた時、大分県様から2年前に「自己採点方式を検討しているので、他県の導入状況の調査依頼があり、その時に自己採点方式を知りました。昨年か一昨年に大分県様が導入され、それを参考にさせていただきました。

　他県の事例では、業種を限定して適用している場合が多いです。例えば土木一式工事のみを対象に自己採点方式の試行を行うなど、まだ適用範囲が広くなく、全案件ではあまり行われていないようです。

　広島道路公社としては、すべての案件、標準型の技術提案を求めるものも含めて実施しております。他県様であれば、特別簡易型、簡易型などに限定されています。

（会場）

　発注者側の負担がどれくらいかということについて、かなり技術的判断が入る技術提案や業務実施方針とか、そのようなものについては全件やられている。客観的に数字だけを確認できるものについては自己採点とする。それも本当に大変な手間なのでしょうか。

（山口）

　客観的に評価できる評価項目なので、間違いがあったらいけないです。成績点の評価についても工種や実績を指定していますので、例えば、橋長100m以上の橋梁の施工実績の成績点というような求め方をしますので、提出された得点をチェックするだけではなく、バックデータを確認するといった作業にある程度手間がかかります。

図 8-4　開通区間と整備区間

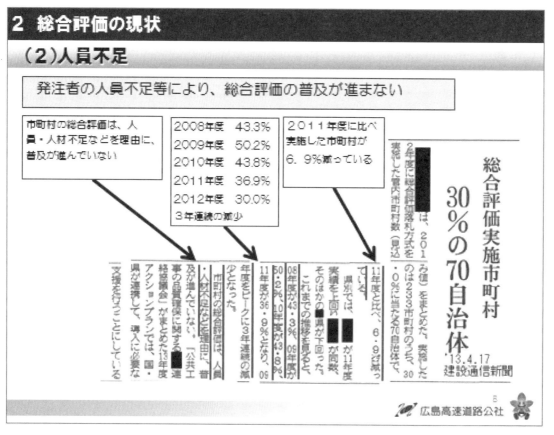

図 8-8　人員不足

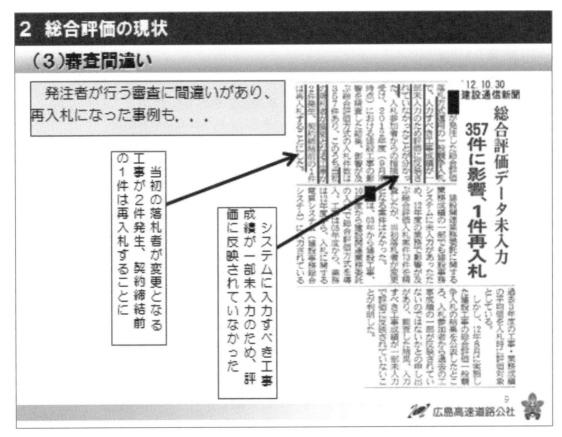

図 8-9　審査間違い

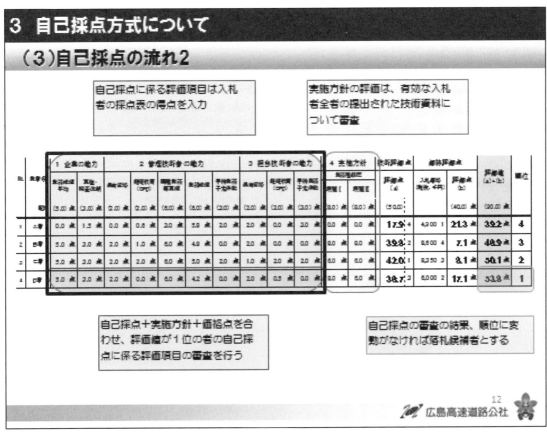

図 8-12　自己採点の流れ 2

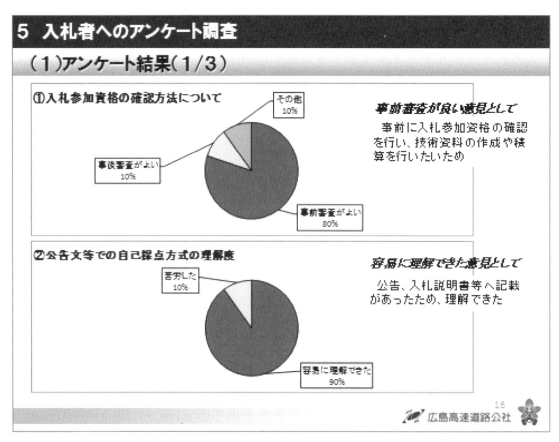

図 8-16 アンケート結果①

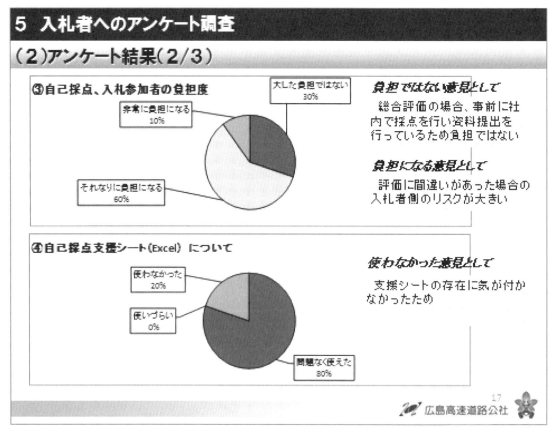

図 8-17 アンケート結果②

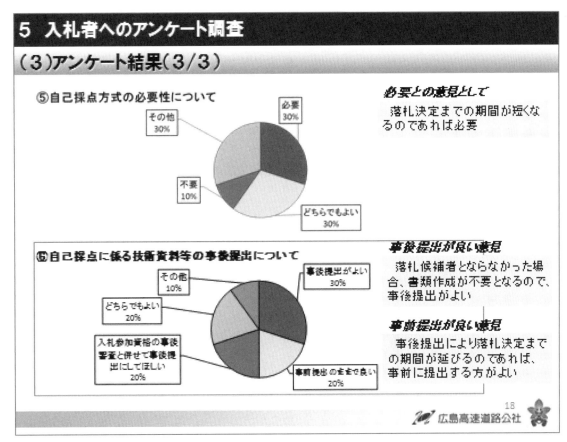

図 8-18 アンケート結果③

1.9 総合評価方式を合理的に運用するシステムについて（福永　知義）

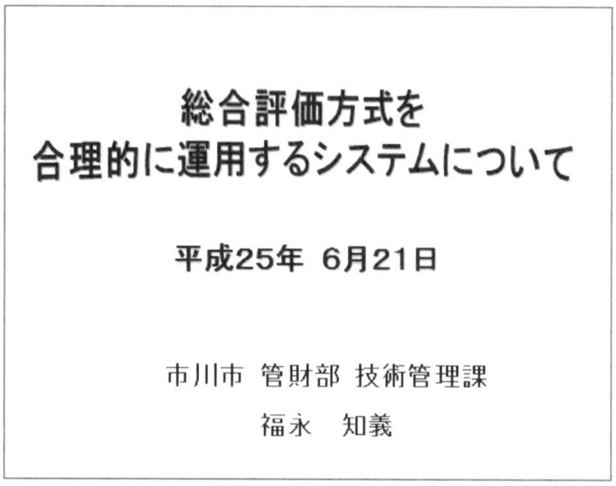

図 9-1　総合評価方式を合理的に運用するシステムについて

　市川市では、平成18年度に総合評価方式を導入しました。当時は、詳細な運用事例がなかったため、手探り状態の中、いろいろと工夫して何とか実施にこぎ着け、その後も改善しながら現行のシステムに至っています。この取り組み内容について、表記の題で報告いたします。

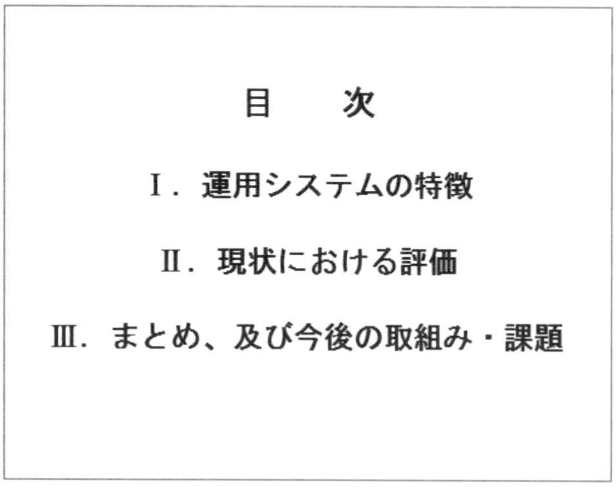

図 9-2　目次

　目次のとおり、3つの構成で説明いたします。1つ目が、システムの特徴と工夫について、2つ目が、現状におけるシステムの評価、さいごに、今後の課題であります。

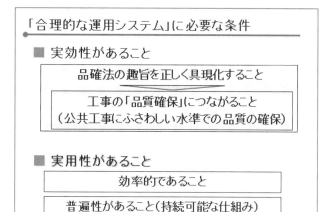

図 9-3　合理的な運用システムに必要な条件

　まず、合理的な運用システムに必要な条件を2つ定めました。

　1つ目は「実効性」があること。これは、品確法の趣旨を正しく具現化して、工事の品質確保につなげる仕組みであることです。

　2つ目は「実用性」があること。これは、効率性そして普遍性があること。つまり持続可能な仕組みであることです

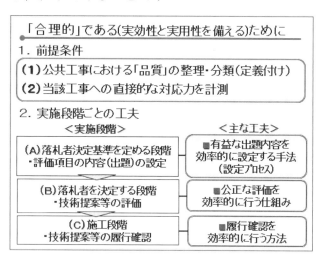

図 9-4　合理的であるために

　この実効性と実用性という、見かけは相反する条件を兼ね備えるために、実施段階ごとに工夫をしています。

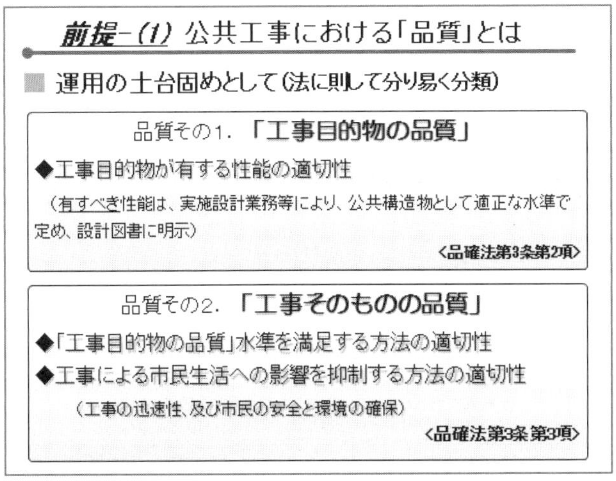

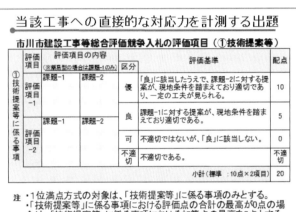

図 9-5　前提(1)公共工事における品質とは

次に、実施段階の手前で、前提条件を定めました。

前提の1つ目は、公共工事における品質とは何か、これを、制度の土台を固めて円滑に運用するために、品確法に則して2つに整理・分類し、定義したものです。

工事品質の1つ目は「工事目的物の品質」、これは、ハード面のいわゆる「残る」品質です。

工事品質の2つ目は「工事そのものの品質」と称しています。こちらは、工事中の「残らない」品質であり、工事に伴う市民の負担を和らげるための、工事の迅速性や安全性と生活環境の確保など、ソフト面を主軸にしたものです。

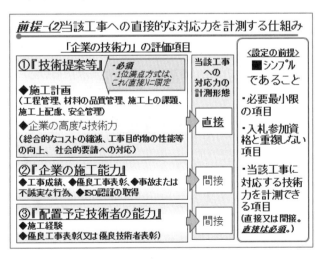

図 9-6　前提(2)当該工事への直接的な対応力を計測する仕組み

続いて前提の2つ目です。

当市の総合評価方式は、当該工事への直接的な対応力を計測出来る仕組みにしている、ということです。具体的には、企業の技術力に関する評価項目は、技術提案等、企業の施工能力、及び配置予定技術者の能力であり、様々にある中から、シンプルさにこだわって、必要最小限の評価項目に限定しています。中でも、当該工事への対応力を直接計測できる技術提案等、当市では、主に施工計画ですが、これは必ず提案を求めるという方法にしています。

当該工事への直接的な対応力を計測する出題

市川市建設工事等総合評価競争入札の評価項目（①技術提案等）

	評価項目	評価項目の内容（※簡易型の場合は課題-1のみ）		区分	評価基準	配点
①技術提案等に係る事項	評価項目-1	課題-1	課題-2	優	「良」に該当したうえで、課題-2に対する提案が、現地条件を踏まえており適切であり、一定の工夫が見られる。	10
				良	課題-1に対する提案が、現地条件を踏まえており適切である。	5
	評価項目-2	課題-1	課題-2	可	不適切ではないが、「良」に該当しない。	0
				不適切	不適切である。	不適切
					小計（標準　：10点×2項目）	20

注 ・1位満点方式の対象は、「技術提案等」に係る事項のみとする。
・「技術提案等」に係る事項における評価点の合計の最高が0点の場合は、「技術提案等」に係る事項における加算点の最高を0点とする。

※当該工事への技術力を直接計測できる唯一の対象が「技術提案等」であるため

図 9-7　当該工事への直接的な対応力を計測する出題

この、技術提案等にかかる出題の構成ですが、評価項目は標準的に2つ定めて、それぞれ課題1、課題2としています。この設定は、図-4の実施段階のうち「(B) 落札者を決定する段階」の、3段階評価と連動しますので、そこで説明します。

加算点は1位満点方式を取り入れていますが、その対象は技術提案等のみとし、それ以外の過去の実績等、間接的に関与するものにつきましては、素点計上という方法をとっています。つまり、当該工事への対応力を直接計測できる項目を重視しています。

①技術提案等(施工計画・技術提案)に係る事項の評価項目の分類	
評価項目	分類の目安
(1)「工程管理に係る事項」に関する施工計画	市民生活への影響抑制や事業効果の早期発現を図る等のために、効率的で迅速な工事を安全に実施するうえで必要な、工程管理方法に関わる配慮や工夫。
(2)「材料等の品質管理に係る事項」に関する施工計画	あらかじめ実施設計等で定めた「工事目的物の品質水準」を確保するための品質管理方法に関する配慮や工夫。
(3)「施工上の課題に対する事項」に関する施工計画	現地条件に応じた課題(施工中の環境保全対策、住民対応、その他)を解決するための配慮や工夫。
(4)「施工上配慮すべき事項」に関する施工計画	あらかじめ実施設計等で定めた「工事目的物の品質水準」を確保するうえで必要な、技術的な事項(施工方法、及び施工精度向上など)に関する配慮や工夫。
(5)「安全管理に留意すべき事項」に関する施工計画	工事中の市民生活の安全性確保に関する配慮や工夫、あるいは、工事現場の安全性確保に関わる配慮や工夫。

図 9-8　技術提案等に係る評価項目の分類

次の、施工計画の分類と3つある実施タイプは、参考程度に示します。

```
実施タイプ
■標準型〈施工計画等提案型〉
◆技術的工夫の余地がある工事(いかなる工事にも工夫の余地はある。従って全ての工事に適用可能。)
◆1.8億円を超える全工事が対象
◆評価項目の数は1～3項目
◆3段階(優、良、可)の判定評価

■簡易型〈施工計画確認型〉
◆小規模で定規的な工事(標準的な水準で工事が履行できることを確認する方式)
◆1.8億円以下の工事が対象(目安)
◆評価項目の数は1項目
◆2段階(良、可)の判定評価

■高度型〈高度技術提案型〉
◆技術提案を基に予定価格を設定することが妥当な工事
◆耐震補強工事において試行中
```

図 9-9　実施タイプ

続いて、【図 9-4】に示した3つの実施段階ごとの工夫について説明します。
　(A) 落札者決定基準を定める段階
有益な出題内容を効率的に設定するために、そのプロセスを工夫しています。
　(B) 落札者を決定する段階
公正な評価を効率的に行う工夫をしています。
　(C) 施工段階
履行確認を効率的に行う工夫をしています。

```
(A)有益な「出題」内容を、効率的に設定する手法
■出題設定のプロセス
・有益とは、「工事個別の特徴を反映」すること
・効率化とは、「一定の道筋を設定」すること

1.「工事個別の特徴」を、「施工条件」として、詳細に抽出、明示
 (施工条件であり、また提案の前提条件・ヒント)
■コツ⇒・大袈裟に捉えず、身近な条件を把握し活用
　　　 ・「問題発生の未然防止」のために、洗いざらい抽出
◇設計条件、現地条件、制約条件、注意事項
◇過去の経験や教訓、想定される懸念などからの条件
　(構造物の不具合、事故、環境悪化、苦情等)

2.抽出した「施工条件」を満足するための方法を、
「出題」内容(評価項目の内容)として設定し、問う
◇企業が、どのような方法で、施工条件に対応するのか? を、
入札前にあらかじめ確認することが妥当な課題を出題する。
(・「要求事項」を満足する方法・「懸念」への対策案など)

⇒様式は、「評価項目設定表」
```

図 9-10　有益な出題を効率的に設定する手法

制度導入時に最も工夫したのが、「(A)落札者決定基準を定める段階」における、有益な出題を効率的に設定するプロセスです。

この手順では、まず、工事個別の特徴を詳細に検討します。大袈裟に身構えず、ごく身近な問題、例えば、設計条件、現地条件はもちろん、過去の経験や教訓、想定される懸念など、問題発生の未然防止に役立つような注意事項を洗いざらい施工条件として抽出します。そして、抽出した施工条件を満足するための方法を、出題内容として設定します。

つまり、企業がどのような方法で施工条件に対応するのか、入札前にあらかじめ確認するべき、より重要な課題を、たくさんの候補を挙げたうえで絞り込み、出題にするのです。

```
出題設定のプロセス(道筋)による効用(実効性と効率性)
①入札前に、当該工事への直接的な対応力(技術力)を適正に計測可能
②工事個別の特徴を反映した有益な提案が期待できる
③工事中の、問題発生の未然防止につながる
④工事の要点と出題意図が明確になり、評価も効率的に
⑤施工条件は、施工プロセスチェック事項としても機能
　(条件履行による品質確保に直結)
⑥説明責任を適切に果たすことが可能
　(出題のねらい、評価の根拠等)
⑦汎用的、普遍的な手法(全ての工事に適用可能)
⑧一定のプロセスによる作業の効率化
```

図 9-11　出題設定のプロセスによる効用

この出題設定のプロセス運用による効用ですが、出題意図、狙いを明確にしているため、入札前に工事個別の特徴を反映した有益な提案が期待でき、問題の未然防止につなげることができます。また、詳細な施工条件は、評価段階の作業の効率化に役立ちますが、施工プロセスチェックにも利用できます。

この出題設定のプロセスは、原理・原則に返ったところ見えてきた、ごく自然な道筋であり、あらゆる工事に適用できる、普遍的な手法になったのでは、とも考えています。

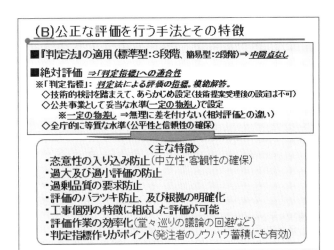

図 9-13 公正な評価を行う手法とその特徴

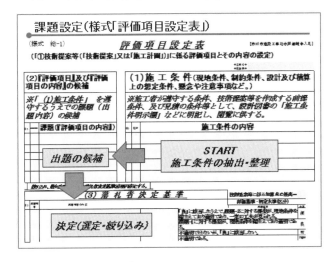

図 9-12 課題設定

この出題設定のプロセスを効率的に運用するための様式を作っています。今申し上げた内容を整理、記入していきますが、まず、施工条件は、見積の条件であり、かつ総合評価方式では提案のヒントにもなるので、出題の意図が伝わるように、しっかり作成することにしています。この、施工条件を整理すること自体は、工事の特徴をお知らせするだけのことであり、企業や市民の方からみれば発注者として当然の責務ですが、残念ながら市のレベルでは難しい作業と受けとめられています。私としては、発注者のトレーニングに役立てる、という狙いもあってシステムに組み込みましたので、今後も是非継続して欲しいところです。

続きまして、「(B) 落札者を決定する段階」、いわゆる評価の段階です。評価方式は、一般的な、優・良・可の3段階の判定法ですが、若干工夫をしています。

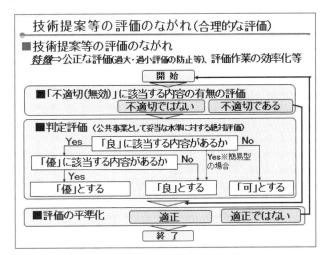

図 9-14 評価のながれ

具体的には、先ほど申した課題1をクリアし、さらに課題2をクリアすると優になり、クリアせず課題1止まりが良、また、そもそも課題1が不十分なら可、このように、合理的な流れにして、作業手間も減らし、簡易に評価できるよう工夫しています。これも、シンプルさを追求した結果です。

この評価方法の特徴は、あらかじめ定めた判定指標に対して評価することにあります。判定指標とは「判定法による評価の指標」(勝手に名

付けてしまいました）の意味で、公共事業として妥当な水準を示す一定の物差しであり、これを定めることで、恣意性の入り込みや、過大評価や過小評価などの防止を図っています。なお、この作成は結構大変ですが、継続すると、発注者のノウハウの蓄積にも役立つ、という狙いもあります。

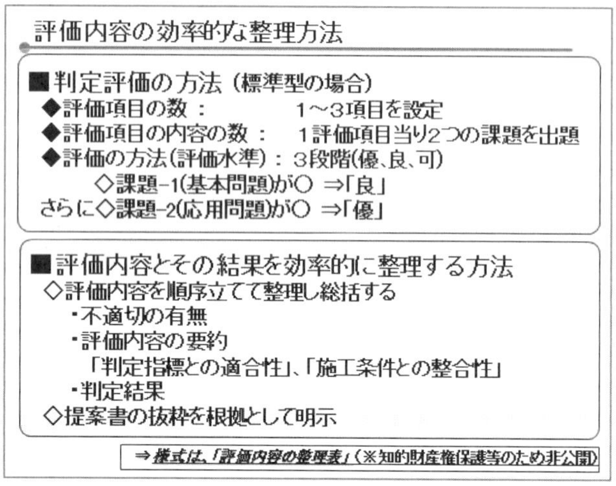

図 9-15　評価内容の効果的な整理方法

評価の内容については、一定の様式に整理して審査の効率化に役立てています。

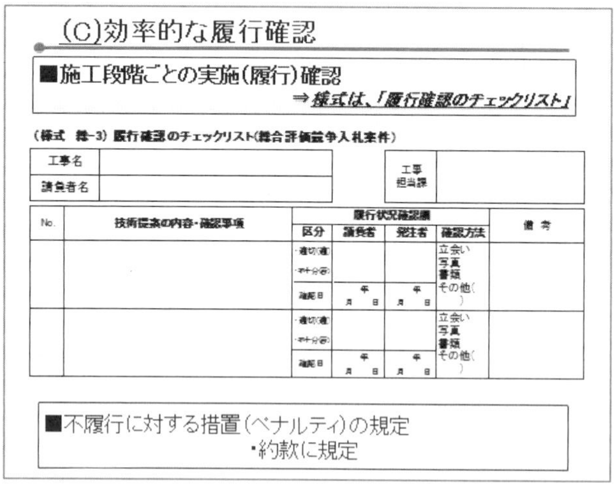

図 9-16　効率的な履行確認

履行確認についても、一定の様式としてチェックリストを使い、効率的、効果的に行っています。

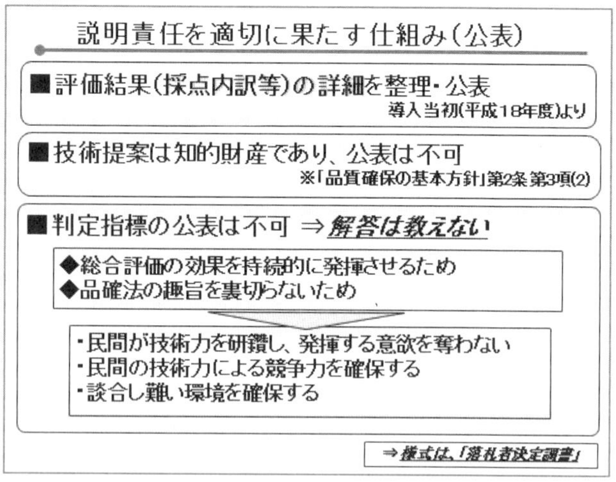

図 9-17　説明責任を適切に果たす仕組み

説明責任を果たすため、評価結果は、導入当初の平成18年度から詳細に公表しています。もちろん、提案は、知的財産の問題があって公表していません。また、評価の指標は解答に当たるので、民間の方々の技術力を発揮する意欲を減退させないためにも公表しません。

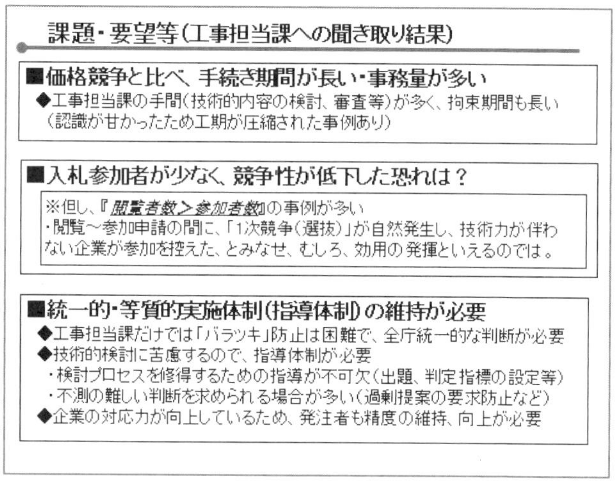

図 9-18　課題・要望等

現状におけるシステムの評価です。細かい分析はしていませんが、過去に内部で聞き取りをして、「手続きが長い、事務量が多い、技術的な検討に苦慮するので指導体制を維持してほしい」そのような要望がありました。

課題・要望への対応

■手続き期間を短縮化(数年かけて段階的に改善)
◇公告～開札までを、2～3週間短縮(当初8週間⇒4～6週間)
※手続き期間全体の長さは、価格のみの競争入札＋1～2週間程度
・工事担当には、スケジュール管理の徹底を指導

■効率化の促進
◇合理的な仕組みの構築と運用プロセスの設定(ルーチン化)
◇体裁だけのための無駄な資料の整理・排除

■支援体制の整備(技術検討等)
◇契約担当と技術担当との協力体制を整備(適切な分業体制)
◇設計・積算～総合評価までの支援と審査を一連で行う仕組み
◇設計・積算の精度確保の徹底
(「設計・積算」の適切性の確保が総合評価の前提条件との認識が重要)

図 9-19　課題・要望への対応

このような要望に対して、手続き期間を数年かけて大幅に短縮しました。「(A) 落札者決定基準を定める段階」については、執行伺いの決裁中に同時並行で出題設定を進めますので、手間はありますが価格競争と所要期間は変わりません。一方、「(B) 落札者決定の段階」については、公告から開札までが長かったので、これを当初より数週間縮め、価格競争と比べて 1, 2 週間長い程度まで短縮しています。この期間短縮は、システム構築によるルーチン化の効果として、工事発注担当者のスキルアップが図られた成果と考えています。なお、技術提案等の出題を大幅に減らした簡易な実施タイプを導入したことで、手間は更に減っています。

効用(工事担当課への聞き取り結果)

1.不良工事が排除されつつある
1)市民からの苦情が減少
①第三者の安全管理の徹底(導入初期の基本テーマ)
②工事中の環境保全(騒音、振動、粉塵等)への対策が向上(劇的改善もあり)
③地域住民とのコミュニケーション醸成への積極的な取組みが活発化
2)丁寧な施工へと改善 (総合評価を実施しない工事との差が歴然)
①提案による施工内容がおしなべて優れている(従来は担当者次第)
②適切な施工プロセスを積み重ね、丁寧な施工を心掛けている
※入札に先立ち施工条件を精査したうえで参加案件を厳選するためか…
③不良企業の落札を未然に防止した例あり(「不適切」の評価)

2.発注者の設計・積算、施工管理への対応が向上
(評価項目設定に当り、「施工条件」を詳細に検討する手順を踏むことの効用)
①総合評価の前提となる、設計・積算の精度向上
②工事の内容と現地条件への理解と認識が深まる
・設計条件、施工上の制約、地域の現状、要調整事項等
③不測の事態等への対応が改善
・対処方法の検討・請負者への指示等の迅速性と的確性が向上

図 9-20　効用

効用については、担当課からの聞き取り結果ですが、提案を履行することで施工が丁寧になり、市民からの苦情も減ったという声が聞かれました。また、なによりも評価項目を設定する際の、施工条件を詳細に検討する手順は、習慣付けまではいかないものの多少はできるようになり、不測の事態への対応が良くなったという声もありました。

市川市における総合評価方式 (建設工事：平成18～24年度)

年度	公告件数(再公告除)	総合評価で契約に至った件数 件数(%)	総合評価で契約に至った件数 市内／市外別	最低価格者以外(%)
H18	8	8 (100%)	市内 0/市外 8	1(13%)
H19	16	12 (75%)	市内 9/市外 3	2(17%)
H20	105	95 (90%)	市内 87/市外 8	6(6%)
H21	51	49 (96%)	市内 39/市外 10	5(10%)
H22	47	44 (94%)	市内 40/市外 4	3(7%)
H23	39	38 (97%)	市内 36/市外 2	4(11%)
H24	35	33 (94%)	市内 30/市外 3	5(15%)
計	301	279 (93%)	市内 241/市外 38	26(9%)

図 9-21　市川市における総合評価方式

【図 9-21】は今までの実績ですが、平成 18 年度から一生懸命やっているといった程度の内容です。

まとめ1：品確法の趣旨にかなった制度の運用(考察)

■総合評価方式の目的・効用の再認識(原点への回帰)
(1)直接の目的・効用⇒ ***公共工事の品質確保***
①工事目的物の品質の確保 *(施工不良の**未然防止**等)*
②工事そのものの品質の確保 *(安全性低下の**未然防止**等)*
(2)間接の目的・効用⇒ 不良業者の排除、談合の防止、ダンピング防止
※公共工事の品質確保の促進に関する施策を総合的に推進するための基本的な方針について(平成17年8月26日　閣議決定)

■公共工事の品質確保(直接の目的)を主眼に、ブレない
■適正な方針・手法の適用
◇発注者の体制や「ねらい、目標」に見合った方針・手法、及び工夫
◇発注者及び競争参加者の水準(身の丈)に見合った方針・手法
◇発注者能力が向上する速度に合せた現実的な適用拡大(段階的拡大など)
■制度の継続実施が鍵
◇継続による学習効果が見込める(取り止めると「元の木阿弥」への懸念が大)
■発注者間協力の促進
◇発注者間で、情報と意見交換、技術審査等の相互協力

図 9-22　まとめ 1：品確法の趣旨にかなった制度の運用

最後のまとめです。

まとめの1点目は、品確法の趣旨にかなった制度の運用という観点から申し上げます。

総合評価方式の直接の目的・効用は、品質の確保であり、それを阻害しかねない要因・問題発生の未然防止、これが基本形になると考えています。間接の目的もいろいろとありますが、この直接の目的にかなった主眼からブレないことが重要ではないか、と考えています。そして、発注者の身の丈に合った狙いと手法を定めたうえで、何といっても継続していくことが大切ではないでしょうか。なお、総合評価方式は、従来の調達方法とは概念が全く違うので、運用に困難があって然るべきと思います。そのような意味で、発注者間の協力体制があれば有益では、と考えております。

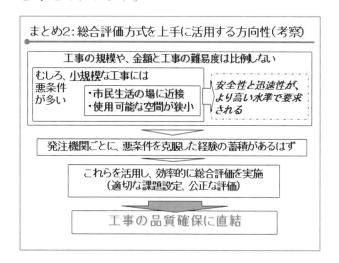

図 9-23 まとめ2：総合評価方式を上手に活用する方向性

次にまとめの2点目です。

総合評価方式を上手に使うためのヒントを、経験に基づいて申し上げます。工事の規模や、金額と工事の難易度とは必ずしも比例しないのではないか。むしろ小規模な工事の方が、制約が多く、生活空間での工事が多いため、安全性と効率性がより高い水準で要求される側面があるのではないか。発注者と企業には、このような悪条件を克服した経験の蓄積があるのではないか。であれば、これらの貴重な経験を活用して、効果的、効率的に総合評価方式を実施すれば、工事の品質確保に直結するのではないか。このように考えています。

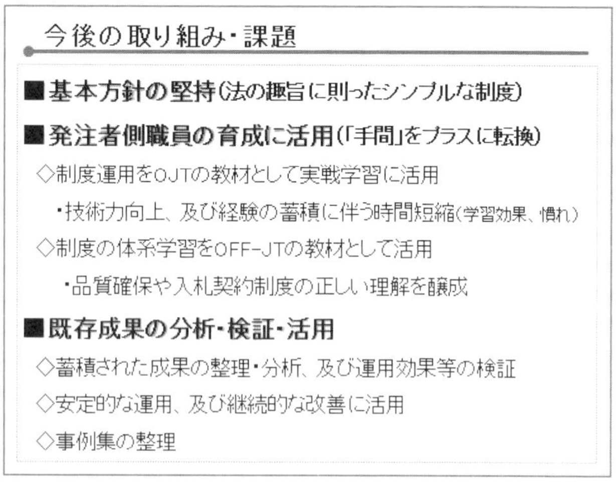

図 9-24 今後の取り組み・課題

今後の取り組み課題です。

この制度は、実践学習として、発注者側職員の技術力向上につながる機能があり、シンプルで負担も少なく、継続性も備えていると考えていますので、続けていきたいところです。止めてしまえば、元の木阿弥になるでしょう。

また、今までは、丁寧に実施してきてはいるのかなと思いますし、ある程度の実施件数は揃ってきましたので、そろそろ分析、検証して、今後に活用したいとも考えています。また、事例集の整理等ができれば、とも考えています。以上です。

ご静聴どうもありがとうございました。

◇質疑
（会場）

2点お伺いさせてください。資料の中で、市さんでありながら、非常に細かいというか丁寧な審査をやられているという個人的な感想を持ちました。支援体制の整備というところを、もうちょっと具体的に、多分技術職員が市さんなどでは少ない中でやられているのではないかと

思いますので、具体的にどのような支援体制でされているのか、というところが1点。

あと、前半で「公正な評価を行う手法とその特徴」のところで、絶対評価で行っているというところがあったのですが、例えばそこで絶対評価のやり方で同じような一般土木の道路改良などの工事があった場合に、その評価の判定方法は絶対評価でありながらも工事の条件等を加味してというような工夫をされているのか、について教えてください。

（福永）

まず、1点目の総合評価方式の支援体制についてですが、技術管理課で対応しています。技術管理課の前は、プロジェクトチームがあり、審査や指導をするなど工事発注を担当する課を支援しておりました。このプロジェクトチームは、職員への制度の浸透と運用の等質化を同時に進めるために、契約課が組織の枠を越えて人材を集め、制度導入の次年度に結成したものです。その後、技術面の検討が多いことからプロジェクトチームの機能を技術管理課に移管しましたが、そのときに、プロジェクトチームの中から、私が仕事とともに技術管理課に異動して、現在の体制に至っています。

次に2点目の、絶対評価についてですが、ご質問のとおり、結果的に一律の評価になる場合もありますが、工事個別の特徴に応じた判定指標をそれぞれ作成し、それらに照らした絶対評価を実施しております。

（会場）

支援体制としては、工事積算を含めて、その技術職員の方が固定化されて体制を維持されているということでしょうか。

（福永）

支援体制の詳細というご質問ですが、まず、設計・積算については、技術管理課に在籍する土木、建築、設備等の分野ごとの技術系職員が、客観的な立場でチェックする、照査制度というものがあります。職員の異動はあります。

総合評価方式についての支援は、技術管理課にプロジェクトチームの機能を移管して以来、私が担当しています。

（会場）

国交省でいうと、技術提案評価型と施工能力評価型とありますが、従来の簡易型あるいは施工能力評価型の総合評価の評価をいかにうまくやるか、ということのひとつお手本になるような運用の仕方を改善の結果で作り上げてきたのかなと思いました。どうもありがとうございます。

私も体制のところが聞きたかったのですが、先ほどのお話で技術担当の方が契約担当の方に協力して総合評価を運営されているということですが、累計で300件の入札に対応するのに何人ぐらいの方がこの総合評価をやっておられるか。外の方を使って総合評価を回すということは基本的に必要なくて、インハウスで回していけるという体制をつくっておられるというように理解してよろしいのでしょうか。

（福永）

工事発注を担当する課はたくさんありまして、それぞれに技術系職員は、それなりの人数が配置されています。発注業務につきましても、職員が自前で実施しています。ただ、特殊な案件や大型案件などの場合は、積算まではコンサルさんの手を借ります。また、総合評価方式については、適用対象はごく一部の工事であること、また、入札契約業務であるため、情報管理の観点から、技術管理課が手助けしながら職員だけで運用する体制にしています。

1.10 国土交通省直轄工事における総合評価の実施状況と海外の動向（森田　康夫）

図 10-1　国土交通省直轄工事における総合評価の実施状況と海外の動向

　私の方からは、国土交通省直轄工事の総合評価落札方式の実施状況について、これまでの経緯と現状についてお話しさせていただくとともに、欧米主要国の入札・契約方式の概要と落札基準について、話題提供させていただきます。説明時間が限られておりますので、スライドは随時割愛しながら、説明させていただきます。なお、国土交通省直轄工事の総合評価落札方式の実施状況につきましては、国総研の建設マネジメント技術研究室のホームページに掲載させていただいておりますので、詳しくはそちらをご覧ください。

図 10-2　総合評価落札方式の実施状況(P-89)

　国土交通省直轄工事では、ほぼ100％の工事において総合評価落札方式を適用しておりますが、そのうち7割以上は簡易型で、高度な技術提案を求めるタイプは僅かしか無いのが実情です。

図 10-3　競争参加の状況(P-89)

　1工事あたりの競争参加者数の推移を見ますと、工事発注量の減少にともないまして、近年、非常に競争が厳しくなっております。WTO対象工事だけで見ますと、平均で20者以上の競争参加者があり、結果、発注者である地方整備局は、1工事あたり20者以上から提出される技術提案の審査を余儀なくされているところです。競争参加者にとりましても、大変なエネルギーがかかっています。

図 10-4　入札参加者の入札率分布の経年変化(P-90)

　入札参加者の入札率分布の経年変化を見ますと、総合評価を本格導入した平成17年度以降、入札率は経年で下落傾向にあり、平成17年度には100％付近に集中していた分布が、平成18年度から調査基準価格付近にもピークが出現し、平成21年度以降は調査基準価格付近がピークとなっております。

図 10-5　入札参加者の技術評価店得点率分布の経年変化(P-90)

　国土交通省の総合評価は除算方式ですので、分母にある価格点の影響がどうしても大きくなります。
　一方、分子の方ですが、技術評価点の得点率については、顕著な経年変化は見受けられません。

図 10-6　入札参加者の技術評価点の特徴と経年変化(P-91)

　入札参加者の技術評価点の特徴を見ますと、WTO標準型のような技術力の高いクラスの方々で競争している領域では、発注者としても技術評価するのが難しくて、1位同点であったり、あるいは1位と2位の差がつきにくくなっているという傾向があります。

図 10-7　競争参加の状況(P-91)

以降は、平成23年度のデータに基づき、工事種別や総合評価のタイプ別の特徴を整理したものです。まず、工事種別別に見ますと、競争性が高いといいますか、一件あたりの参加者が多いのは、一般土木、アスファルト舗装、鋼橋上部、塗装、ＰＣといった工種であることがわかります。また、総合評価のタイプ別では、WTO標準型における競争参加者が非常に多い。

図 10-8　入札率－調査基準価格率の分布（H23年度工種別）（P-92）

このスライドは、入札率と調査価格基準率の差の分布グラフですが、全体の傾向としては、差が0％に集中分布する傾向にある、要するに調査価格基準付近での入札が多いという状況にあります。ただ、工種によってこの分布の状況には違いがありまして、鋼橋上部とかPCといった工種では、差が0％に集中する傾向が極めて顕著で、ばらつきがほとんどない。それに比べると、それ以外の工種には分布の幅があります。この相違の背景には、例えば、維持修繕だとか機械設備といった工種の平均工事規模は小さいですし、競争参加者の数も少ない。そういった、様々な要因が関係しているものと思われます。

図 10-9　入札率－調査基準価格率の分布（H23年度タイプ別）（P-92）

次に、総合評価のタイプ別に見ますと、標準Ⅰ型とかWTO標準型など上位タイプを適用した工事ほど入札率と調査基準価格率の差の分布が0％に集中する傾向が見られる。

図 10-10　技術評価点１位同店者数（H23年度工種別）（P-93）

これは、技術評価点の1位同点者数がどうなっているかを工種別で見たものですが、鋼橋上部やPCにおいて、技術評価点1位同点者が多く発生している。

図 10-11　技術評価点１位同店者数（H23年度タイプ別）（P-93）

発注タイプ別に見ると、WTO標準型で技術評価点1位同点者数が多くなっています。

図 10-12　落札者の技術評価・価格評価結果の特徴(P-94)

以上を、マトリックスで表したのがこのグラフでして、縦軸の方は落札者の技術評価点の得点率が何％か。一番高いのが100％（奥）で、低いのがこちら（手前）。横軸の方が落札率から調査基準価格率を引いた値で、0％がこちら（左側）ですね。グラフの高さが、頻度の棒グラフになっています。全体と比較すると、PCや鋼橋上部という工種や、ＷＴＯ標準型の発注タイプでは、技術評価点得点率が90％以上で、かつ落札率から調査基準価格率を引いた値が0％のカテゴリーに分布が集中していることがよくわかります。

図 10-13　落札者と次点者の技術評価・価格評価の差異(P-94)

これは先ほどのグラフと同じような見方をしていただければと思いますが、落札者と次点者の差異を、技術評価の得点率の差を縦軸（奥行き）、及び入札率の差を横軸（左右）とし、頻度を高さ方向の棒グラフとして表現したものです。これを見ますと、全体に比べ、価格も技術も非常に厳しい競争をしているグループがある、特に全国大手の上位クラスの企業の価格競争、技術競争において非常に競争が厳しくなっているということがよくわかると思います。本官発注工事をイメージしていただければ良いと思います。

図 10-14 総合評価落札方式の運用ガイドラインの概要(P-95)

　以上、対象とする工事の難易度や規模、あるいは総合評価のタイプといった点において総合評価の運用状況や課題に違いが見られることから、こうした分析結果を含め、小澤先生に座長を務めていただいている懇談会の中で議論していただき、「総合評価落札方式の運用ガイドライン」の改定が先般、行われたところです。具体的には、例えば、施工能力評価型では、簡易な施工計画に点数付けず、過去の企業や技術者の実績を重視して審査し、技術提案評価型については段階選抜でしぼりこんだ上で技術提案を求めてしっかり審査していきましょう、ということです。

図 10-15 同種工事、より同種性の高い工事の設定例(P-95)

　運用ガイドラインとあわせまして、「同種工事、より同種性の高い工事の設定例」も作成しております。

図 10-16 総合評価の質の向上に向けて(P-96)

　関東地方整備局の高橋課長が説明された資料の中にもありましたが、関東地整では総合評価で競争参加者から提出された技術提案を審査する担当官が、工事検査も行うという体制を構築しています。この組織では、総合評価で採用した提案が工事でどう活かされているか、発注者と受注者、求める側・実践する側にとって意味がある提案であったかどうか、どうすれば技術提案の求め方や審査の仕方が更に改善できるのか、といったことを現地に出向いてヒアリングを実施するなどして、総合評価のPDCAサイクルをしっかりと回し始めています。工事・調達の入口と出口の両方を同じ技術者が責任を持ってみるというシステムは、発注者にとって非常に有意義な者であると思います。また、発注者と受注者が技術的な問題についてコミュニケーションを図る機会にもつながるという意味でも、有効であると思います。

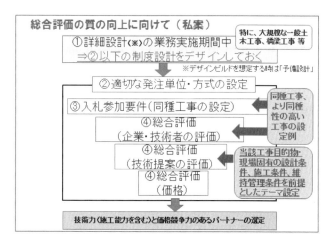

図 10-17 総合評価の質の向上に向けて(私案)

　【図 10-17】は私案ですが、個々の技術審査の内容を見ていると気づくことがあります。それは、技術提案で求めているテーマが一般論化していること。一般論をテーマで求めると、当然、そのテーマはすぐに陳腐化しますので、1位同点者が多数出てくるといったことになる。地方の建設企業のみなさまに実施していただく一般的な工事と、規模の大きな工事や難しい工事で全国規模の企業のみなさまに実施していただくものとは違いますし、どうメリハリをつけるかの問題もあると思いますが、いづれにしても求める提案、評価すべきものは当該工事目的物、現場固有の設計条件、施工条件などをしっかりと考え、一般解ではなく個別に考えていく必要があるのではないかと考えます。そもそも一般解であれば、それは仕様書等に書いてありますし、当然に、競争参加される企業はしっかりと遂行されるはずです。発注者として何を求めるのか、何が違うのか、その前提条件として入札参加要件をどのように設定するのか、技術者と企業の評価をあわせてきちんと審査をしていく必要があると思います。入札参加要件が広くなっていますので、品質を担保して当該工事

がしっかりと出来る企業・技術者を審査する、見極める必要があります。設計が高度であればあるほど、詳細設計の段階でどういう調達にするのかを考えないとうまく回らないのではないかと考えています。

図 10-18 調査・設計等業務の総合評価の状況・入札分布率（経年変化）(P-96)

国土交通省では工事の総合評価は除算方式ですが、コンサルタント業務の総合評価は加算方式となっています。また、技術と価格の割合も、1：1、1：2、1：3の3つのケースが準備されています。しかし、加算方式を採用しているコンサルタント業務におきましても、価格点の評価では調査基準価格に分布のピークが顕著にあらわれるようになってきています。

図 10-19 調査・設計等業務の総合評価の状況・入札分布率（H23配点比率別）(P-97)

この傾向は、1：1と1：2〜3のケースでそれほど大きな違いはありません。技術提案が高得点の人も、価格については調査基準価格付近で札を入れてしまう環境になってきているということかと思います。

図 10-20 調査・設計等業務の総合評価の状況・技術点1位と2位の得点差分布(P-97)

そのときの技術評価点がどうなっているかですが、1位と2位の得点差の平均値をとると5点ぐらいあります。平均値は5点ですが、個別で見ていきますと、例えば1位同点とか、1位と2位の差が1点未満というケースも2〜3割はあります。このあたりに課題があるのではないかと考えています。

図 10-21 欧米諸国（米・英・仏・独）における総合評価の適用状況等(P-98)

欧米主要国、具体的には、アメリカ、イギリス、フランス、ドイツの入札・契約方式と総合評価の概要について、簡単に紹介します。

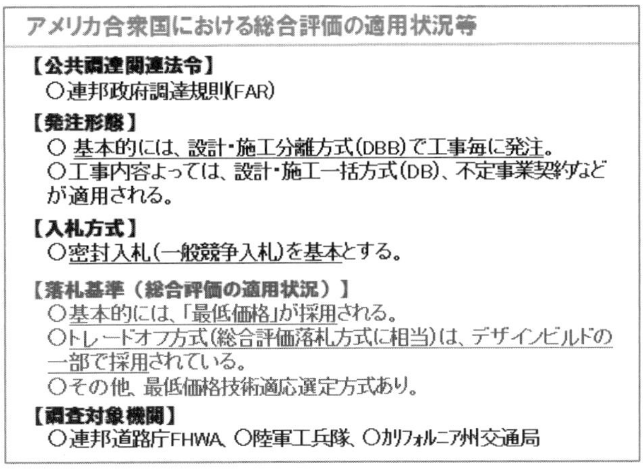

図 10-22 アメリカ合衆国における総合評価の適用状況等

アメリカの場合は州によって異なりますが、一般的には日本と同じように発注の形態は設計・施工分離となっています。入札方式は密封入札、一般競争です。指名競争はアメリカではほとんどありません。総合評価かどうかですが、基本的には、最低価格を落札基準とするケースが多いようです。ただデザインビルドのなかには、トレードオフ方式という総合評価に相当するような技術と価格で評価をするものもあります。

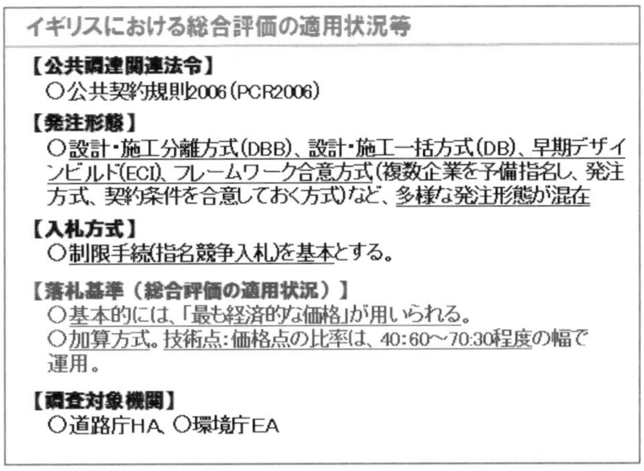

図 10-23 イギリスにおける総合評価の適用状況等

イギリスの場合は多様な発注方式が採用され

ており、デザインビルドもありますし、ECIやフレームワークなど多様な発注形態が混在しています。入札方式は、ほとんどが事前資格審査を実施する制限手続き、指名競争入札となっています。事前資格審査において、実績などにより企業を絞り込んでから入札に入ってきます。イギリスの落札基準は、「最も経済的な価格」が多く、加算方式が採用され、技術：価格の比率は4：6～7：3の幅で運用されています。

```
フランスにおける総合評価の適用状況等
【公共調達関連法令】
 ○公共契約法典(CMP)
【発注形態】
 ○基本的には、設計・施工分離方式(DBB)で工事毎に発注。
 ○例外的に、設計・施工一括契約方式、競争的対話方式(技術仕様
  の特定ができない場合等)が適用される。
【入札方式】
 ○一般(公開)型の入札を基本とする。
 ○小規模工事では、指名型の入札や交渉(随意)入札も用いられる。
【落札基準(総合評価の適用状況)】
 ○基本的には、提案募集入札(通称アペルドッフル；総合評価落札方式
  に相当)が用いられる。
 ○加算方式。技術点：価格点の比率は、40:60～75:25程度の幅で運用
【調査対象機関】
 ○オーベルニュ州環境・整備・住宅局(直轄国道の改築担当)
```

図 10-24 フランスにおける総合評価の適用状況等

フランスは日本と同じように設計・施工分離が中心で、工事毎に発注されています。小規模な工事では指名競争や随意契約も実施されています。落札基準は総合評価方式に相当するアペルドッフルが用いられており、加算方式の技術と価格の比率は40:60ないし75:25程度のようです。

```
ドイツにおける総合評価の適用状況等
【公共調達関連法令】
 ○建設工事発注契約規則(VOB)
【発注形態】
 ○基本的には、設計・施工分離方式(DBB)で工事毎に発注。
【入札方式】
 ○公開手続・方式(一般競争入札)を基本とする。
 ○小規模工事では、制限入札や随意契約方式が例外的に適用される。
【落札基準(総合評価の適用状況)】
 ○基本的には、「最低価格」が採用される。
 ○「最も経済的な札」を落札基準とする場合もあるが、技術を点数化し
  て評価するのは稀で、代替案(副見積)を求める又は工事期間短縮を
  価格に反映させる手法が一般的。
【調査対象機関】
 ○NRW州、○バイエルン州
 ※連邦政府は発注しない
```

図 10-25 ドイツにおける総合評価の適用状況等

最後はドイツです。ドイツも設計・施工分離発注が一般的であり、公開型の入札を基本としますが、小規模工事には例外的な適用がなされています。また、落札基準ですが、「基本的には最低価格が採用される州も多い」と訂正してください。総合評価を落札基準とするケースにおいても、日本のように技術点を加点して点数化するというのはなく、代替案を求める、あるいは工事期間短縮を価格に反映させるといった対応が多いようです。

```
(参考)欧米諸国(米・英・仏)における段階選抜

■米国、EU、英国、フランス、シンガポールなど、海外の
 主要国の入札・契約制度(WTO/GPA対象となる大規模
 な工事)において、段階選抜方式(事前資格審査：PQ)は
 広く用いられている。

■段階選抜時の絞り込み者数は、米国やEU加盟国では
 入札公告時点において「(3～)5者」と明示される場合が
 多い。

■段階選抜時の審査に当たっては、企業の経営状況や
 工事実績(同種・類似工事)、配置予定技術者の資格・経
 歴等が重要視されている。
```

図 10-26 欧米諸国(米・英・仏)における段階選抜

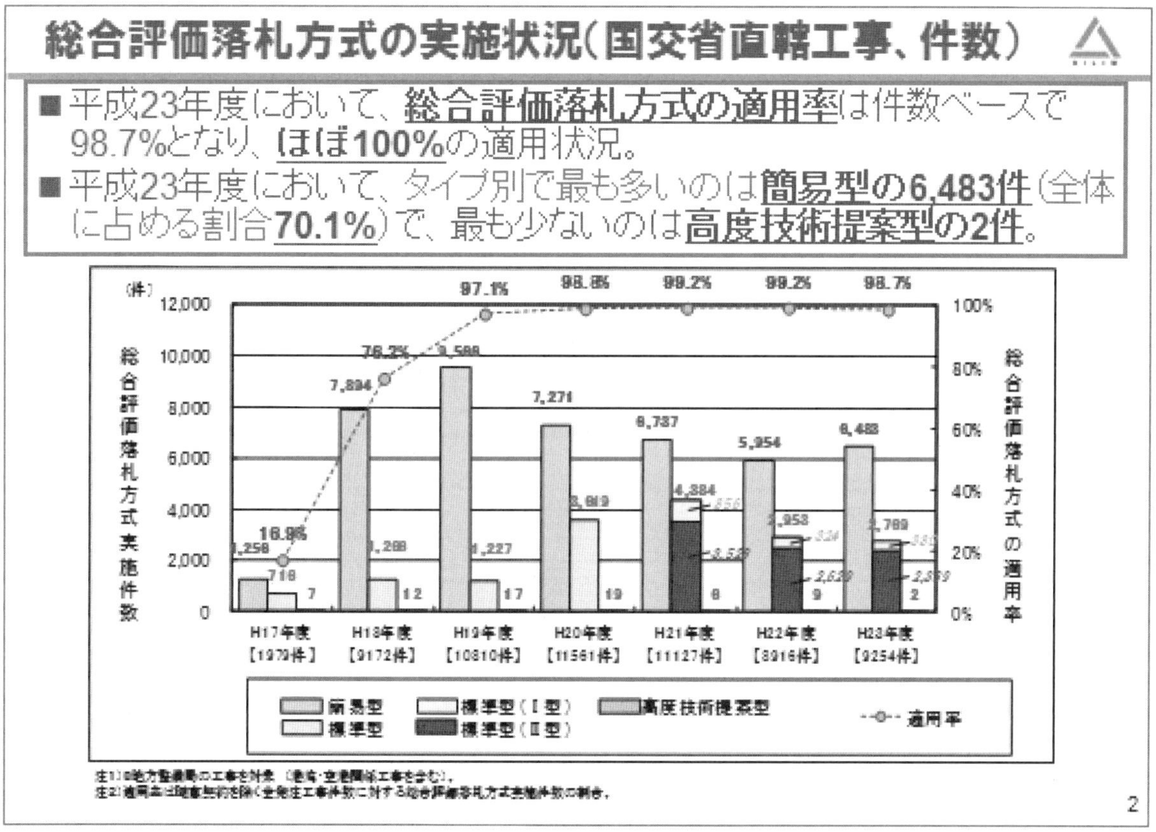

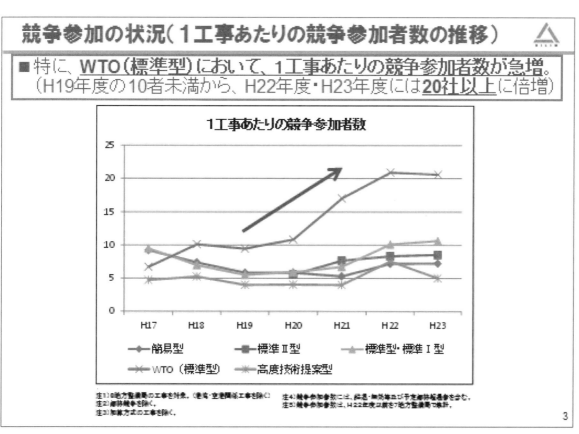

図 10-2 総合評価落札方式の実施状況

図 10-3 競争参加の状況

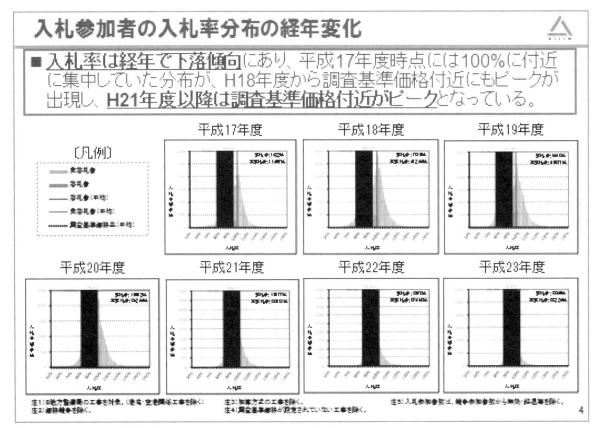

図 10-4　入札参加者の入札率分布の経年変化

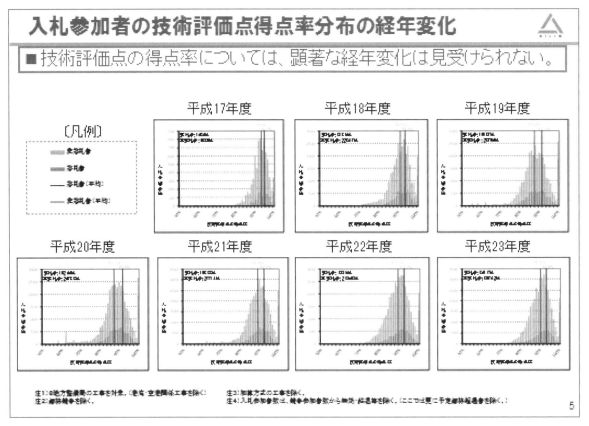

図 10-5　入札参加者の技術評価店得点率分布の経年変化

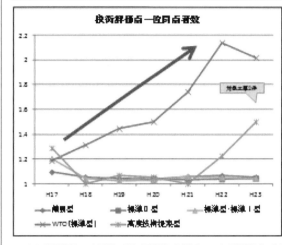
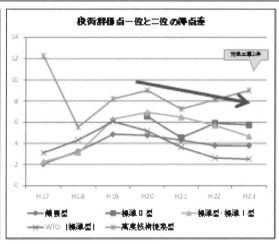

図 10-6　入札参加者の技術評価店の特徴と経年変化

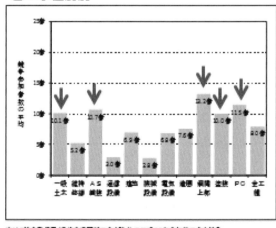
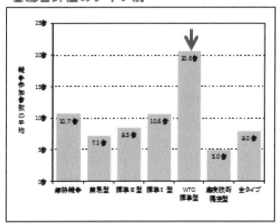

図 10-7　競争参加の状況

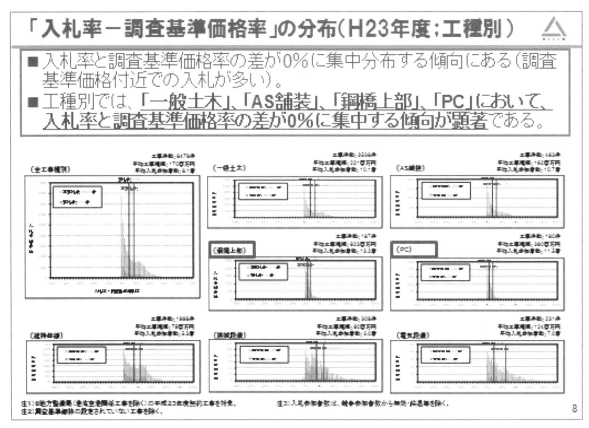

図 10-8 入札率－調査基準価格率の分布（H23年度工種別）

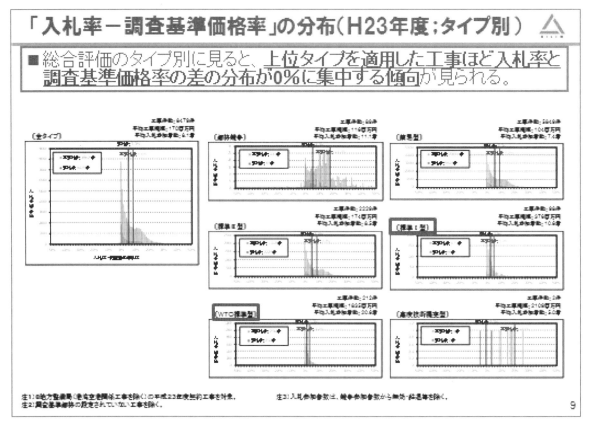

図 10-9 入札率－調査基準価格率の分布（H23年度タイプ別）

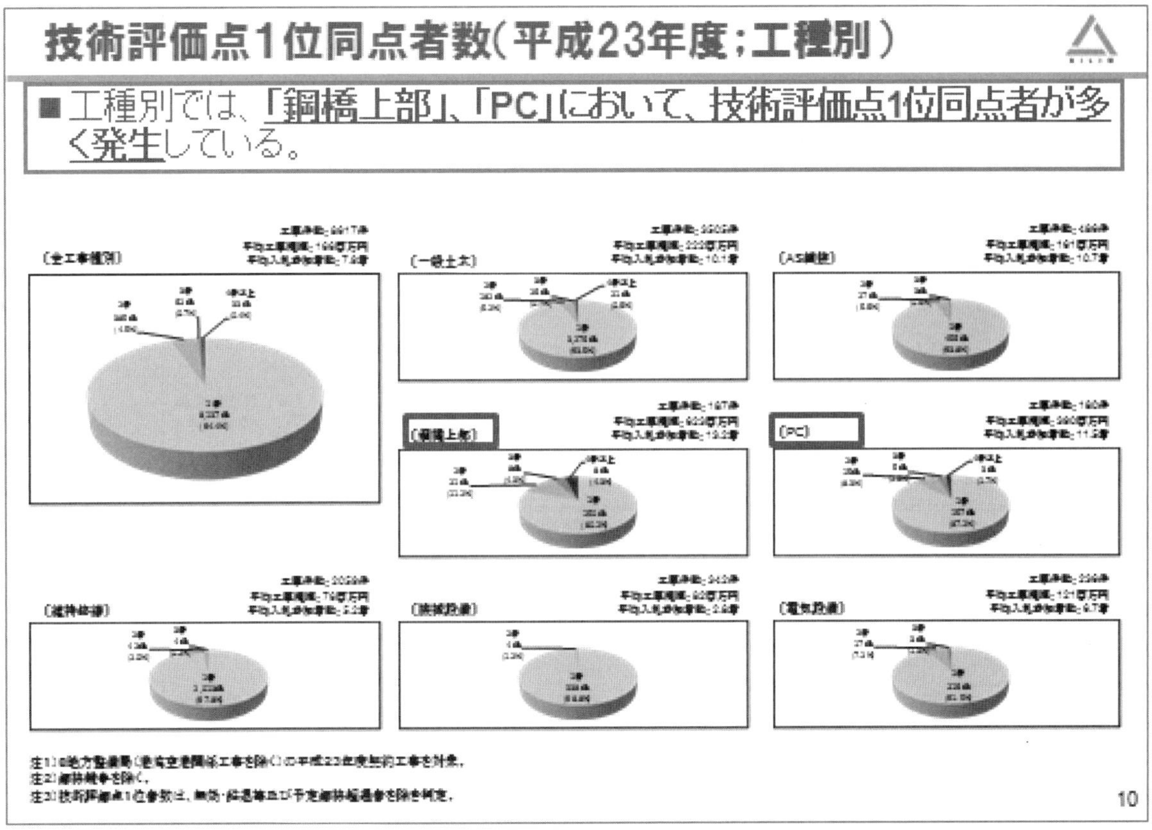

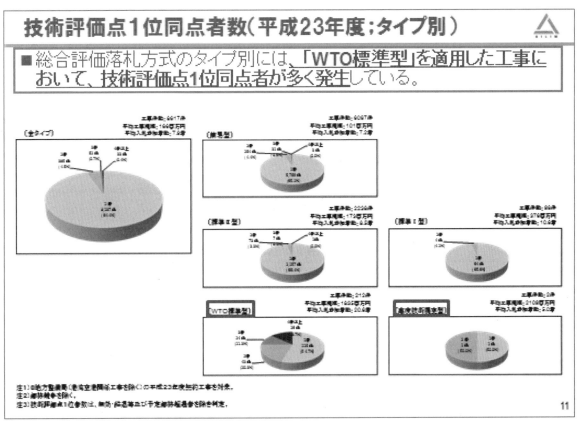

図 10-10 技術評価点1位同店者数（H23年度工種別）

図 10-11 技術評価点1位同店者数（H23年度タイプ別）

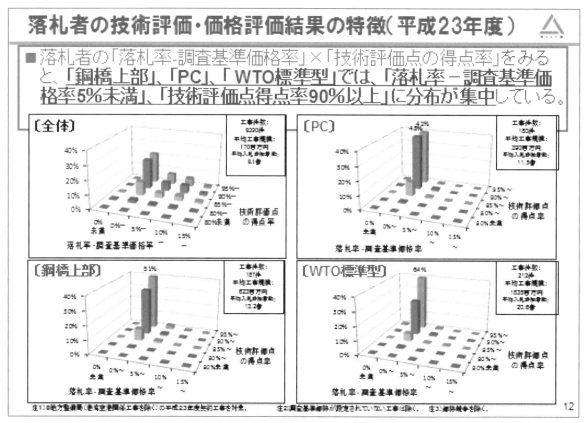

図 10-12　落札者の技術評価・価格評価結果の特徴

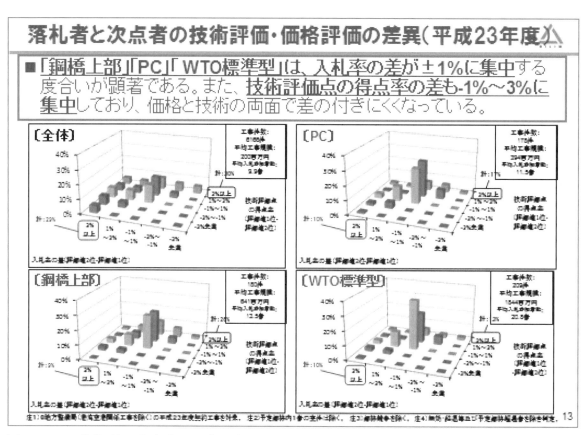

図 10-13　落札者と次点者の技術評価・価格評価の差異

図 10-14　総合評価落札方式の運用ガイドラインの概要

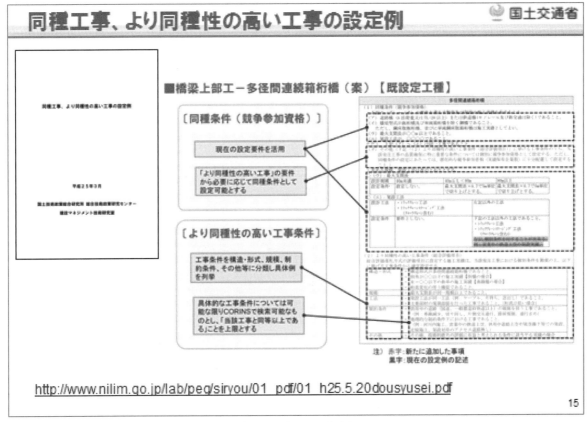

図 10-15　同種工事、より同種性の高い工事の設定例

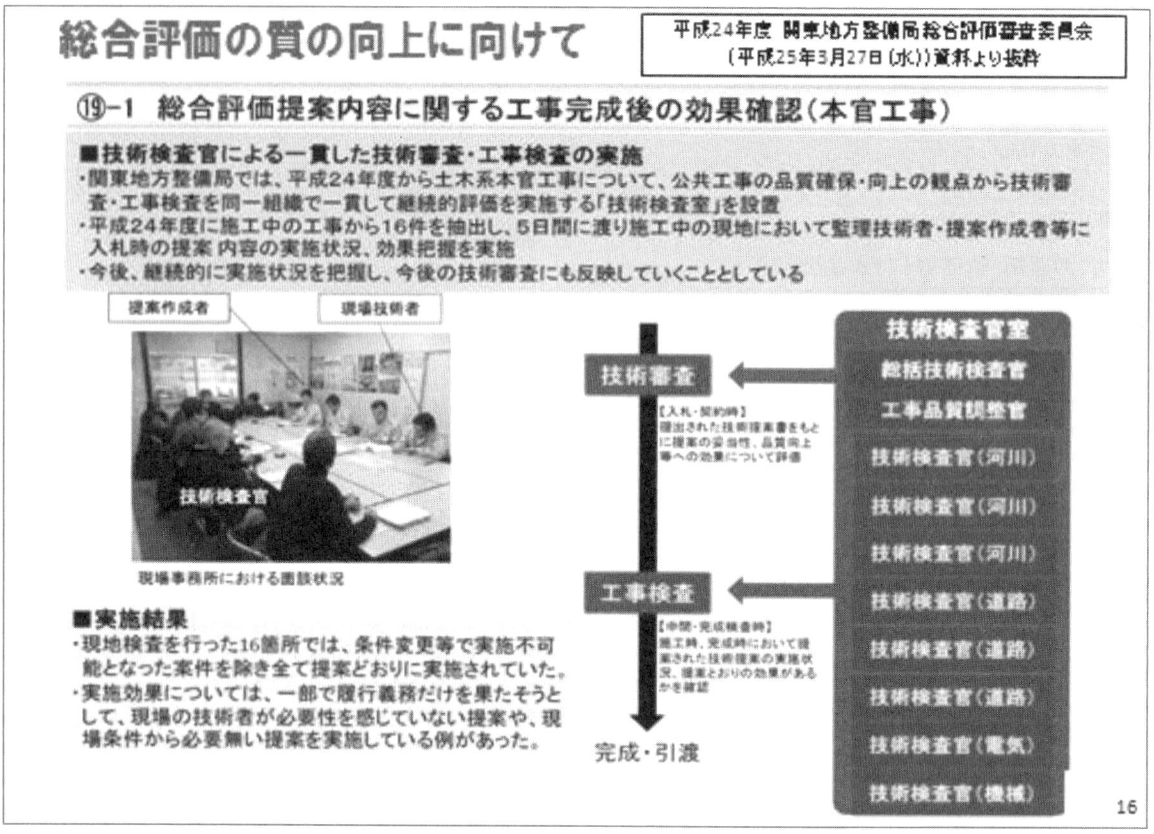

図 10-16 総合評価の質の向上に向けて

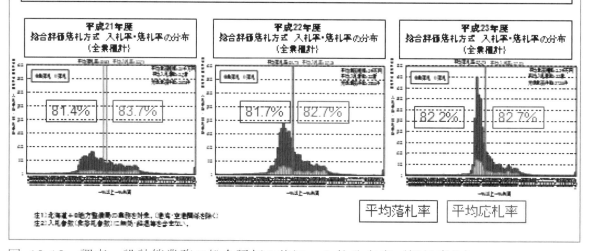

図 10-18 調査・設計等業務の総合評価の状況・入札分布率（経年変化）

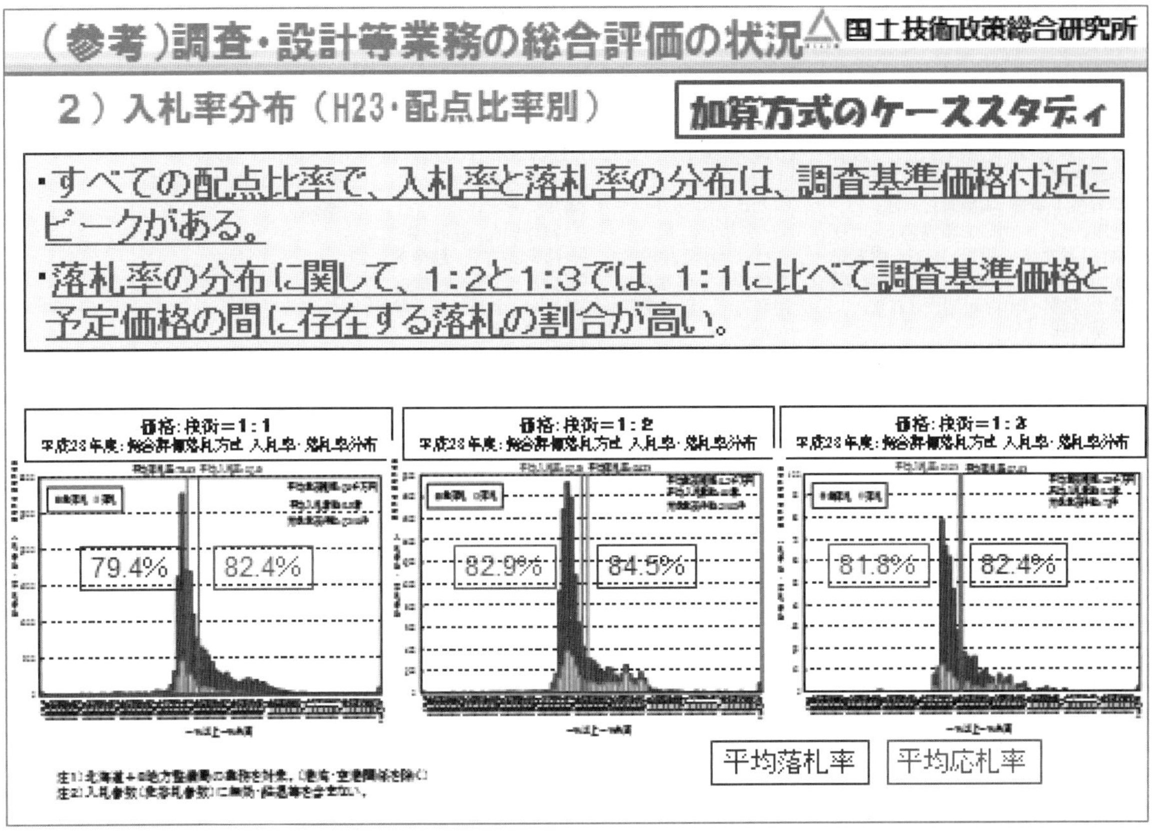

1．2013年度公共調達シンポジウム

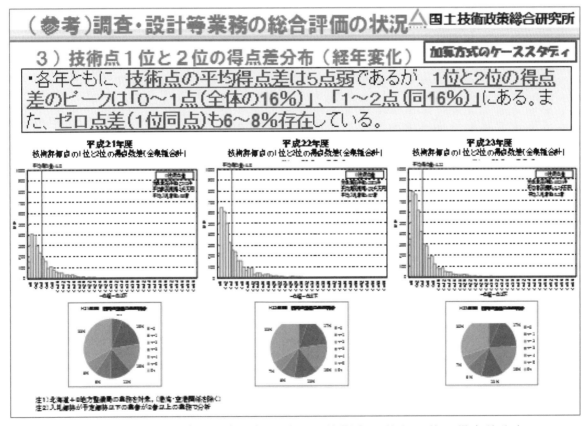

図 10-19　調査・設計等業務の総合評価の状況・入札分布率（H23配点比率別）

図 10-20　調査・設計等業務の総合評価の状況・技術点1位と2位の得点差分布

欧米諸国(米・英・仏・独)における総合評価の適用状況等

	日本(国交省)	アメリカ	イギリス	フランス	ドイツ
公共調達関連法令	○会計法	○連邦政府調達規則(FAR)	○公共契約規則2006 (PCR2006)	○公共契約法典(CMP)	○建設工事発注契約規則(VOB)
発注形態	○原則、設計・施工分離方式(DBB)で工事毎に発注。○稀に(高度な技術力を要する工事で)設計・施工一括方式(DB)を採用。	○基本的には、設計・施工分離方式(DBB)で工事毎に発注。○工事内容よっては、設計・施工一括方式(DB)、不定事業契約などが適用される。	○設計・施工分離方式(DBB)、設計・施工一括方式(DB)、早期デザインビルド(ECI)、フレームワーク合意方式(複数企業を予備指名し、発注方式、契約条件を合意しておく方式)など、多様な発注形態が混在	○基本的には、設計・施工分離方式(DBB)で工事毎に発注。○例外的に、設計・施工一括契約方式、競争的対話方式(技術仕様の特定ができない場合等)が適用される。	○基本的には、設計・施工分離方式(DBB)で工事毎に発注。
入札方式	○一般競争入札が原則。	○密封入札(一般競争入札)を基本とする。	○制限手続(指名競争入札)を基本とする。	○一般(公開)型の入札を基本とする。○小規模工事では、指名型の入札や交渉(随意)入札も用いられる。	○公開手続・方式(一般競争入札)を基本とする。○小規模工事では、制限入札や随意契約方式が例外的に適用される。
落札基準(総合評価の適用状況)	○原則、総合評価落札方式を適用。○除算方式、技術評価点は適用タイプ(施行能力評価型、技術提案評価型)によって異なる。	○基本的には、「最低価格」が採用される。○トレードオフ方式(総合評価落札方式に相当)は、デザインビルドの一例で採用されている。○その他、最低価格技術適応選定方式あり。	○基本的には、「最も経済的な価格」が用いられる。○加算方式、技術点:価格点の比率は、40:60～70:30程度の幅で運用。	○基本的には、提案募集入札(通称アペルドッフル;総合評価落札方式に相当)が用いられる。○加算方式、技術点:価格点の比率は、40:60～75:25程度の幅で運用。	○基本的には、「最低価格」が採用される。○「最も経済的な札」を落札基準とする場合もあるが技術を点数化して評価するのは稀で、代替案(副見積)を求める又は工事期間短縮を価格に反映させる手法が一般的。
調査対象機関	○国土交通省(直轄工事)	○連邦道路庁FHWA ○陸軍工兵隊 ○カリフォルニア州交通局	○道路庁HA ○環境庁EA	○オーベルニュ州環境・整備・住宅局(直轄国道の改築担当)	○NRW州 ○バイエルン州 ※連邦政府は発注しない

図 10-21 欧米諸国(米・英・仏・独)における総合評価の適用状況等

1.11 パネルディスカッション

(松本)

シンポジウムの最後になりますが、パネルディスカッション、全体討議を始めます。私は建設マネジメント委員会の幹事長ですが、ここからの進行は私の方で進めさせていただきます。

進め方ですが、まず小澤委員長から「総合評価落札方式の歩み」についてのプレゼンテーションを15分程度でお話しいただきます。その後パネルディスカッションに入りますが、パネリストの中で、東日本高速道路株式会社の古俣さんは事例発表をされていないので、最初に東日本高速の取組を最初に簡単にプレゼンテーションしていただきます。その後でパネリストの方々には前に座っていただき議論を進めさせていただきます。全体のプログラムが10分ほど遅れておりますが、終わりは予定通り17時30分に終えたいと思っておりますので、ご協力の程よろしくお願いいたします。それでは、基調プレゼンテーションをお願いします。

◆基調プレゼンテーション：小澤委員長

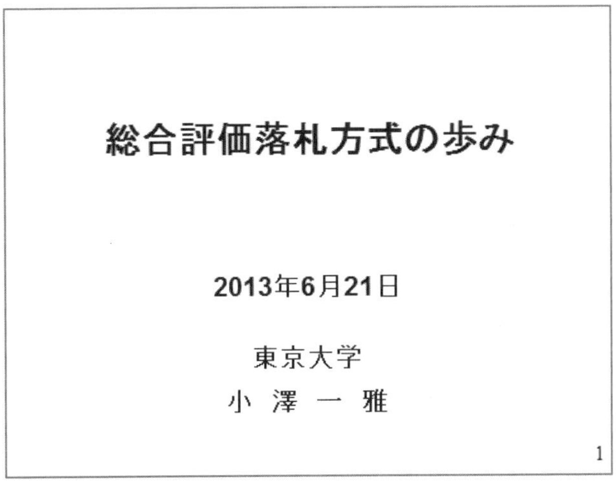

図 11-1　総合評価落札方式の歩み

総合評価落札方式が、日本で始まってからもう10数年経ちますので、少しこれまでの経緯について、私が存じ上げている範囲でお話をさせていただきます。

その前に、今日午前中から10件の貴重なご経験、事例をご発表いただいた皆様には、私にとっても非常に参考になるお話を聴かせていただき、どうもありがとうございました。

この後は、「総合評価」というテーマで、特に工事の範囲で議論を進めさせていただければと思っています。

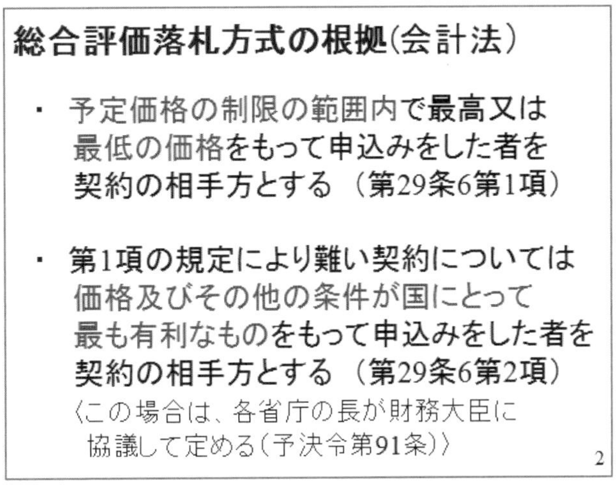

図 11-2　総合評価落札方式の根拠

総合評価落札方式の根拠ですが、ときどき品確法が総合評価方式の根拠と言われる方がいらっしゃいますが、品確法ができる前から総合評価は適用されております。したがって、総合評価落札方式の根拠は、そうでないところ、会計法にあります。

会計法の第29条には、「予定価格の制限の範囲内で最高又は最低の価格をもって申し込みをした者を契約の相手方とする」というふうに決められていますが、その例外規定、但し書きとして、第2項に「第1項の規定により難い契約については価格及びその他の条件が国にとってもっとも有利なものをもって申込みをした者を契約の相手方とする」という規定があります。実は、この規定、昭和36年に会計法の改正としては非常に大きな改正がありましたが、このときに入った規定です。このときは、実は今の低入札調査価格制度が入った非常に大きな改定があって、その規定が入るのと同時にこの総合

評価の根拠となっているこの第2項の規定の但し書きが付け加わったということです。

この規定は、昭和36年に入りましたが、ずっと使われずに平成まで来ました。「これを適用する場合には、各省庁の長が財務大臣に協議して定める」ということが予決令に定められていて、この規定によりますと、個々の案件ごとに総合評価をやるときには財務大臣、財務省と協議をして、どういう総合評価をやるのか、やっていいのかということを協議して、認められて初めて適用できる、という制度上、法律上の規定になっています。

```
総合評価落札方式の変遷(工事・国土交通省)
1998年11月   今井1号橋撤去工事で初試行(関東地方整備局)
2000年9月    工事に関する入札に係る総合評価落札方式の
             標準ガイドライン作成
2002年6月    工事に関する入札に係る総合評価落札方式の性能
             等の評価方法について(金額で2割実施)
2005年4月    品確法施行
2005年9月    公共工事における総合評価方式活用ガイドライン
             (簡易型、標準型、高度技術提案型)
2006年1月    独禁法改正
2006年4月    高度技術提案型総合評価方式の手続きについて
             施工体制確認型総合評価方式の試行
2006年12月   調査基準価格の段階的引き上げ
             標準Ⅰ型、Ⅱ型の導入
2012年2月    二極化案(施工能力評価型と技術提案評価型)審議
```

図 11-3 総合評価落札方式の変遷

最初に公共工事で総合評価が適用されたのは、当時の建設省関東地方建設局で実施された「今井1号橋撤去工事」、これが1998年で最初でした。これが、我が国で工事で最初に使われた総合評価ですが、その前に何もしていなかったかというとそうではなくて、実は土木学会の中でも総合評価方式をどうやったら適用できるか、どういうやり方がいいか、ということを議論していました。90年代前半だったかと思います。当時の建設省からの委託の委員会(土木学会建設技術評価研究委員会：國島正彦委員長)で、今日もお越しになられておりますが、前土木学会長小野さんが大変がんばられて、「こういうやり方でやればわが国でも総合評価ができるのではないか」という議論をしたことを私も記憶しております。私も事務局としてお手伝いをさせていただいたので記憶に残っております。

その後、土木学会のそのような議論をベースに、当時の建設省土木研究所積算技術研究センターの中でもどういうやり方が良いかという議論が積み重ねられて、最終的に98年の11月に建設省で最初に適用されました。その時の総合評価は、先ほどの規定に従って、財務省、当時の大蔵省と協議をして、どういうやり方で、そもそも適用して良いかということから始まって、どういうやり方で総合評価をするかということを、大蔵省の了解の下で適用されたということです。

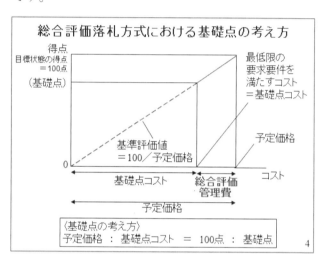

図 11-4 総合評価落札方式における基礎点の考え方

当時の制度にあって現在ない仕組みは、総合評価管理費です。その前に、会計法の規定で、「価格およびその他の条件が国にとってもっとも有利なもの」といっているこの趣旨ですが、第1項の規定では最低の価格、一番安い人と契約しなさい、と言っております。第2項は、但し書きで、一番安くなくても、それ以外の条件が国にとっていいということであれば、それを総合的に判断して、多少高くてもそれを買っていいですよ、ということで、この総合評価がスタートしています。従って、この今井1号橋撤去工事のときには、現道を通行止めにする時間をできるだけ短くする施工の提案を評価して、

通常のやり方よりも多少高くなったとしても、そういう技術提案を買いたい、という総合評価としてスタートしております。ですので、この基礎点コストというのが、標準的な施工のやり方によって積み上がる予定価格で、この上に多少高くてもという部分を、当時の発注者が、「考えられる範囲だったらこれくらいだろう」ということをあらかじめ予測をして、総合評価管理費としてこの上に乗せて、それを新しい予定価格としてセットした上で総合評価が実施されました。

基礎点の上に乗せる加算点も、通常の通行止めの時間が短くなることによって、迂回する交通の社会的損失が減らせる、それがメリットとして国にとって有利である、その部分を基礎点の上に乗せて加算点として評価し、新しくセットされた予定価格の下で除算方式で、その傾きで企業を選定しましょう、という総合評価としてスタートいたしました。

その後、今の国総研の中で、この評価方法であるとか、総合評価管理費の算定の方法であるとか、評価項目の設定をどうやったらいいか、について事例を積み重ねて、このような総合評価が数多く実施できるようにと、いろんな取り組みがされました。そのうちの一つが、この工事に関する入札に係る総合評価落札方式の標準ガイドラインをつくることでした。この前提として、一件ずつ大蔵省と交渉していたのでは手続きが大変なので、当時の大蔵省と包括協議をして、こういうやり方であればまとめて認めてください、という努力も積み重ねられたということです。

2002年の6月には、当時の発注金額の2割で総合評価を実施したい、ということになりました。これも2割で実施するためには、包括協議でこういうやり方で大蔵省に認めてもらわなければならないということになり、結果としてどういうやり方に変わったかというと、この上に乗せる総合評価管理費は、もう乗せません、標準的なやり方で予定価格を作ります、更にこの基礎点の上に乗せる加算点は、10点ですと、なのでぜひ大蔵省に認めてくださいということで、2割の工事で総合評価が実施できるように個別に協議しなくても実施できるようになった、という経緯があります。

そうなると、もともと標準的なやり方よりも多少高くなったとしてもいいものを買いましょうという趣旨とは若干変わってきていまして、もともとの予定価格の範囲内でかつ、できるだけいいものを買いましょう、という風にこの時点で趣旨が変わっているということです。

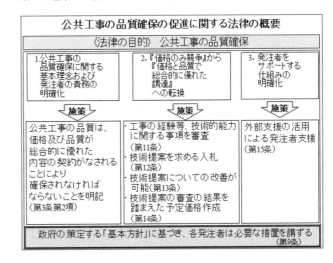

図 11-5　公共工事の品質確保の促進に関する法律の概要

その後、2005年に品確法ができて、価格のみの競争から、価格と品質で総合的に優れた調達への転換をしましょう、と。これが地方も含めて全国に総合評価を普及するのに非常に大きなバックアップとなりました。

もう一つは、契約までのプロセスの中で技術提案についての改善が可能あるいは技術提案の審査の結果を踏まえて予定価格の作成が可能、このように新しい部分もつけ加わって、この品確法のあとに改良が加えられております。

図 11-6　総合評価方式の類別(P-128)

さらに品確法が施行された後、2005年の6月に総合評価方式の活用検討委員会ができて、

そこで議論されたのは、すべての工事に適用できる総合評価方式というものをぜひ作って欲しい、ということでした。6月に議論を始めて、9月にこのガイドラインというものを公表しています。そこで提案されたものがこの3つのタイプの総合評価方式で、「簡易型」「標準型」「高度技術提案型」と言われるものです。

それまでに適用されていた総合評価方式というのは、この3つのタイプのうちの「標準型」というところに落とし込まれました。もともと技術的な工夫の余地が大きい、提案を買いたいということで作った総合評価はこの標準型に入ります。

さらに、予定価格を作るのに非常に苦労していたデザインビルド、ここに先ほどの技術対話を行った後に予定価格が作れる、見積をベースに予定価格を作れる、ということが非常に好都合だ、便利だということで、高度技術提案型というのは技術提案を求め、かつ提案をベースに見積も同時に出していただいて、高度技術を評価する、このようなことで高度技術提案型というものが形作られました。

一方で、この技術的工夫の余地が小さい一般的な工事には、今までは総合評価が適用されてきませんでした。それがすべての工事で適用することになり、こちらの簡易型の総合評価というのは、この右側の2つの総合評価とは全く違った趣旨で、評価体系をつくらなければいけないということになりました。もともと技術的工夫の余地の小さい普通の工事ですので、何かを提案してもらうのは非常に難しいだろうということを前提として、技術力を評価するために施工計画、品質管理、実績あるいは経験、成績も含めて、そういうものを評価する。それまで指名競争でやられていた指名基準の中で評価あるいは判断していたような項目を表に出して、総合評価の中で評価しようと、そういう枠組みとして、簡易型の総合評価が作られました。ですから、簡易型というのは、安心して、信頼して、確実に仕事をしてくれる人を評価するための、技術者の評価を含めた、そういう総合評価を実施したいという思いがありました。

ただ、実際に運用が始まって、いろんなことがこの総合評価の評価項目の中に取り入れられる中で、制度を構築した際に考えていた趣旨と異なる運用がされてきた部分があるかもしれません。さらに、2006年の1月に独禁法が改正され、脱談合宣言と言われるような、マーケットの競争環境が非常に大きく変わる事件・事象が発生し、施工体制確認型という総合評価方式の中で、著しい低入札を排除するということを始めたわけです。

図 11-7　加算点の変遷(P-128)

総合評価方式の加算点というのも、最初は特に決まっていませんでした。標準的なやり方に比べて、どれだけの効果があるか、それをきちんと算定して、それに応じて加算点が計算されていました。その後2割やりますと言ったときに、標準10点となり、先ほどのガイドラインができたときに、3つのタイプではだいたい10点から30点、あるいは10点から50点という範囲で運用するというふうに変わり、さらに施工体制確認型が適用されるに至っては、この上に30点上に乗せますというふうに変わり、始まったときには恐る恐る乗せたのですが、今や大胆にたくさんの点数を乗せるように変わってきているという状況です。

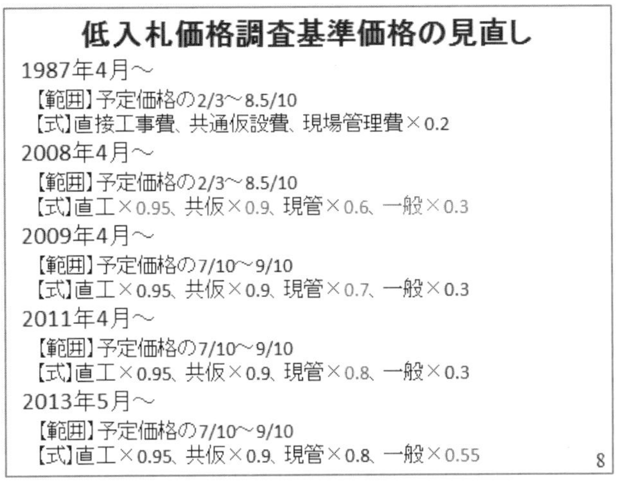

図 11-8　低入札価格調査基準価格の見直し

さらに、先ほどの話の中にもありましたが、この施工体制確認型の中で、低入札を判断する調査基準価格もどんどん上がってきたため、価格、平均落札率というものもどんどん下がったのが打ち止めになり、今はどんどん上がっているという状況に結果としてはなっている。

図 11-9　総合評価落札方式適用の見直し（二極化）（P-129）

ですので、昨年の2月にこの二極化案というのが提案されておりますが、その趣旨は一般的な工事で安心して頼める、そういう人を評価するために考えられた「施工能力評価型」というタイプと、提案を買いたい、普通のものに比べていいものをつくりたい、そういう総合評価としての「技術提案評価型」、原点に帰って総合評価方式というものをもう一度立て直そうということで、今年度から国交省も本格的にこれが進められるようになっている、というのが国交省の工事における総合評価のこれまでの経緯ということかと思います。

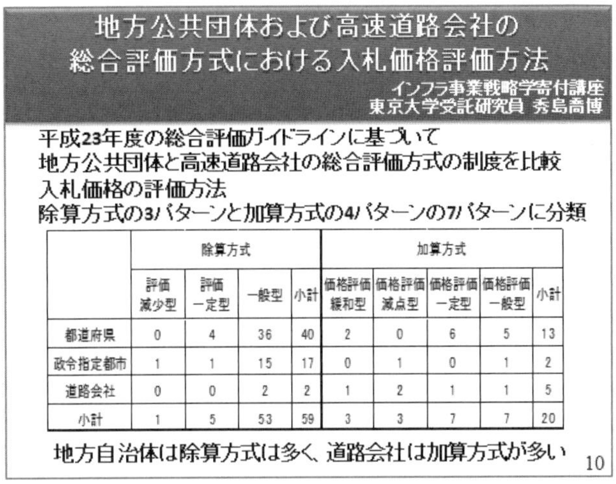

	除算方式				加算方式				
	評価減少型	評価一定型	一般型	小計	価格評価緩和型	価格評価減点型	価格評価一定型	価格評価一般型	小計
都道府県	0	4	36	40	2	0	6	5	13
政令指定都市	1	1	15	17	0	1	0	1	2
道路会社	0	0	2	2	1	2	1	1	5
小計	1	5	53	59	3	3	7	7	20

図 11-10　地方公共団体および高速道路会社の総合評価方式における入札価格評価方法

一方で、この後高速道路会社のお話をしていただきますが、国交省以外でも地方公共団体あるいは高速道路会社では、様々なタイプの総合評価が実施されています。国交省は除算方式ですが、除算ではない加算をたくさん使われている発注者もございます。

図 11-11　除算方式・加算方式　（P-129）

かつ、この技術評価の部分もいろんな項目がセットされているのと同時に、価格の評価の仕方も実に多様です。安くなればなるほどどんどん点数が上がるというだけではなくて、あるところで点数が一定になる、あるいは安くなればなるほど点数が下がる、あるいは、これは加算方式にしかありませんが、価格評価が非線形になっている、こういうタイプも運用されていて、こういう制度を実際に運用するとどういう結果が起こるか。現在入札結果は全部オープンになっておりますので、分析することが可能となっています。この総合評価を実際運用して10年以上経過し、これからは今後われわれが使い続けていくための総合評価方式として、どういうやり方がいいのかというのを、先ほどの二極化案も含めて、これまでの経験に基づき、きちんと議論した上でもう一度再構築をしておく必要

がある、というふうに思います。

建設マネジメントシンポジウム		
平成19年 6月22日（金）	第 1回	総合評価方式について
平成19年 7月13日（金）	第 2回	制度模索のための入札結果モニタリングについて
平成19年 8月31日（金）	第 3回	三者構造とCM方式について
平成19年 9月27日（木）	第 4回	発注ロットと共同企業体制度について
平成19年10月18日（木）	第 5回	技術の開発・調達について
平成19年11月16日（金）	第 6回	契約制度の多様化について
平成19年12月21日（金）	第 7回	予定価格制度について
平成20年 1月18日（金）	第 8回	コンサルタント業務の調達について
平成20年 2月29日（金）	第 9回	出来高部分払い方式の導入について
平成20年 3月28日（金）	第10回	地方における公共工事執行のあり方について
平成20年 4月18日（金）	第11回	公共調達方式の国際比較
平成20年 5月23日（金）	第12回	全体討論

建設マネジメント委員会HP; http://www.jsce.or.jp/committee/cmc/

図 11-12　建設マネジメントシンポジウム

論点1　総合評価方式導入の意義
(1) 品質向上
(2) 談合防止
(3) 不良不適格業者の排除
(4) 良い循環の促進
(5) 技術力の向上

論点2　評価方法について
(1) 評価項目の設定
(2) 配点
(3) 加算方式と除算方式
(4) 評価方法と評価者
(5) 手続き

図 11-13　シンポジウムの論点①

論点3　総合評価方式の導入効果
(1) 実施件数
(2) 逆点？
(3) 品質
(4) 成績
(5) 技術力

論点4　実務上の課題と改善方策
(1) 体制整備
(2) 手続きコスト、提案費用
(3) プロセス（二段階）
(4) 共同企業体
(5) 指名停止、予定価格

図 11-14　シンポジウムの論点②

　土木学会では、この建設マネジメントシンポジウムの中で、一度総合評価の議論をしています。論点としても、その意義とか効果とか改善方策とか、この報告書の中でその議論の結果がまとめられておりますが、今後われわれが議論する範囲としては、もちろん総合評価をどういう制度にするかということも大事ですが、国民にいいインフラ事業を提供し、いいインフラを後世に残すということが、一番大事な視点だとすると、この入札の方式だけではなくて、資格の審査、企業の評価から、どういう発注方式、どういう積算のやり方、あるいは現場でどう監督・検査し、最後は成績評定をするか、この一連のプロセス全体をきちんと見直しておく必要があるのかな、というふうに思っております。

図 11-15　入札契約に係る諸法令（P-130）

図 11-16　公共工事における入札契約の流れ（P-130）

　冒頭の総合評価方式の歩みということで、お話をさせていただきました。ご清聴ありがとうございました。

（松本）
　続きまして、東日本高速道路株式会社古俣さん、他の方々はすでに発表を行っておりますので、簡単に紹介をお願いいたします。

◆東日本高速道路株式会社の紹介：古俣

図 11-17　NEXCO 東日本における工事の入札・契約方式の概要

　NEXCO 東日本技術管理課で課長代理をしております古俣と申します。
　本日はパネリストを務めさせていただくにあたり、簡単に当社の入札制度について、総合評価を中心に紹介させていただきます。

図 11-18　高速道路会社の概要(P-131)

　ご存知のように道路公団から高速道路会社 3 つに別れまして、当社は、そのうち北海道から長野を含む 17 の都道府県を担当しております。営業延長が 3,720km、建設延長 228km ですが、この区間を 4 つの支社と 39 の管理事務所、12 の工事事務所、合計 55 の機関で発注手続を実施しております。

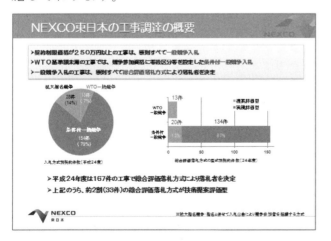

図 11-19　NEXCO 東日本の工事調達の概要

　入札制度ですが、当社の場合 250 万円以上の工事はすべて原則一般競争入札としております。この中でも WTO 基準額、当社ですと現在は 19.4 億円ですが、これを下回れば条件付一般競争として等級格付などの条件を設定した一般競争としております。これら一般競争入札の工事はすべて総合評価落札方式で落札者を決定することとしておりますが、平成 24 年度の契約実績では、条件付一般競争が 154 件、WTO 一般競争が 13 件、ここにある拡大指名競争というのは、指名競争入札をしながら、指名されなかった者でも条件を満たせば競争に参加できるというものです。なお指名競争では、技術資料の提出がないので総合評価は実施しておりません。これら一般競争入札のうち約 2 割が高度技術提案型の総合評価で落札者を決定しております。

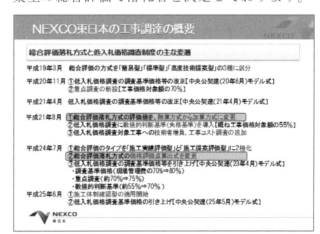

図 11-20　総合評価落札方式と低入札価格調査制度の変遷

　総合評価落札方式と低入札価格調査制度の変遷について、会社が発足した平成 17 年 10 月以降の主な改正を紹介させていただきますと、平成 21 年 8 月に総合評価落札方式を除算方式から加算方式に変更しました。

図 11-21　NEXCO 東日本における総合評価落札方式の改善(P-131)

　技術点と価格点をそれぞれ評価し、足し合わせたものを評価値としております。平成 24 年 7

月には、総合評価の価格評価点の算出式を、より技術力での競争となるよう改正しました。当時の改正の考え方を紹介させていただきますと、当社では、民間企業として、よりコストを重視するという考えもあり、契約制限価格、国でいう予定価格ですが、この価格での入札を0点として、これより安くなるごとに加点する二次式としております。式の特徴として、入札率が低い領域では、傾きが緩やかになりますので、価格よりも技術力での競争となり、価格よりも確実な施工ができるかにウェイトを置いて落札者を決定します。逆に入札率が高い領域では、契約制限価格に近付くに連れ急激に価格評価点が下がりますので、価格競争の度合いが高まります。また、式のパラメーターに最低入札価格を入れておりますので、入札状況に応じて価格評価点の算出式が変動します。例えば、契約制限価格の70％で入札した者が最安値とすると、70％を満点とした価格評価点の算出式となります。

図 11-22　加算方式の導入の効果(P-132)

加算方式を導入した効果について、概ね3年間、165件の入札状況で評価した結果となりますが、左側の除算方式では、技術評価点が5位以下にも関わらず価格評価点が1位で落札者となるケース、技術が劣っても価格が安いので落札できたケースとなりますが、従来の除算方式で試算すると19件。これを加算方式で評価した右側の図では4件まで減少します。

また、図の赤丸部分は、価格評価点が5位以下で技術評価点1位の者が落札するケースですが、これは技術力の高い者が逆転するケースとなりますが、除算方式では3件のところ、加算方式では12件まで増加することとなります。実際には加算方式で入札したものを除算にシミュレーションした結果なので、入札動向が変わるかもしれませんが、概ね結果としては、除算方式に比べて技術力の高い会社が落札しやすくなった。ダンピング受注の排除に一定の効果があったのではないかと評価しております。

図 11-23　価格評価点算出式(21年モデル)の検証と課題(P-132)

次に、先ほどの評価を行った際に、いくつかの課題も見つかりまして、昨年の夏に改正しました。例えば、加算方式に変更したのに低入札の発生があまり減っていない。そこで、加算方式で落札者を決定した工事の入札状況について詳しく調べてみると、大手のゼネコンさんでも低入札価格調査の対象となる価格で入札している事例がある。この原因について考えられたのは、例えば、契約制限価格の70％で入札する者が存在した場合、この点を満点として価格評価点の算出式が決まりますので、価格点の満点を80点、技術点の満点を20点とすると、価格評価点は図で左側のラインとなります。70％で入札した者は、価格点だけで80点となりますから、他の入札者は、技術評価点で20点の差をつけた場合でも、85％未満の価格で入札しないと落札者となれません。

次に、高い落札率の領域ですが、最低の入札価格が90％の場合、この場合20点差は95％となりますが、20点の技術評価点差というのは現実的ではないので、5％入札価格を下げることで落札しようと考える可能性があります。

以上より、低い落札率の領域では、最低価格者の存在を意識して低価格で入札している方がいるのではないか、高い落札率の領域では、技術評価点で努力するよりも入札価格を下げた方が楽に落札できると考えて入札しているのではないかということが考えられました。あくまで入札状況からみた推察ですが…。

図 11-24　総合評価点の算出式改正①(P-133)

これを改善するために、平成24年7月に、より技術力での競争となるよう改正しました。ま

ず、最低入札価格で変動させていた価格評価点の算出式を固定型に変えています。固定にするときに、どこに満点を持っていくかですが、客観的な価格としては低入札価格調査の基準価格、ここを満点としてそれ以下はフラットに、適正な契約の履行に疑いが生じるような価格では、それより安くしても価格評価点は加点しませんという考え方です。さらに、高い領域で急激に評価点が下がることについては、契約制限価格での入札にも一定の点数を与えることとしました。この定数については、加算方式の価格点と技術点の評価を1対1とすることを原則と考え、技術評価点の満点を価格評価点の満点とし、残りを定数として設定しています。この式が【図11-24】の上側の破線【式①】としますと、式①で進める考え方もあると思いますが、品確法にもありますとおり、落札率と成績評定についても分析しましたところ、調査基準価格を下回る価格で契約した工事についても、竣工時の成績評定が劣るという傾向は認められませんでした。そこで、成績評定の細目まで分析していくと、成績評定の評価項目のうち工事目的物の出来形と品質については、監督員の検査があるためか、劣る傾向は認められませんでしたが、受注者の任意となる、工程管理、安全管理については低入札の工事では、75%付近の金額を境に下回るという傾向が認められました。そこで、75%を満点とする式を【式②】として設定し、2つの式の間のどこかに最適式があるということで、当面2つの式の間を取って価格評価点としました。

また、75%を下回る価格で契約した工事については、工程管理や安全管理に課題が発生する可能性があるので、低入札価格調査における「重点調査価格」として、より厳格な調査を入札時に実施することとしました。

図 11-25 総合評価点の算出式改正②(P-133)

新旧並べると、旧式ではかなり急勾配であった価格評価点の算出式は、改正後の式では緩やかになっております。

図 11-26 施工体制確認型の導入・調査基準価格の改正(P-134)

次に、これは平成25年度の改正となりますが、技能労働者を含む適切な施工体制の確保などを目的として、先月、平成25年5月より低入札価格調査の基準価格を、国と同様に中央公契連の平成25年度モデルに引き上げました。当社の場合工事規模が大きいので、従来が88%ぐらいですと90%ぐらいになると思いますし、メタルとかPC橋梁ですと概ね86%から88%程度になると思います。

その他に、今月からですが、総合評価落札方式において、施工体制確認型を実施することとしました。これも国の方で既に実施されておりますが、低入札の発生頻度低減にも効果があるようなので、当社の方でも工種限定ですが積極的に実施することとしました。従来ですと、調査基準価格を下回る場合でも、技術提案が素晴らしければ、施工体制に関係なく高い技術点となりますが、標準的な施工価格を著しく下回るにも関わらず、品質を確保できるのか？施工体制を確実に整えられるのかという疑問がありますので、総合評価の評価項目として施工体制を確認することとしました。先ほどの評価値のグラフでみますと、調査基準価格を下回る価格で入札した場合には、施工体制の確保が確実と認められない場合には、技術評価点も低減されますので、施工体制が確実でなければ落札がしにくい状況となる予定です。入札公告を今月から出したばかりでまだ落札結果が出ておりませんが、低入札が減るのではないかと期待しております。

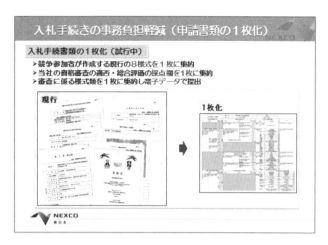

図 11-27　入札手続き書類の1枚化（試行中）

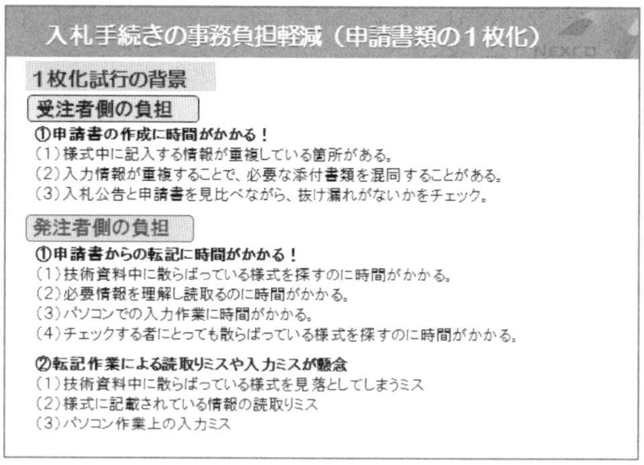

　それから、本日のシンポジウムは、事務負担の軽減もテーマとなっていますので、こちらについても当社の事例を紹介しますと、入札手続書類の1枚化という取り組みを試行しております。

図 11-28　入札手続きの事務負担軽減(P-134)

　入札手続で競争参加資格を確認する資料については、施工実績や技術者の資格・経験など当社の場合ですと8種類、提案型では9種類の様式がございます。各様式には、企業名など重複する記載もありますので、これを1枚にするというものです。8種類出していたものを1枚の用紙にまとめたというものですが、さらにこれを電子データでやり取りすることで、競争参加者、発注者ともに事務手間の軽減に役立っているとの評価をしております。

図 11-29　1枚化試行の背景

　その内容ですが、今までは発注者がホームページ等で入札公告すると、競争参加者は8種類の申請書類を作成し、間違いがないかチェックして提出していただく、今度は我々の方で記載漏れや内容を読み取って、添付書類と照らしあわせるなど確認し、それを内部審査用の資料に転記して、またチェックしてという作業がありますが、誤りは許されませんので重い負担となっていました。参加者側の負担としては、例えば各様式に記入している情報は、会社名や技術者の氏名・資格など複数の様式に同じことを書くこと自体が手間ですが、入札情報が重複することから、各様式に必要な添付書類が漏れていないか、入札公告と各申請書類を見比べながらチェックされていたと思います。我々発注者の方でも、いただいた資料をすべて一つずつ読んで、これを転記しますので相当の時間を要していました。

図 11-30　申請書類の記載例(P-135)

　このような申請様式について、1社に対し1枚にまとめたというものとなります。この1枚の様式に、「発注者が使用」の部分を申請者に記入していただき、これを PDF ファイルで送付していただきまして、そのまま発注者側の審査に使うというものです。

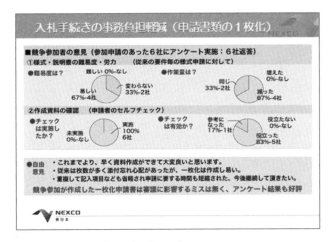

図 11-31　競争参加者の意見

効果についてアンケートを実施したところ、作成の難易度につきましては、難しいという御意見はゼロで、各社とも「変わらない」若しくは「易しい」という御意見でしたが、作業量については約7割の方が減ったと回答されています。資料の確認についても、当然提出前に確認はされていたようですが、「役に立った」という方が83％、「参考になった」を含めると、すべての方で効果が確認されました。自由意見として、これまでより資料作成が早くて大変良いという御意見ですとか、従来は枚数が多く添付忘れが心配だったが1枚だと作成しやすいですとか、重複した記入項目が省略され、申請書作成に要する時間が短縮された。今後も継続していただきたいというような御意見をいただいております。

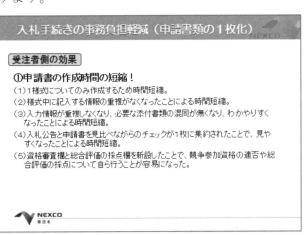

図 11-32　受注者側の効果

参加者側の効果をまとめますと、1枚様式による時間短縮。重複がなくなったことによる過誤の回避、自己採点での活用など好評な意見をいただいております。

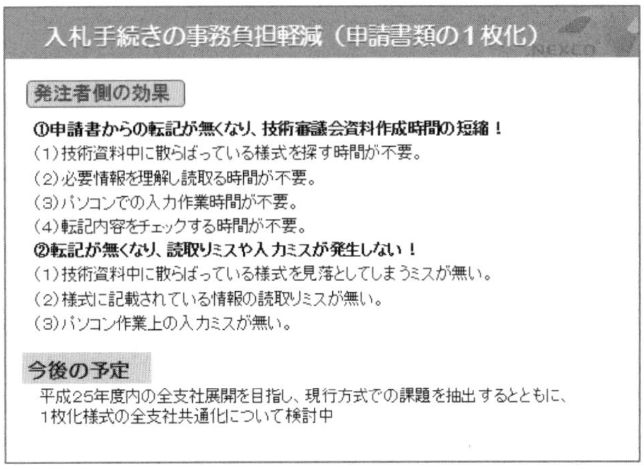

図 11-33　発注者側の効果

発注者側としても、転記ミスなど絶対あってはならないことですが、転記がなくなったことで審査会資料作成の時間短縮や入力ミスのリスク低減などの効果があったなどの評価が得られております。

今後の予定としては、現在は東北支社と北海道支社で試行しておりますが、今のところ悪いという話も聞こえてきませんので年度内の全支社の展開を目指して発注工種や契約方式ごとに課題がないか確認作業をしているところです。

以上、簡単ではございますが、当社の制度概要と総合評価の取組事例について紹介させていただきました。

◆全体討議
（松本）

これからパネルディスカッションの全体討議を始めたいと思います。

まずパネリストのみなさんを簡単に紹介したいと思います。

向かって右から、利光正臣さん、大分県大分市の利光建設工業株式会社の社長さんで、大分県建設協会土木委員長であります。今日は受注

者、地方のゼネコンという立場で参加いただいております。

次に、加藤和彦さん。清水建設第一土木営業本部営業部長、当委員会の副委員長、大手ゼネコンの立場で参加いただいております。

次からは発注者の立場ですが、事例発表されているので簡単に紹介いたします。市川市の福永知義さん、広島高速道路公社の山口純さん、国土交通省関東地方整備局の高橋岩夫さん、国土交通省からは他にも発表者はおりましたが、高橋さんに代表していただいております。それから、今ご説明いただきました、東日本高速道路会社の古俣直紀さん、それから、国土交通省大臣官房技術調査課の森戸さんですが、本省の会議の後に駆けつけるということになっていまして、もうそろそろ着く頃と思うのですが、その間つなぎで森田さんに座っていただいております。それから、基調プレゼンテーションをしました当会委員長の小澤一雅さんです。

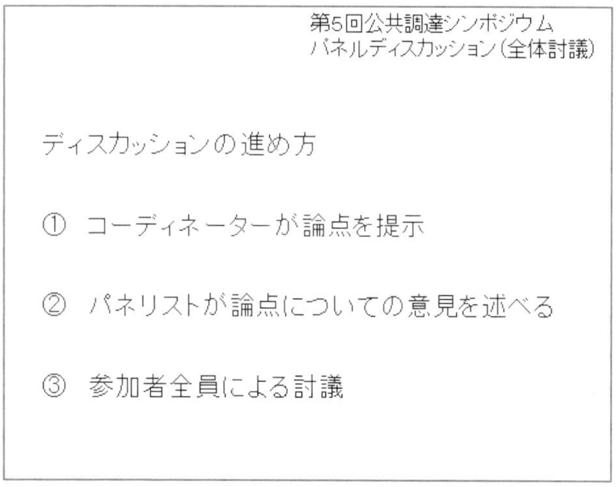

図 11-34 ディスカッションの進め方

このパネルディスカッションの進め方ですが、私の方から論点を提示させていただきます。それから前にお座りのパネリストのみなさんから私が提示した論点について意見を述べていただく、発注者のパネリストはたくさんおられますが、事例発表もされ論点に関することもお話しされているので、全員ではなく、私の方から指名させていただくという形をとらせていただきます。

このパネルディスカッションですが、パネリスト中心というよりは、今日ご参加の皆様、建設会社、県など地方公共団体もおられますし、今回は工事のことに限定させていただきますが、コンサルタントの方々もいらしております。そのようなことで、全員による討議を中心に行いたいと思います。

（ただいまジャストで森戸さんにきていただきました）

それでは改めて紹介させていただきます。国土交通省大臣官房技術調査課調査官の森戸義貴さんです。発注行政、特に総合評価方式の入札制度を担当されておられるので、その立場からご意見をいただきたいと存じます。

論点を挙げる前に一言申し上げると、このディスカッションは、制度の導入の原点に立ち返って、現行制度の枠内にこだわらずに、この総合評価方式の根幹にかかわるような問題提起をしたいと思っております。当然問題点を議論することになるのですが、決して否定的にとらえるということではないスタンスで臨みたいと思っております。

図 11-35 「発言が認められる効果」または「今後発言が期待される効果」(P-135)

ここに、国交省の懇談会での資料がありますが、発注者、受注者に対するアンケートですが、工事品質の向上とか、競争の促進などいろいろな項目に効果が認められる、あるいは今後効果が期待されると、50％以上の方々が総合評価に対して肯定的な見方がされているということです。従いまして、制度の本来の趣旨に立ち戻って、より良くしていくためにはどのようなことをすればよいか、といった議論をしていきたいと思っております。

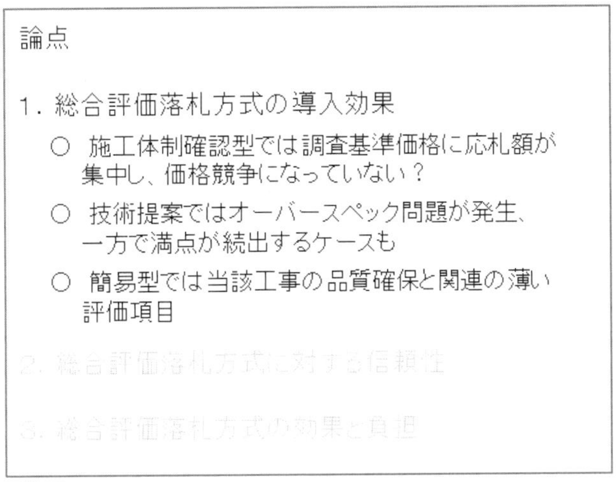

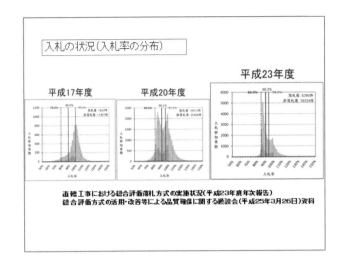

図 11-36 論点①

図 11-37 入札の状況

　論点を 3 つ考えております。一つは、「総合評価落札方式の導入効果」、小澤委員長の基調プレゼンテーションでもありましたが、価格とそれ以外で最も有利な 1 者と契約する目的そのものが、本当にちゃんと実現しているか、という観点。それから、この方式が信頼あるものになっているのか、という点。それから、効果はあるがそれに見合った負担になっているか、という 3 点。全体で 1 時間半になりましたので、30 分程度で 1 つのテーマを片付けていきたいと思います。

　まず、総合評価落札方式の導入効果ですが、私は、3 点ほど挙げておりますが、これにとらわれず議論していただければと思っています。1 つは施工体制確認型が導入されて、調査基準価格に応札額が張り付いている、すなわち実質的に指し値的な価格になっていて、価格競争になっているのではないかという点。一方で、価格以外のところですが、技術提案では技術ダンピングという課題もありましたが、オーバースペック問題に対応するためにかなり提案に制約がかかっており、一方で、そのためというわけでは必ずしもないのでしょうが、満点が続出して差がつかないという傾向があり、本当に技術で競争されているのかという点。それから、簡易型で工事の品質の確保に必ずしも直接的に関連しない評価項目がある点。

　それぞれのデータですが、これは森田さんの発表でありました、平成 17 年には予定価格のところに一山あったのが、二山になり、見事に一山にまた戻って調査基準価格に集中しているということです。

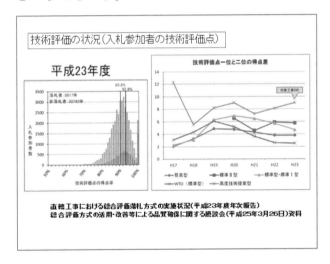

図 11-38 技術評価の状況

　技術評価についても、これも森田さんの資料にありましたが、特に WTO 型の標準型では、技術評価点の差が小さくなっている。あるいは、100 点満点のところに一つの山がある。このような状況をどうみるかということです。

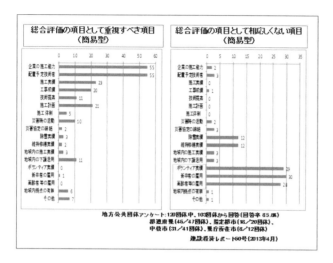

図 11-39 地方公共団体アンケート

　私どもの建設経済研究所で昨年アンケートを取ったもので、地方公共団体に対するアンケートですが、「これはふさわしくない」というものを挙げてもらったところ、ボランティアの実績とか、新卒者の雇用とか、高齢者等の雇用とか、このようなものが挙げられているということです。

　一方で、このように総合評価を利用して、BCPの認定を優遇するとか、若年技術者を配置するなど、新たな評価項目を加える動きもあります。発注者が実現したい施策を、このように総合評価というツールを使うことがどこまで認められるのか、このような点も議論する必要があるのかなと思っています。

　まず今のような点を含めて、本来の総合評価落札方式の導入の目的に見合った効果が得られているか、という点について、まず議論したいと思っています。

　発注者側は事例発表等されておりますので、受注者側から口火を切っていただきたいと存じます。

　まず、加藤さんからお願いします。

（加藤）
　私は、国土交通省の営業を全国で担当しておりますが、誤解を恐れずに言うならば、今の総合評価は技術がもてあそばれているような気がします。総合評価の仕組みは全国同じなのですが、運用がかなり違っていて、例えば、ある整備局ではこういう提案をしたら良い評価を得られた、ところが別の整備局ではそういう提案では評価していない。ある整備局では当たりとか外れとかいう評価の仕方をしている。その一方で、すごく書き込むほどいい点数をいただけることもある。つまり総合評価が技術に関してゲームみたいになっている。何が正しいというよりも、評価者がどう思うか、という観点で技術提案書を作っているから、本当は技術を求めている仕組みのはずなのに、その技術がころころ変えられてしまっている、というのが1点と、お金に関して言えば、例えば、何十億の工事で、何十万円差で落札できたりできなかったりする。これは一体全体何が起こっているのだろうか。そういうゲーム化した、と言うと言い過ぎかもしれませんが、総合評価が今あるのではないかな、そういう気持ちがいたします。

（松本）
　今の話は、次の総合評価落札方式の信頼性というところにもかかわってくるのですが、現状はこうだという指摘をしていただいたと思います。

　続いて、利光さん。

（利光）
　地方の業者を代表しますと、今の総合評価方式というのは、大手を中心にしたような入札制度ではないかなと思っております。大手さんはいろいろオーバースペック等含めまして出来ますが、地方においては現実そういう設計に対するいろいろな提案が難しい中で、過去コンサルにお願いして、いい情報を書いていただこうという会社がありました。そういうことでいろんな提案をするのですが、それがお金に係って、先ほど先生の話にもありましたように2割もあればいいのですが、それがない中でコンサル任せというようなことが総合評価に入っていきま

した。その結果、みなさんコンサルに頼むものですから、一緒の答えばかりになってしまってきて、どこが出しても競争力がない、ということであります。

そのような中で、国交省さんがいろいろな知恵を使って施工体制確認型というものを今やっておりますが、基本的に今の状況は実績主義と成績主義、これが一番多いのではないかと思います。地方でAランクのところ、国交省タイプでいいますとC級かD級なのですが、今の実績でいきますと、D級のところが入れないということがあります。地方ではA級で頑張っているのですが、過去に取引のないところは受注しにくいということがあります。従来の国交省との取引があるところしか対応しない、ということがありまして、非常に危惧される状況にあります。

このような中で、国交省がやっている地域JV、これにつきましても活用をC級とD級のJV形式の案件を1億円程度で出していただけると、業者の実績もできますし、国交省さんの方も安心して取引ができるのではないかと思います。

そのような提案も九州地整にしています。

また、道路工事の維持工事においては、今の評定点システムですとなかなか80点以上が取れない。特に品質の項目においてなかなか点が取れないものですから、どうしても80点を切ってしまいます。各会社の総合点が維持工事をしていますと評定点が上がらないため他の工事が受注しづらい。国交省にお願いしたいことは、応札額が最低価格に集中することが多いので、手持ち工事もある程度評価をしていただいて、皆さんが受注できるようにやっていただきたいとお願いしています。地域の防災活動や、地域の企業の育成とかが困難になるのではないかと思います。また、これまで10年間で1級土木を評価していたのですが、九州地整は今年から5年間ということに緩和していただきました。中小企業はなかなか若者育成ができないという問題があり、また今施工管理技術者の評価値と現場代理人の評価値は違いますので、これも同等にしていただきたいとお願いしております。

そうすることによって各企業が極力、調査基準価格に集中しても、1社に偏らないようなことになろうかと思います。そういう導入をやっていただければありがたいと思います。

（松本）
多岐にわたるご意見があったのですが、まず加藤さんの方の発注者がどう行動するか、どんなパフォーマンスをするだろうかというところを読む、というゲームになってしまっているというところを、次の信頼性というところでも議論したいところと思っています。そのことについて、ご意見があれば、あとで発注者の方にご意見を伺いたいと思います。

それと、利光さんの大手と地場の違い、特に地方の場合は実績とか工事成績の評価の面とか、公平な参加の条件が整っていないのではないか、そこを是正する必要があるのではないか、というご指摘だったと思うのですが、両方とも国の発注に対する発言だと思いますので、高橋さん、コメントいただけます？

（高橋）
まず最初の加藤さんのお話のところで、技術評価の関係かと思うのですが、各整備局によって技術提案の評価をどのようにするのかについては様々ではないかと思います。先ほど森田さんからご紹介がありましたが、関東地整では技術検査官室という組織がありまして、大規模な本官工事の発注では、入札手続きの段階から関与しつつ、最後の工事検査の段階まで一連を見ていく、という方法をとっています。組織的に技術提案の内容についても評価しつつ、その評価した結果が現場でどのように反映されているかを確認して、工事の完成検査を行う。この様な仕組みであれば技術提案の内容を評価する際に、一定の効果があるのかなと思っているところです。昨年度この様な組織ができたばかりで

すので、今後そのような検証も行っていく必要があると思っております。

続いて利光さんのお話について、こちらについても整備局によっていろいろと方法がありますが、これは関東独自かもしれませんが、特にCランクDランク業者さん向けの発注方式としては、先ほど私の説明の中でもあったかと思いますが、特段の事情や、その現場の特性があって、地域に根差した企業が受注することによって、例えば住民説明がスムーズにいくなどの場合に、地域密着工事型という発注方式を使っております。こういったことが、どこまで地方の地元の業者さんに役立っているかということについて、毎年の工事成績や地元の企業がどれだけ受注しているのかということを検証しております。

（松本）

利光さんのご意見の中で、特に工事成績なんかも維持工事などはもともと高い点数が取りにくいというか、つかない、そういうものを評価に同じように入れられてしまうことによって、まじめに維持をやっている業者が、むしろ平均点として損しているんじゃないかと、不公平感のことをおっしゃっているのだろうと思うのが、そこらあたりをきめ細かく工事の特性に応じて評価の内容や評価方法を変えていくという改善の方法は考えられるのですが、利光さんだったらどうすればいいとお考えですか？

（利光）

それは全建でこんなことがありました。従来の工事評定点が出たときに高度技術といった項目があったと思うのですが、維持工事に高度技術がどこにあるのですかと意見交換してきましたら、その結果工事特性という項目に変わりました。今の工事のやり方では全部の受注ケースの総合点を件数で割りまして、各社の持ち点になっていますし、工事特性もある工種とない工種では、評価点に差がつきますし、また維持工事出来形及び出来映えの項目の中の品質については5点くらい点があがりません。そうすると総合点がどうしても下がってしまう。そういうことを変えていただきたいということを全建を通じてお願いしています。

（松本）

私が、ほんとに今の方式は、導入した意図、目的からずれていませんかという問いかけをさせていただきましたが、会場の方で、それ以外にご意見があったらお願いします。

（会場：建設会社）

小澤先生の話を聞いて、当初は技術提案にかかる費用をコストオンして工事価格を決めていたと、それがもともとだったということは目から鱗だったのですが、ぜひ本質に戻してやっていただきたいと率直に感じました。

（加藤）

オーバースペックの話について森戸さんにお伺いしたいのですが、高橋さんがおっしゃっていたように関東地整はオーバースペックをあまり認めないので、提案するときは一生懸命オーバースペックにならないようにする。だけど、比較的オーバースペックを許容するというところもある。その場合は、技術提案はてんこ盛りになる。そうでないと点が取れないのです。そうすると、これは技術ダンピングですよね。技術をないがしろにしているのではないでしょうか。価格のダンピングは厳しくいろいろと国交省は気にされていると思うのですが、技術のダンピングに関してはいかがでしょうか。同じ国交省でも利益率が全然違うのです。20億、30億の工事で数億の提案をしないと受注できないという場合もあります。

（松本）

その前に、技術ダンピングについて、他の発注者のどなたか…

（古俣）

本来の趣旨を考えれば、同じ価格であれば、より良いものを求めるべきというのが総合評価だと考えますが、技術ダンピングという考えもありますので、当社では入札公告などで過度な提案、いわゆるオーバースペックな提案については、優位に評価しないと記載しております。それでもオーバースペックな提案をされる場合もありましたので、極端な例では、提案に対して不採用と通知し、その中で契約上の履行義務もないと明記したような事例もあります。

（松本）

西も同じですか？ NEXCO の中では同じでしょうか。

（古俣）

西日本高速さんの取り組みについては他機関となりますので承知しておりませんが、当社内でも、過度な提案に対する取り組みは最近始めたばかりでして、工事の内容に応じて何を過度とするか、非常に難しい課題と考えますので、試行錯誤しながら進めている状況です。恐らく、まだ当社内でもバラツキがあるのではないかと思います。

（利光）

松本さん、九州地整港湾関係の事例をいいますと、提案した事例を評価するとかしません。

（松本）

場所、発注者によって様相が違うというところですが、森戸さんコメントをお願いします。

（森戸）

国土交通省大臣官房技術調査課で建設技術調整官をしております森戸です。

いろんなご意見をいただいて、話題になった順番で後のものから行くと、技術ダンピングのお話ですが、その前に話題になった各整備局によっていろいろ扱いが違うではないか、というご意見について、正直言って「そうではありません」とここでは言えないのがたぶん実態だと思います。先程、関東地整の高橋さんから話もありましたが、各地整ではいろいろな工夫がされています。これは決して弁護でもなんでもないのですが、悪いことをしようと思ってやっているわけではなく、やっぱりいい評価をしたいという気持ちなのです。

しかし、結果が皆様にご納得をいただけるようになっていないところがまだある、というところが現実なのではないかと思っております。ただ、最後に加藤さんからお話があったように、技術ダンピングの話については、直轄国道の事業を担当しておりまた前職の時にも個別の発注案件でいろいろ地元から話題がでてくることはありますが、九州地整は先ほどご紹介いただいたようにオーバースペックというのは基本的にやめた方がよい、ということでそういうのは評価しないと、先ほど東日本高速さんからご紹介あった形になっていたと思っています。ですから、今の九州地整はそんなことにはなっていないと思うのですが、加藤さんいかがですかね。

（加藤）

そうですね。今年度からダブル提案はダメだとなっています。ただその手前のところでもしかしたら。

（森戸）

その点については、この場で確認するすべがないので申し訳ありません。私の気持ちとしては技術ダンピング、そういったところで技術力を高くすることがほんとにいいのかと、私個人的には思っております。で、ここのあたりの考え方は、統一すべきだと考えておりますし、ここは１つ目として、明日以降の私の業務に活かさなくてはいけないというように思っています。ただ各整備局がそれぞれ冒頭に申し上げました

ように工夫してきているひとつの成果として今の形があるということですので、改善すべき点など、いろいろご意見があると思うのですが、私個人の思いとしては、国土交通省には8つの整備局、後は北海道がありますが、なにか1つの串は通っていなくてはいけないと思います。それぞれの地域にいろいろな特性、あるいは事情があると思っていますので、そこに、バリエーションというか枝葉の違いがあり、全国を1つの制度で一律にというのは決して良いことではないと思います。その辺をどう両立させていくかが課題になるだろうと思っております。技術ダンピングは良いのかと問われると、私は良くないとそういうふうに思っております。

それから成績の話は私なんかより道路会社さんの方が詳しいのかも知れませんが、成績も誰がやっても同じ成績がつくというのを1つの目的にして成績の評定の基準みたいなのを国交省の方で作り、各整備局で運用しているところだと思います。ただ、工事にはいろいろな種類、国交省では26の工種がありますので、それぞれ工事の特性とか、難しいところとかもありますし、逆に工事の難易度より別のところに気を遣っていただかないといけない工事等もあるので、それを同じようにどのように評価するのか。一般土木の工事とPCの工事を同じ点数だったら同じぐらいの評価ですよとやらなきゃいけないところが難しいところだと思っています。いまの形が完成形だと思ってはいけないだろうと、今日改めて思いました。成績評定のつけ方などは松本幹事長にお助けをいただきたいかなと思いますが、まずは私からのコメントはこれぐらいにさせていただきたいと思います。

（松本）

工事成績は、同じ工事の内容を同じようにやって、それで違う点数になるのはまずいのだろう、しかし、誰がやってもそこそこできる工事と難しい工事をやり遂げた人と、これはそれなりに評価しなくてはいけない。そうすると、評価が多少ばらつくのはやむを得ないとして、それを統計処理して総合評価にもってくるとき、もってきかたをもう少し工夫することによって、利光さんの今の問題提起が多少緩和できる方法っていうのはあるのではないかなという気はします。

（利光）

維持工事の場合、今の評価方法でいくと全部で75,6点しかつかないですね。それで、所長表彰をしていただいて、表彰制度によって加点していただけないかと九州地整にお話ししました。国の方にお願いしたのは、工種ごとの評価の仕方を変えていただくことによって80点が取りやすい環境ができやすいのではないかなと思います。

（松本）

ここで、こうしようという結論は出せる場ではないですが、そういう問題、評価の公平性という問題につながる話しであろうと思います。

```
論点

2. 総合評価落札方式に対する信頼性
   ○ 発注者の技術力（求める提案が適正か？
     適切に評価されているか？）
   ○ 企業の持ち点の固定化など偏った選定結果
     となる可能性
```

図 11-40　論点②

次の論点に行きたいと思います。次は加藤さんの話がずばりこの問題に行き渡るのですが、そもそも今の方式が信頼できるものになっているかどうかということで、1つは発注者の求めている提案が適切なものかどうか、あるいは提案したものが適切に評価されているかどうか、

発注者の技術力が問われるような観点での問題、それといくつか事例発表でも出てきましたが、企業の持ち点が固定化し、実績を重視し過ぎるとそのような可能性が出てきますが、偏った選定をする結果となる可能性があるのではないか。それ以外も含めてこの総合評価落札方式に対する信頼性という観点で議論したいと思います。

図 11-41　総合評価方式の問題点をどのように改善することが望ましいか①(P-136)

私の建設経済研究所が建設企業に対して採ったアンケートで総合評価方式に対してどのように改善することが望ましいかという問いで、技術提案、施工計画の評価に対して発注者の恣意性が残らないようにこうしてほしいというような意見とか、提案内容が定型化しているので差が開かないとか、このような意見が多く寄せられています。

図 11-42　技術提案の審査・評価内容の更なる公表(P-136)

技術提案の審査、評価内容の公表について、これは国交省のアンケート調査の結果ですが、建設企業がまだまだ公開に関して改善の必要があるとする中で、評価した項目、評価内容、理由等を通知・公表すべきであるとかこのような意見はかなり多かったです。

(松本)
ということで2番目の論点について、高橋さん何かありますか。

(高橋)
発注者の技術力というと、ちょっと表現が違うかなと思います。発注者の技術力ではなくて、判断の基準、評価する基準、それを明確にすること、今何が起こっているかというと相対評価と絶対評価がありますが、整備局によって相対評価で評価したり絶対評価で評価したりしています。そうすると絶対評価ではある一定水準以上はみんな同じ評価になります。相対評価であれば、より良いものを追い求めていくようになるわけです。さらには評価の中身は、あるキーワードが含まれていれば良いというものもあれば、きちんと問題点を指摘してその問題点に対してこういう回答がいいというところもあります。評価するベースを合わせていくと、応札する方も提案の仕方が変わってくるのではないかと思います。発注者の技術力があるとかないとかという議論ではなくて、ルールを整備していく方がいいのではないかという気がいたします。

(松本)
これに関しては利光さん。

(利光)
先ほども話ましたが技術力に関しては、大分の県工事の事例ですが、テーマを出したときにゼネコンがコンサルに書いてもらった。そうするとそのゼネコンが受注してしまうということがあり、各社がコンサルに提案してもらう問題が発生した事例がありました。また、企業の評価は、表彰もらったり工事実績がある企業が高い状況にありますが、手持ち工事評価を、今年から1件は0.8ぐらいで評価するようになったのですが、それでも偏りがある。こういう総合評価の算出の仕方、これに関してはちょっとおかしいのではないかなというのと、先ほど発表がありました自己採点方式を大分県でもやっているのですが、土木委員会として言っているのは、発注者の保身だろうということ、自分たちのミスしたことをわれわれ業者に勝手に点をつけなさいというのはおかしいと言っています。大分県の場合、工事成績評定点はみな公表でのっていますし、技術者の経験もありますので、他者がいくら評価点を持っているかわかるんです。この物件については10点満点ですよというとA社、B社が10点持っていれば、今の制

度ですと応札してもとてもじゃないけど、大手ゼネコンさんにとても勝てません。そういうことで特定の企業が取ってしまいます。ですから手持ち工事の評価、鹿児島県では 1 件取ると -0.5 の評価がつきますが、2 点がマックスで減るんですね。そういうある程度公平性が出るような制度を取り入れた総合評価にしていただきたいなということを土木委員会でお願いしている状況です。

（松本）

発注者の技術力という言葉はすぐには結び付かないと思いますが、少し皆さん方のご意見を聞きたいなというのは、先ほど加藤さんがおっしゃったように発注者が恣意的にならないようにとして、できるだけ標準化したり定型化したりして、そういうのもできるだけオープンにした方がいいだろうということになりますと、本来、エンジニアとしてジャッジすべき所がだんだん狭くなってしまい、誰もが同じような評価ができるような提案しか求められないようになってしまうのではないかという危惧があり、それが技術力に結びつくような気がして、こういった表現をとらせていただいたのです。インハウスエンジニアのある程度主観というか技術力を活かしたような評価の仕組みを世の中が認める、このような仕組みが必要ではないかと思います。そういう意味で少し職員の技術のサポートも含めて市川市の福永さんはご苦労されていると思うのですが、いかがですか。

（福永）

幹事長が提起された、「発注者の技術力」を活かす仕組み、及び総合評価方式の信頼性について、私の事例発表を補足する形で説明します。

まず、市川市では絶対評価を行っていることについてです。この運用方法は、公共事業にはそれに相応しい「適切な水準」があることを前提にして考えた末の結論です。

当市の仕組みは、この「適切な水準」を満たすための手段や工夫を、提案として、入札段階で受け、契約後にその提案が履行されれば、「適切な水準」が満足される、つまり所要の品質が確保される、という、ごく基本的な考え方によって組み立てました。

この「適切な水準」を超えるサービスは、勇み足のようなもので、企業の負担にもなりますし、所要品質の確保が目的なので、提供されても仕方がない、ともいえます。また逆に、所要の品質に達しない、低次元の、いわゆる「どんぐりの背比べ」のところで無理矢理に差を付ける評価も意味がない、と考えています。

当市の仕組みの信頼性については、今申したような「過大であったり、過小であったり」に対して支出することに、果たして市民が納得するだろうか、という観点にも配慮しました。なお、先ほど話題になったオーバースペック問題への対応のヒントにもなるではないでしょうか。

次に、この総合評価方式の仕組みが、どのように発注者の技術力につながるのか、という点について説明します。

企業からの提案は、絶対評価の指標を定めたうえで判定評価しますが、ここではまず、公共事業として相応しい適切な水準について考え直し整理する必要に迫られる等、技術者としてのジャッジが求められるため、職員は、猛勉強せざるを得なくなります。市の工事では、基礎的なジャッジが多くなりますが、職員にとっては必須の技術力であり、また、応用力養成のために不可欠な土台固めになり、ジャッジの幅を拡げることにも繋がるのでは、と考えています。

なお、企業の提案を読み込むことで、ものづくりには、段取りや手順、安全や環境対策等、普段からいろいろな工夫があることが解かり、特に、若手にはよい勉強になります。

また、発表で詳しくお話ししましたが、出題の設定段階では、工事個別の特徴を徹底的に分析する手順を踏むことにより、その工事にとって重要な課題を設定できる仕組みにしています。

以上のように、総合評価方式の実施過程に、

否が応でも工事について深く考え、ジャッジすることが自然と行われる「仕掛け」を組み込むことで、所要品質の確保だけでなく、インハウス技術者の能力向上のサポートにも活用できると考えて、当市の制度を構築しました。

発注者が工事についてあらかじめ深く検討することは、外部からは出来て当り前に映るでしょうが、品確法に促されてようやく向き合う端緒についた状況です。この取組みを、今後も、背伸びせず、地道に続けることが出来れば、少しずつでも良くなるのでは、と期待しています。

（松本）

市川市さんとは業者さん方の水準、それから発注する工事の難易度とか、逆に言えば地域の密着性のようなものなど様相が違うところがありますが、今お話しいただいたようなことについてはたぶん国の発注者であろうが高速会社であろうが、かなり丁寧にステップを踏んでいろんな試みになり、それに職員に行き渡っているというのを感じました。自己採点は発注者の責任逃れなんじゃないかなという話がありましたが、山口さんどうですか。

（山口）

そうですね、まさか大分県の業者さんがいらっしゃるとは。今回発表資料の中で受注者側のアンケート結果をつけましたが、総合評価の担当される方がアンケートを書いていて、自己採点が間違っていた場合、会社の中で総合評価の資料を作っている自分に責任がかかるとの意見がありました。たしかに発注者の責任が受注者の方へ一部転嫁されるということは確かに感じております。ただ、自ら成績点とか施工実績の資料を出されるわけですから合っていて当然だと思います。

（松本）

利光さんからもっと深刻な問題提起として、どうしてもある特定の会社におなじ評価方式を続けると偏ってしまうと、これはすごいですよね。1つの解決策として、手持ち工事を評価方法に入れれば極端な偏りが是正されるんじゃないかという提案ですが、そういうことも含めて発注者側のどなたでもいいですが配分の論理とまで言ってはいけないんでしょうが、あまりに極端な偏りを防止するという観点から総合評価を考えた場合にどんな問題があるか、あるいはどうすべきかと、いうことについてご意見があればお願いします。

（利光）

その前に1点だけ。全国知事会で総合評価・一般競争入札が取り入れられましたが、大分県の場合は全県的に分類して1物件20社が応札できるようなエリアを作ったのです。実際は応札しているのが6.5社しかないのです。今の価格の事前公表制度ですと、高得点を持っている企業や評価点の高い技術者のいる企業には勝てないので応札しない。不調不落が出ているというのが大分県の現状です。

（森戸）

なかなか難しいと思いますが、幹事長から配分の論理のような話はなかなかできないということがありました。実はわたし遅れましたのは、鶴保国土交通副大臣を座長にする「地域の建設産業および入札契約制度のあり方検討会議」というのが当省にありまして、その会議が2時から開催されたために、それにどうしても出ないといけないので、小澤委員長にご容赦いただきました。実はそこで議論しているのは地域で維持工事などの仕事でほんとに地域のインフラを支えていただいている業者さんが将来的に、今日お話にあった総合評価ですが、かなり厳しい競争環境の中に置かれている。しかし、そういった業者さんがいなくなっちゃうと、地域が困ってしまうことも1つの視点にあってどんなふうにしていけば良いのかというのを議論しています。今日の会議ではまだ答えが出たわけでは

ないので、ここでその内容を私がお話しするわけにはいきませんが、たぶん先ほどお話しにあった、手持ち工事のようなところをうまく評価できないかなということは今日聞いていて非常に参考になる意見だと思いました。大変失礼な言い方になるかもしれませんが、やっぱり、県の中で、比較的手広くお仕事されている業者さんから比較的少ない人数の中で年間数件という業者さんも右から左までたくさんいらっしゃるのではないかなと思います。それぞれに適正な年間の仕事量のようなものがあって、言葉を選ばないといけないですが、ちゃんと仕事をとる、受注していただけるようなシステムって考えられないのかと思っていますので、公平公正な透明性のあるシステムは大事ですが、手持ち工事のようなものを企業選定の1つの項目に入れるのはできないのかということを今日思ったというのが1つであります。あと話しが戻りますが、相対評価、絶対評価といったことについて、国交省でいうと整備局の職員の皆さんは公平になるようにいろいろ努力をされているんだと思います。見え方として、たくさん書いてあったら良いとかこういう言葉を使ったら加点するみたいな感じに見えているのではないかと言われたら、決してそうではないとはなかなか言えないのではないかと思います。決して後ろめたいとかではないのですが、それをより高めていくにはどうすれば良いのかというのが引き続きの課題だと思いますし、相対評価、絶対評価のどっちが正しいのかという答えはないのではないかなと思います。やっぱり技術力の差をだすために相対の方がいいときもあるし絶対の方がいいときもあるのではないかなと思います。ここは小澤先生におしかりを受けてしまうかもしれませんが、私個人的にはそんなふうに思っております。たぶんものによって相対評価、絶対評価が良かったり、あるいは評価軸の決め方によって決まってくるものなんだなと思っています。ご意見をたくさんいただいて直せるところは直していくということを日夜続けていくことが対策ではないかと思っております。

(小澤)

いろいろ言いたいことがありましたが、普段なかなかこういう場で本音では話をしていただけない方が本音に近いところでお話しされているのでこの雰囲気を壊したくないなと思ったわけです。そもそも、総合評価はなんのためにやっているのかと、お金だけで選ぶのに比べたら手間がかかることが分かっているんですね。お金以外のものも考慮して企業を選ぶためにわざわざ手間をかけてまでも誰を契約の相手にするかを少しでも違う方向でやりたいということでやっているということです。原点に返って考えてみると、総合評価というやり方を通してどういう買い物をしたいのかと、何を買いたいのかと、どんな調達をしたいのかと、そこを発注者の方にちゃんと持ち続けてほしい。えてして、制度が先にあって、その上に法律があって、その担当者になれば、その制度をいかに守るか、そのルールの下でいかに行動するかというのが先にあって、なぜこんな制度になっていて、総合評価でいうと本当は入札の結果に応じて、市場の変化に応じて、どんどん改良してほしいなあという思いからスタートしたのですが、それがどこかに忘れられてしまって、効率性の方が重要視されてしまって、如何に早く発注できるかと、どうしても考えがち、現場ではそうなってしまうのかなと。総合評価をせっかくやるんであれば、総合評価をやった甲斐がある結果が常に満たされ続けるようなメカニズムをどっかに組み込んでおく必要があるのかなと思います。そういう意味で先ほど、市川市で職員の方の技術力も上がり、工事の結果も良くなったと、これから検証をちゃんとやってみたいとおっしゃっていましたが、ぜひやっていただいてこれを是非市民にちゃんと説明していただきたいなと、こういう入札契約制度を変えて頑張ったおかげでこんないい結果が生まれましたよということを是非納税者市民の方に語り続けていただきた

いなと思います。だから総合評価を何件やったのかではなくて、総合評価というやり方を通していかに良い買い物ができたか良い調達ができたかと、あるいは良い工事になったのかというのを納税者、市民の方に説明していただくといいなと思いました。

（松本）

先に進みたいと思いますが、国の法律に必ずしも縛られるわけではない、民間会社、NEXCOとしては総合評価に何を期待して、その結果どうしているのか、国との違いがあれば、あるいは自治体との違いがあればお願いします。

（古俣）

国の法律というと、会計法や予決令がありますが、JH時代も直接は縛られてはいなかったものの大臣認可が必要な規定で会計法や予決令と同じ内容を定めておりましたので実質は同じでしたが、これが民営化によって独自に定められるようになったという点では自由度が増しました。先ほど小澤先生がおっしゃったような落札者を最低または最高の価格にするですとか、予定価格を作成して封書にするというような規定は自社で独自に決められるようになりました。

また、官公需法と言われている「中小企業への受注機会確保の関する法律」は適用機関から外れましたが、それ以外については、国際協定のWTOですとか、国内法の品確法、入契適正化法、建設業法など公共工事に係る法律は、現在でもほぼ全て適用機関として縛られておりますので、民間会社にはなりましたが、国と比べても極端な違いはないと思います。

そのような状況で、総合評価への期待ですが、例えば私どもの総合評価では、先ほど二極化の話がありましたが、大規模で高度な工事と、小規模で簡易な工事とで総合評価を使い分けております。民営化の時に、すべての工事で一般競争入札を適用すると社内で決めましたので、要件を満たせば誰でも落札者になり得るのですが、少額の小さな工事では、皆さんが施工実績を持たれているので、単純な価格競争になってしまいます。そういうときに不良不適格業者といったら失礼になるかもしれませんが、施工能力のない業者が、お金が安いというだけで落札してしまうリスクがあります。であれば小さい工事でも価格以外の何かで評価しなければならない、実績で排除できないのであれば、工事ごとに品質を確保できるかを確認させて頂くことが必要となります。同じ目的物でも施工方法は多種多様なので、小規模な工事では、品質確保のための留意点など簡単な施工計画を求めるようにしております。会社の実績ですとか、技術者の資格や経験は評価項目として求めますが、あまり差はつきません。その工事に対して何に気をつけて施工しますかというと、例えば土木工事ですと、土と型枠、鉄筋、コンクリートなので、それを何に気をつけて作るのかというのが大事だと思うのですが、あまり慣れてない業者さんですと、仮排水を考えていないとか、コンクリートの温度や養生方法を全く無視した施工ですとか、鉄筋が錆びちゃうんじゃないかという施工方法を考えられるので、そういう施工能力の不安な業者が参入するような小規模工事では、できるだけ留意点や施工計画を求めて評価するという取り組みを実施しております。

逆に大きい工事、1件が300億とか500億という工事になると、参加者は大手ゼネコンさんですから、それは確実な施工というよりは、例えば民間の技術力のある業者が提案していただければもっといいものが出来るのではないか、発注者の考えが必ずしも完璧とは限らないのではないのでないかということで、設計施工一括で高度技術提案型の総合評価で発注するなどしています。

私どもの方でも、民間企業としての特徴をどこまで生かせるかということは、常に頭において制度設計をしておりますが、やはり公共事業に携わらせていただく民間企業としては、国の施策や方針を見据えながら、民間として一層の

コスト意識も持ちながら、そういうバランス感をもって事業を進めることが求められていると考えておりますので、民間になって変わったということではありませんが、総合評価を目的に応じて使い分けることで、価格競争にはない選定が可能になるのではないかと期待しております。

```
論点

3. 総合評価落札方式の効果と負担
   ○ 発注者・応札者の事務的な負荷
   ○ 技術者の活用・育成上の問題
      ・技術提案の作成業務
      ・経験重視の弊害
```

図 11-41 論点③

（松本）
　最後の論点に行きたいと思います。効果があるとして、それにかかる負担負荷が妥当なものと思っているのであれば、全体として評価されていると思いますが、発注者、応札者、それぞれの義務的な負担が大きいという話がありました。これについては今日の事例発表でいろいろ改善の工夫が発表されたと思います。それともう1つあげたいのは、特に企業の側の技術者ですが、よく聞く話として技術提案は、受注者側にとって非常に大切なポイントになるため、一番優秀な技術者は技術提案作りにならざるを得ない、本当は現場に行かせたいんだけど、といったことをよく聞くわけです。そういう意味で技術者の育成とか本当に優秀な技術者を活用するという意味でこの総合評価が邪魔になってないかという点と、あるいは経験によって評価が決まるとどうしても偏ってしまって、多様な経験が積めないというような悩みを企業から聞くこともあります。

図 11-44　総合評価方式のデメリット・課題（P-137）

　自治体のアンケートでも発注者の負担が大きいということです。

図 11-45　総合評価方式の問題点をどのように改善することが望ましいか②（P-137）

　技術者が長期間拘束されないようにこうしてほしいとか、技術提案にかかる負担が大きいためにこうしてほしいというような意見が出ています。すでに具体的な取り組みを事例で聞かせていただきましたが、このような観点を含めて、まず、加藤さん利光さんの順でお願いします。

（加藤）
　今日は総合評価の議論ですが、総合評価で相手決めるじゃないですか。私たちは、いま総合評価しかないから総合評価の議論をしていますが、応札する方はほとんど思っていると思いますが、わたしたちは総合評価のルールしかないから、そこの議論になってしまいます。客観的に選べば選ぶほど、発注者の方が技術者である必要がなくなっていくのではないでしょうか。やはり発注者の方も技術者ですので、その人たちに選んでもらいたいと思います。現状では、総合評価しかルールがないからその中でやっているわけで、さっきから利光さんが仰っているのもそういうことだと思うんです。点数持っていれば取れるのかと。だからぜひ、発注者、技術者の方がいろんなことを考えて、総合評価を使って選んでいただくということが達成できれば、総合評価がいろいろあったとしてもうまく機能していくのではないかと思います。

（小澤）
　じゃあどうやって選んでほしいですか。

（加藤）

それは、行間を読んでもらいたいというのもあるし、提案の出し方もいろいろあるのではないかと、それは今ここですぐには言えないんですが。でもそういう気持ちをもっていただきたい。だから、日頃からみんな一生懸命頑張っていけるのだと思います。

(利光)
応札者の事務的な負担・負荷の中で総合評価をやっておりますが、各社の持ち点の高いところに勝とうとすると、今日事例発表にありましたように、金額面で頑張らなければならないとなります。そうすると適正な見積もりをしないといけないわけですが、設計図書で条件明示がいまいちといったことがあり、大分で最近の事例ですが、10社あって8社ぐらいが飛び込むのです。何が原因かは分からないのですが、コンサルさんが基本的に設計しています。設計の仕方は、例えば軟岩が入っていると変化率を決めないといけないですが、それがコンサルによって1件1件違うんです。そこら辺が非常に苦慮しまして、どっちで見ているんだろうということがなかなかわかりづらいのと、特に物価版、積算書に乗っていない項目について、見積を役所が取っていますが、そこらは100%で見てますといいますが、コンサルが90にしているのか95にしているのかがわからない。非常に応札する上で積算が苦慮するというのが一番負荷になっています。技術者の育成の問題ということでは、九州地整で10年経験が今年から5年ということになりましたし、指導者として10年以上持っている人がつけば、評価をしますというのをやっていただいてます。

(松本)
どなたか加藤さんに対してコメントがある方いらっしゃいますか。私個人の考えですが、昔の指名競争の時にはこの人たちで競争してくださいという中にはいろんなジャッジメントの要素が入っていて、それでそれなりに回っていたところがありますが、いろんな事件があったりして技術者個人のジャッジが認められないような状況がどんどん続き、それ自体が崩されて一般競争になり総合評価という枠組みの中でしか仕事ができなくなっている中で本気でこの仕事をやってくれる人をどうやって見つけるか、かなり難しい状況になってきているのは間違いない。今のところこの一般競争入札がベースで総合評価という仕組みでそのような問題を何とか良い方向に持って行きたいという場合に、じゃあどうしたら少しでも良くなるだろうというように展開できたらなと思っています。このベースのところの認識が全然持っていない人たちだけになってしまうとそもそも問題が何かということになってしまうので、毎回それを私は聞いていますが、改めて考えていかなくてはいけないという発言をいただいたと思っています。それから、利光さんの条件をしっかり明示して適切な積算ができるようにと、これは発注者が努力すれば良くなると思いますが、高橋さんどうですか。

(利光)
その前にちょっとすみません。発注者の方は現場を知らない担当者の方が多いんですよ。我々CPD、CPDと盛んにやっていますけど、発注者の方にも勉強会をして欲しいと思います。昔の国交省の人たち、建設省の時代は技術者が多かったのですが今はコンサル任せが多い。設計書のチェックをしてくださいと言うのですが、チェックができてない。今は副所長を中心に変更審査会というのがありますが、とにかく風通しをよくしていただきたいのと、国交省の方が技術力をアップしてくれないと。現場を知らなすぎるということを非常に感じますのでよろしくお願いします。

(高橋)
大変耳の痛い話しです。これは私個人の意見が入ってしまいますが、技術者不足については、

私が30年前に入った頃は本当に担当者が大勢いまして、私が係長の頃には、1つの係に5人の担当者、隣の係も5人、合計10人の担当者がいて、設計書のチェックから何からなにまで指導するという時代がありました。そういう時代であれば当然、入ったばかりの若手に対して係長前の中堅係委員からその都度技術というのは伝承されてきたと思っています。その後社会情勢の流れの中で、今では担当者がほとんどいなくて、係長だけでいろいろな仕事をしているというのが現状であることを私自身痛感しています。今後我々職員の中でも若手が増えてくれば少しずつ改善してくるのではないかという期待は持っています。この様な状況の中で、先ほどの設計条件など本来提示しなければならないものを誰もチェックできないものですから、もれてしまう、こういう問題がでてくるのかなと思います。先ほどの話にもありましたが設計変更審査会や、その前には最初に工事を始める前に発注者と受注者とコンサルが入った三者会議を開いて、いろいろ齟齬がないかと双方でチェックする制度もありますので、今できることといえばそういった既存の制度を使って、手戻りがないようにするとか、現場に入っていろんな問題が生じたときに、その問題を1週間も10日も置くのではなくて、すぐに解決できるようにすることなどを続けていくしかないのかなと私個人的には思っております。このほか、一括発注方式や若手の技術者を育成する試行など、うまくいったものは関東もこれからもやっていこうと考えておりますので引き続きよろしくお願いしたいと思います。

（松本）

だいぶ時間がなくなりました。パネリストで自己採点方式の弁護しかできなくて、全体を通して山口さん何かありますか

（山口）

今日感じたことですが発注者と応札される方の立場が全く逆なので考え方も全く違うなという印象を受けました。特に企業の持ち点の固定化とかですが、発注者から見れば企業の持ち点が高いイコール優秀な会社だと思います。ただ、各発注団体の評価項目のバランスがどうかということはあります。表彰を持っているだけで高得点が入るとか、配点のバランスはあるかもしれないのです。ただ、発注者から見ればそういった表彰や成績点など固定化された点数を持っていれば優秀な業者さんという考え方もあり、そういった業者さんをどちらかといえば選びたいという思いはあります。そのために評価項目として設定しているわけですし。

（松本）

最後に小澤先生に総括していただきますが、その前に会場でこれだけは言っておきたいというのがあれば。

（会場：建設会社）

第1点目が、名古屋高速さん、福岡高速さん、広島高速さんといらっしゃるということでしたが、高速道路会社さんは東日本・中日本・西日本とあって、総合評価落札方式の制度がそれぞれ異なっています。われわれ受注者としては入札検討会とか技術提案検討会とかで非常に混乱します。統一を図っていただきたいと思います。2点目が、過度な提案は受け付けないとおっしゃっていますが、過度の程度が受注者としてははっきりわからない。日本の技術力を向上させるためには、そういう言葉でごまかしておきながらも向上させたいのだと思いますが、例えば、コストであれば請負額の何％以上増えるものは認めないとか、あるいは品質基準値であればわれわれの定めた基準値を変えるようなものは認めないとか、もう少し定めている管理基準値よりも厳しい基準値を提案したりするのです。最近の第一四半期の例ですが、WTOの案件を3件続けてとっている大手がいます。こういったことを考えると、是非この2点を発注者側に考

えていただきたい。シンポジウムでこういった問題を取り上げていただくとありがたいと思います。

（会場：コンサルタント）

小澤さんにお願いしたいのですが、【図 11-9】の総合評価落札方式で、施工能力評価型、技術提案型に分かれると。その中で施工能力評価型と昔の指名競争入札と比較してみてどっちが良いのだろうということを少し真剣に検討していただきたい。人件費のことを考えると、昔の指名競争入札の方が良かったのではないかと思います。

（会場：公共機関）

私は評価される側の技術者と言いますか、私たちの工事を動かしていただく技術者の土木施工管理の資格者の情報を持っている者ですが、今現在土木施工管理の資格を持っているのは 200 万人いると言われています。ただ、それは資格試験を受かった人であり、生死は分かりません。そのうち 60 万人が一級土木になります。また、そのうち半数が 50 歳以上です。その中には発注者の人もいるし受注者の人もいる。ただ 30 万人が 50 歳以上、10 年たつとその人たちはどのような状態になるかというのを想像して、できれば今後こういう技術者を増やすような評価を考えていただけるといいのかなと思います。今の評価は 30 万人しかいない人たちを評価することしか考えていないと思いますが、例えば受注する企業がそのような技術者を増やす提案をして評価をされると、技術者が増えていくのかなと考えています。今年、1 万人合格者が出ましたが、10 年たったら 10 万人増えますが、10 年後、40 万人しか一級土木施工管理技士がいない、会社数は 47 万社あります。1 人 1 社じゃもたないわけです。そういった評価も発注者側で考えていただけるといいのかなと思っています。

（利光）

いま全建の土木問題検討委員会をやっていますが、その中で、一級土木施工の今年合格者が多かったみたいですが、一律 60 点以上で合格にしてくださいとお願いしています。また、専門学校在学中に 2 級がとれる制度、会社にはいったら 3 年 5 年でとれるぐらいにしてくれないと 10 年間も会社は育成できませんよというのをお願いしています。制度自体を変えていただかないとなかなか増えていかないと思います。とくに 1 級の方は CPD を取られていますので、今 30 万人という話がありましたが、その CPD 講習を受けることによって確認は取れていると思います。2 級についてはそこらへんがなかなか難しいとは思いますが、昔は講習受ければもらえる時代もありました。若者を早く入れるためには、測量士補は学校を出るまでに合格したらもらえますが、それと一緒で 2 級も学校出るまでに受験ができて合格したらもらえるようにしてくださいということを土木委員会として運動しています。そういったことを行政もやっていただかないとなかなか増えてこないと思います。

（松本）

技術者の将来の確保どうするか、それを総合評価で何とか促進しようじゃないかという発想があると思います。根本的な問題として、技術者の制度などを建マネ委員会で取り組むかは別として、問題として認識しておきたいと思います。そのほか発注者によっての違いについての発言がありましたので、まず古俣さんから、そのあと森戸さん、小澤先生の順にコメントいただいて終わりたいと思います。

（古俣）

NEXCO 3 社で入札制度が違うので統一して欲しいとの御要望ですが、各社とも同じ高速道路を建設して管理しておりますので、技術基準などの仕様や積算基準については 3 社で調整し

て同じになるように努めているところです。一方で、入札制度につきましては契約の相手方を決定する方法なので、何に重きを置くか、どのような方法とするかは各社の経営方針に係る部分もあると思います。例えば、先ほど紹介しました、施工体制確認型は東日本高速では導入しましたが、私が聞き及ぶ範囲では中日本高速と西日本高速では導入しておりません。低入札や品質確保に関しては、異なる方法で対策していると思います。お答えとしては、統一すべきものは統一していますが、各社の方針が関係するものは、現状ではなかなか統一が難しいという状況です。

2点目のオーバースペックと判断する基準ですが、当社としては、そういったものを求めないようにしましょう、公告などに記載しましょうという指導を始めたところですが、一律に程度で示すのは難しく苦慮しているところです。例えば御提案のありました、コストで何％以上を超えるのは認めないと価格で示す方法については、非常に明確な基準とは思いますが、提案内容の実施に要するコストが、発注者の積算と提案者の見積とが同じ価格とは限りませんし、施工者によっても価格が異なるとおもいますので、なかなか客観性の確保が難しいのではないかと思います。

それから品質基準を厳しくするような提案を求めない点については、過去に当社で求めた事例が全くないかと言われれば自信はありませんが、一般的には過度と判断しているのではないかと考えます。発注者として必要十分と考える基準を仕様に定めていますので、必要な基準であれば、はじめから仕様として入れるべきではないかと私個人としては考えます。

ただ、オーバースペックについては当社でも最近取り組んだばかりなので、完璧ではないと思いますので、事例を積み重ねていくなかで必要があれば改善していきたいと思っています。

（森戸）

会場からのご質問でNEXCOさんがお答えになった制度の統一についてですが、整備局によって地域の違いはあるにせよ、何か一本は筋が通っていないといけないという気持ちでおりますが、本質のところと枝葉のところの違いはあると思っています。最後の資格者のところは、松本さんの方からお話のあった資格者を増やすための発注者としての取り組みは必要だと思いますし、制度の問題も両方あるんだと思っています。それと、さきほど50歳未満の若い方が30万人という話がありましたが、若い方の経験を発揮できる場がないというお話もあるので、それについても今後の課題となってくるんだろうなとは思っています。今後の入札の課題の一つとして認識は、国交省の方でもしているところであります。

（小澤）

主催者としては朝早くから5時半まで熱心に参加いただいて、また、パネルディスカッションにもいろいろなご意見いただいて大変ありがたく思います。建設マネジメント委員会としてはこういう実際の実務に使われる制度についての議論を技術者としてできる場を今後も継続していきたいなと感じた次第です。先ほどご意見いただいた、総合評価を指名競争に代えるという話は、総合評価を価格競争に変えるという話ではないと理解しています。指名競争も昔の指名競争ではなくて公募型指名というかたちであれば、それは、昔の指名とは違うという形でできるのではないかと思っています。総合評価の議論に戻りますけれども、調達制度を作る、変える、運用する責任は発注者にあります。この制度をこれからどう作り込んでどう改善してどう運用していくかというところは発注者並びにその中にいる技術者が頑張る必要があるということは間違いないと思います。今日あった中で発注者の技術者としてしっかりしてほしいと、一方で現場ではなかなか若手を鍛える仕組みが

ないという状況を考えると、放っておいたのでは実現するのが難しい状況にあります。特に国交省、また、一部の地方公共団体にも同じような状況があると思いますが、それは調達制度に限らないと思います。ぜひ発注者としてあるいはインハウスエンジニアとしてその役割責任を果たすためにどういうやり方をするのが良いのか、それは組織として対応を考えないと変えられないと思います。組織としてそういう技術力をどういうふうに担保するのかと、中でできないのであれば、それをどういう仕組みとして運用していくのか、そのへんを少し先をにらんで考えていただけたら良いなと思います。企業の側はそういう意味では制度の下で選ばれるまたは選ばれた後で仕事をすることで社会にインフラを還元していくということですが、エンジニアとして技術の研鑽を積んで、技術で競争して選ばれる、そして、技術でいいものを作って社会に還元すると、こういう仕組みが実現できるといいなと思うのですが、制度を動かす中で、技術がどんどん改善されていく、新しいイノベーションが生まれていくというメカニズムが、必ずしも生まれないようになって、何となく閉塞感を感じるのはそういうところかなと。技術で競争できる場、技術を発揮できる場を、入札、選定できる場、あるいはものを作る場で実現できる方法を考えていければと思っています。私自身は価格競争も、本来ならば立派な技術競争だと思います。ただ、それがそうならないのは大きな問題があって、価格競争が本当の技術競争になるような仕組みをちゃんと作らなければいけない。昔は予定価格、今は調査基準価格ということで、契約価格が結局官積で決まるというのが未だに続いているわけです。しかし、市場で価格が決まる、それが技術の競争に基づいた価格競争になっている、そういう世界を是非実現できるような方向で考えていければと思います。それは民間の受注者の側からこういう制度がいい、こういうふうにしてほしいというのを含めて、ぜひここにおられるみなさんで知恵を出して頂ければありがたいなというふうに思っております。

（松本）

有難うございました。議論も盛り上がりましたが、時間ですのでこれで終わりにしたいと思います。最後にパネリストの皆さん方に拍手を頂戴したいと思います。以上で、公共調達シンポジウムは終わりにさせていただきますが、建マネ委員会としては皆様方のお役に立つような行事を続けていきたいと思いますので今後ともよろしくお願いします。

図 11-6　総合評価方式の類別

加算点の変遷

	標準ガイドライン（2000）	新通達（2002）	品確法（2005）	緊急公共工事品質確保対策（2006）	運用ガイドライン（2010）
高度技術提案型			10~50点	30点（施工体制） 10~70点（加算点） ※施工体制なしは50点まで	30点（施工体制） ~70点（技術提案） ※施工体制なしは50点まで
標準Ⅰ型	必須評価項目以外〔総合評価管理費計上〕	必須評価項目以外〔総合評価管理費計上〕 必須評価項目〔総合評価管理費計上〕	10~50点	30点（施工体制） 10~70点（加算点） ※施工体制なしは50点まで	30点（施工体制） 60~70点（加算点合計） ※施工体制なしは50点まで 40−50点〔技術提案〕 20点〔施工能力等〕
標準Ⅱ型	必須評価項目〔総合評価管理費計上〕	必須項目を評価する場合 10点 必須項目以外のみ評価する場合			30点（施工体制） 50~60点（加算点合計） ※施工体制なしは50点まで 20−30点〔技術提案〕 25−35点〔施工能力等〕
簡易型			10~30点	30点（施工体制） 10~50点（加算点） ※施工体制なしは30点まで	30点（施工体制） 30~40点（加算点合計） ※施工体制なしは30点まで 5−10点〔施工計画〕 20点〔施工能力等〕
目標　件数	—	—	—	2006:50% 2007:60% 2008~:100%	
目標　金額	—	2002-2004：20%	2005：40%	2006:80% 2007:90% 2008~:100%	

7

図 11-7　加算点の変遷

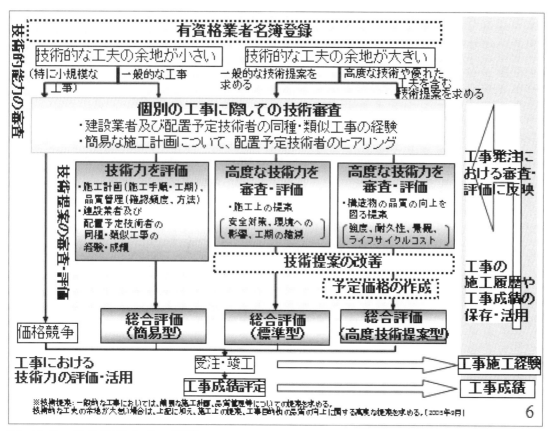

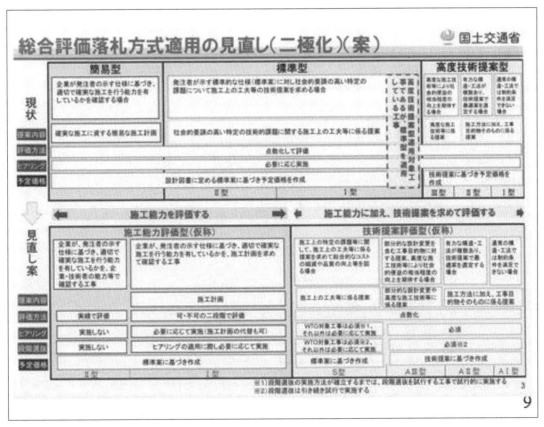

図 11-9 総合評価落札方式適用の見直し（二極化）

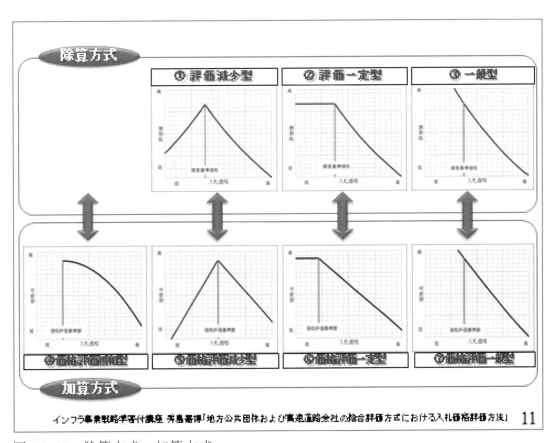

図 11-11 除算方式・加算方式

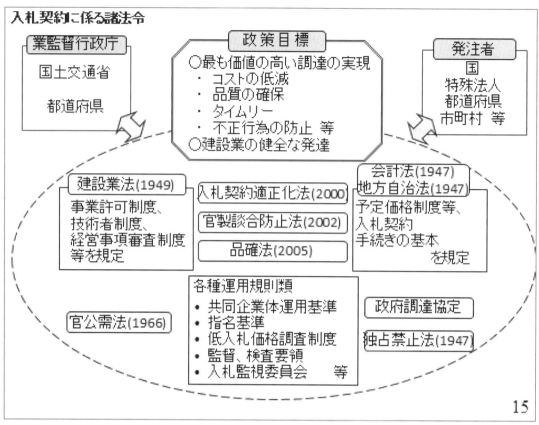

図 11-15　入札契約に係る諸法令

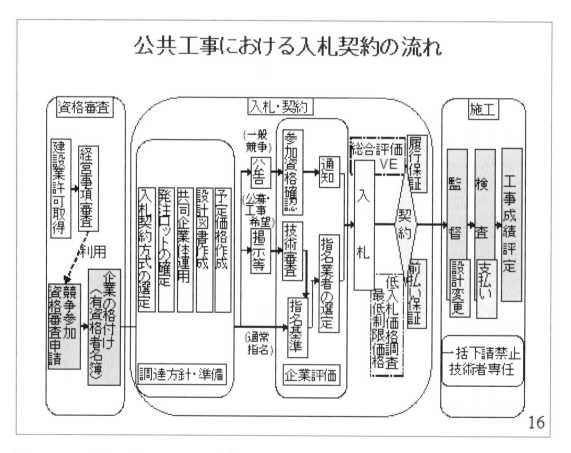

図 11-16　公共工事における入札契約の流れ

図 11-18　高速道路会社の概要

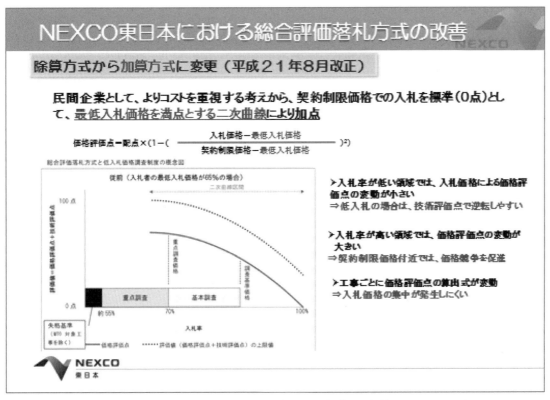

図 11-21　NEXCO 東日本における総合評価落札方式の改善

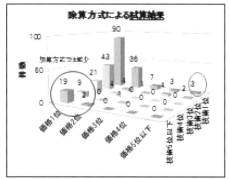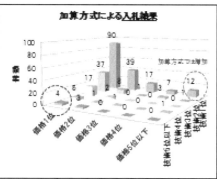

図 11-22 加算方式の導入の効果

図 11-23 価格評価点算出式(21年モデル)の検証と課題

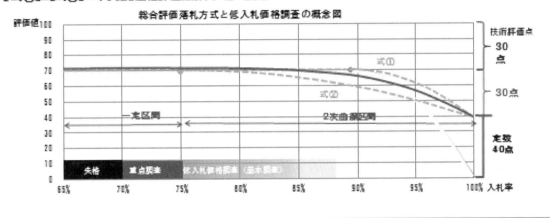

図 11-24 総合評価点の算出式改正①

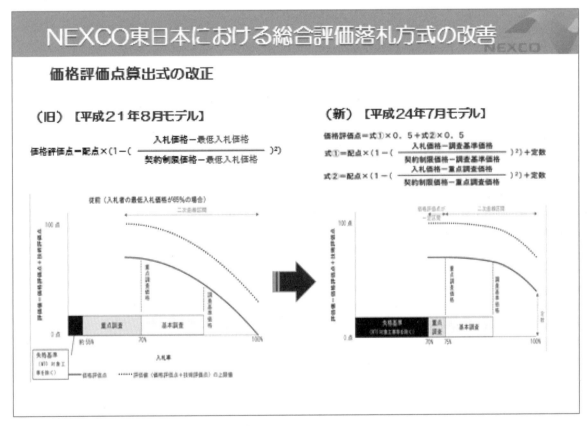

図 11-25 総合評価点の算出式改正②

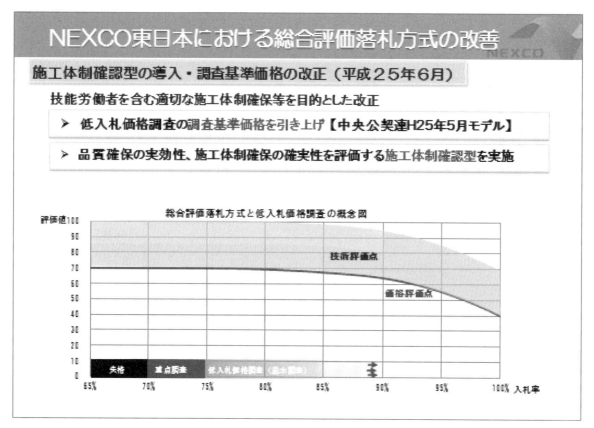

図 11-26 施工体制確認型の導入・調査基準価格の改正

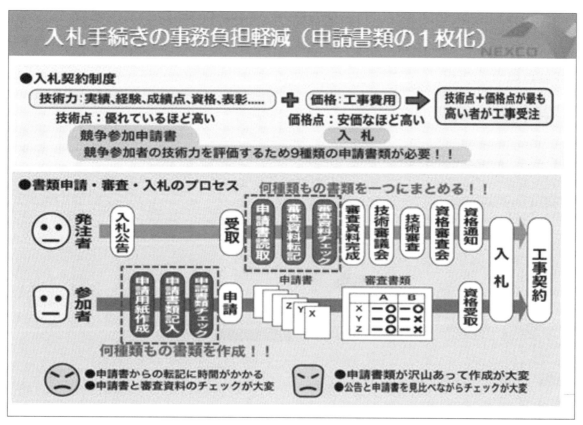

図 11-28 入札手続きの事務負担軽減

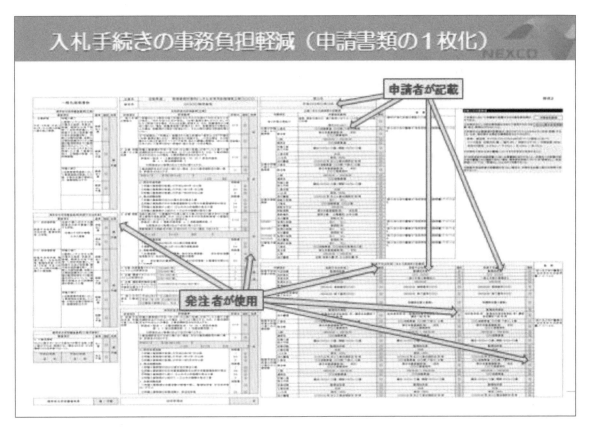

図 11-30　申請書類の記載例

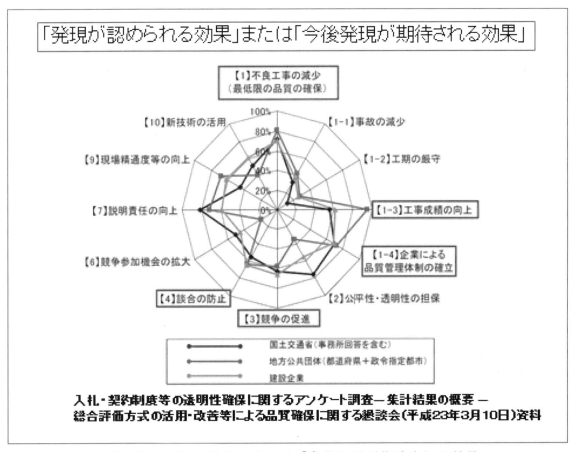

図 11-35　「発現が認められる効果」または「今後発現が期待される効果」

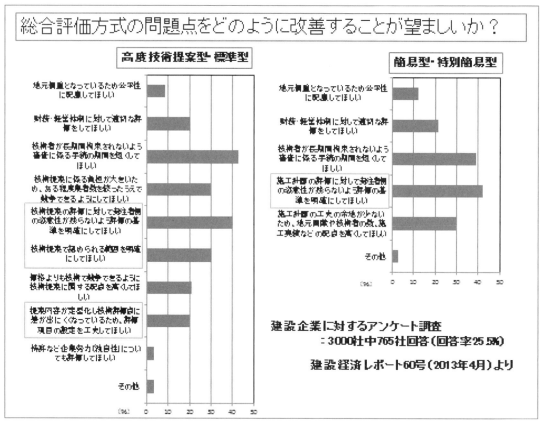

図 11-41 総合評価方式の問題点をどのように改善することが望ましいか①

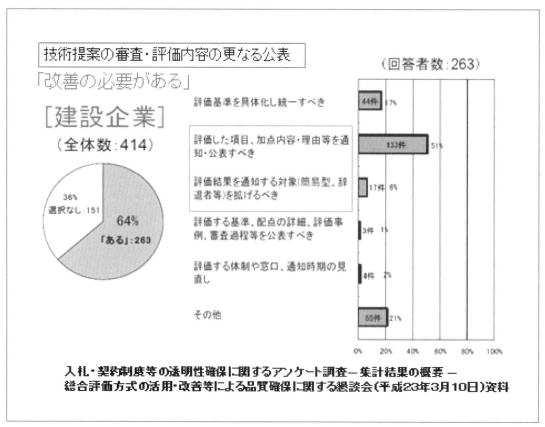

図 11-42 技術提案の審査・評価内容の更なる公表

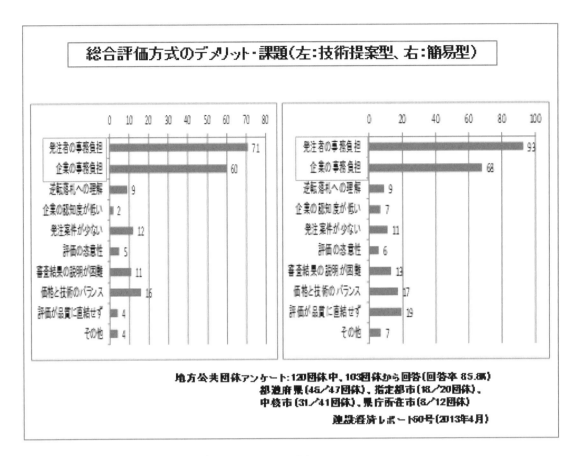

図 11-44 総合評価方式のデメリット・課題

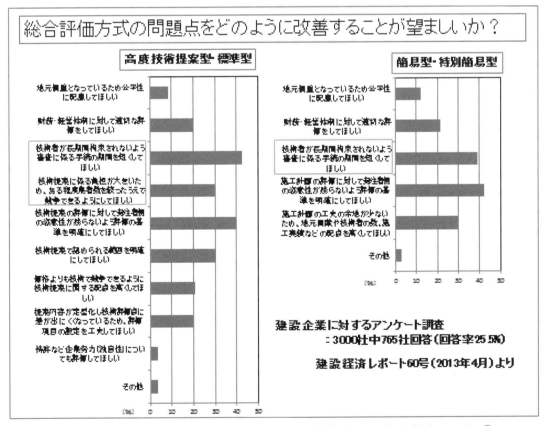

図 11-45 総合評価方式の問題点をどのように改善することが望ましいか②

2. 復興事業マネジメントに関する講演会

2.1　水谷　誠　（復興庁　参事官）

2.2　加藤　信行　（東北地方整備局　企画部　技術調整管理官）

2.3　渡部　英二　（都市再生機構　技術調査室担当部長）

2.4　橋場　克泰　（日本工営　仙台支店震災復興室　室長代理）

2.5　伊藤　義之　（建設技術研究所 東北復興推進センター釜石復興推進事務所　所長）

2．1　震災復興事業の現状について（水谷　誠）

　復興庁で参事官をしております水谷と申します。私は昭和62年に修士を出て、当時の運輸省に入り、港湾を中心に仕事をしてきました土木技術者です。昨年の4月に国交省から復興庁に参事官としてきております。復興庁の中にインフラ構築班といういわゆる土木系の人たちが集まっている部署がありまして、そこに属しております。皆さんご承知だと思いますが、復興はいろいろな分野に広がっておりまして、街をゼロから作り直すということは、インフラは基盤として大事ですが、インフラ以外の事業も非常にたくさんあります。産業復興、雇用、被災者の心のケアなど、様々な仕事を復興庁では行っていますが、本日は、インフラ関係に焦点を当て紹介していきたいと思っております。

図1-1　東日本大震災の概要

　まず、全体的な話として、おさらいのような話もさせていただきます。これは東日本大震災の概要ですが、死者が、震災関連死、行方不明者の方も含めると2万人を超えています。

　これは、これまでの動きを簡単にまとめております。平成23年3月11日に東日本大震災が発生して、その日のうちに対策本部ができました。約3ヶ月後に、復興の基本法ができ、その日の4日後に、震災の対策本部ができています。これが復興庁の前身ですが、しっかり組織として始まったのが約3ヶ月後だったということです。

図1-2　これまでの主な動き（P-150）

　その後12月になって、今の震災復旧の制度、予算の根幹をなすものとして震災特別区域法ができました。同時に、復興庁設置法ができて、24年2月に復興庁が開庁しました。今回の東日本大震災の大きな特徴は、北の2県である岩手県、宮城県と福島県とまったく状況が異なるということです。福島県の場合は、自然災害よりも原子力災害によって避難せざるを得なかった人たちがものすごく多くいるため特別な制度が必要であるとして平成24年の3月に特別法を設置しました。このように、制度的予算的な仕組みを民主党政権のもとで作ったのが最初の1年でした。

　平成24年度は、ようやく制度が整って現場で復旧の計画が立ち始めて、早いところでは事業化するという立ち上げの1年だったと思います。その途中の12月26日に政権交代がおこり、自民党政権安倍内閣になりました。それからちょうど1年たったところです。この政権交代はものすごく大きな影響があり、がらりと変わりました。簡単に言えば、ものすごくスピードアップしたことと、最初の1年2年は津波災害の復旧に力が入っていて、原子力災害の方はまだ混沌としたところがありましたが、自民党政権になってからは原子力災害の方に対してもっときちっと手当てをしていこうと原子力関係の福島県対策がかなり進んできました。

図1-3　政権交代後の復興加速化への主な取組（P-150）

　平成25年の1月から書いてありますが、まず19兆円の財源を25兆円に6兆円も増やしたことが安倍内閣で最初にやったことです。それから原子力災害の人に対する支援パッケージを次々出していきました。6月には、新しい東北の創造へ向けてとありますが、これは、そもそも過疎地であった東北を復旧の後どのように成長させていくの

かということに向けての最初の第一歩でした。平成25年度は自民党政権下、特に福島の加速をすることと、北の2県につきましては復旧から復興へと次のステージへの段階に入ったということです。

復興庁は復興に関し、各省の上に立つ位置づけがなされています。実際には復興に関わる各省庁の連携や調整を行い、省庁のスピードが遅い場合には勧告を行うこともできます。法的な位置づけは高く、復興関係でどの省庁にお願いしてもすぐに対応していただいています。通常他の省庁が問い合わせてもなかなか返事がかえってこないこともあるのですが、そういうことが無いと言えるほど復興に関しては復興庁と各省庁の連携がよくとれています。

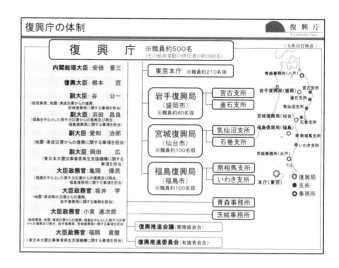

図1-5 復興庁の体制

また、東京にも200人強いるわけですが、各県に復興局があり、その下にさらに支所があり、人的には充実しています。私が、1年半前の平成24年4月に着任した時には220人でしたが1年半後には倍以上になりました。

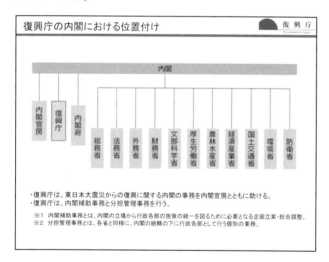

図1-4 復興庁の内閣における位置付け

その意味で、よく縦割りと言われる霞ヶ関でも驚くほど復興に関しては縦割りではないということです。

今、復興庁は500人ほどの職員で、トップが安倍総理大臣ですが実質は根本復興大臣がトップとなっています。副大臣も4名、大臣政務官も4名という非常に大きな体制です。

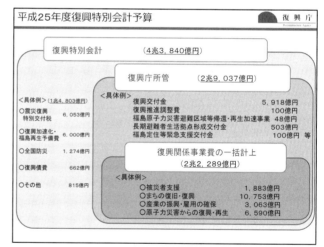

図1-6 平成25年度復興特別会計予算

復興関係の予算を簡単に説明します。復興特別会計として、特別会計で括られている予算が平成25年度で4兆円とありますが、この復興特別会計は全国の皆さんに増税をさせていただき、その収入により特別会計を作り復興に充てているものです。その中で右下に復興関係事業費の一括計上が2兆2千億円程度ありますが、各省庁が自ら行っている復興事業はこの中に計上しています。この予算を実際に執行しているのは各省庁です。各省

庁が行う災害復旧事業もこの中に含まれます。その上に復興庁所管という囲みがありますが、復興庁所管予算から各省庁の一括計上を除いた額、約7,000億円が復興庁が自ら執行している予算です。年間約7,000億円のうちの6,000億円程度が復興交付金ですので、復興庁が自ら行っている復興事業の多くは復興交付金ということです。その左側にある復興庁所管でない復興特別会計予算としては、いわゆる復興特別交付税という自治体への交付税を特別に通常の交付税にプラスして計上しているもの、それから全国防災として、全国の防災のための予算が計上されています。一時期、復興予算を流用している、関係ない所に使っているという声がありましたが、もともと復興特別会計の中に全国防災という枠があり、復興に関係あるものと今後の予防のためにこの復興特別会計の予算を使っても良いということが、当時の3党合意で与党野党含めて合意しています。したがって被災地でない地域の震災関係に復興予算を使うということはおかしなことではありません。但し防災とあまり関係ないことにも使われたこともありましたので、この予算に関しては非常に厳しく査定をしております。

が被災してしまった、そのため元の場所に同じものを建てることができなくなり、街を移転したり、街を大きく改変することが各地で起きており、そのようなことに対応するための特別な予算として、できあがったのが復興交付金です。

これはゼロから新しい予算を作ったわけではありません。右の表に5省庁が所管している40の事業を示しておりますが、これらは全部補助事業です。これらの事業には、国の負担分と地方の負担分がありました。その国の負担分を増やし、残りの地方の負担分も地方交付税措置で実質国から地方に交付税として措置する、つまり100％国費で面倒見ますという措置をしたのがこの40事業でして、その措置した事業を復興交付金事業と呼んでいます。新しい事業を立ち上げたわけではなく、40事業の国費100％バージョンが復興交付金事業ということです。

図1-8　復興交付金①（P-151）

復興交付金にはいろいろな事業がありますが特に多いのが街づくり関係でして、例えば防災集団移転促進事業があります。

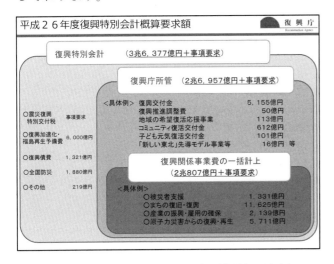

図1-7　平成26年度復興特別会計概算要求額

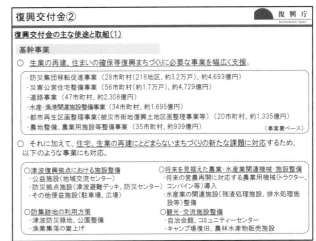

図1-9　復興交付金②

これは現在想定している平成26年度の予算でして大体同じです。復興交付金が復興庁の予算として使えるものでして、各インフラをもとにもどす災害復旧事業は各省庁やっております。街全体

これは既存の事業ですが、津波で被災した街を新しく高台に移転するという事業です。元々あった事業ではありますが、これが今回の大震災で活躍しているため、予算配分が非常に多い事業です。

それから、自分で住宅を再建できない方には災害公営住宅を整備するわけですが、その配分額も非常に大きくなっています。また、同様に漁港の場合はそのすぐ背後に加工施設だとか漁民の方が住んでおられる集落がありますが、そうした漁業集落も高台に移したり集約したりする必要がとなってくるのでこうした事業が必要となります。

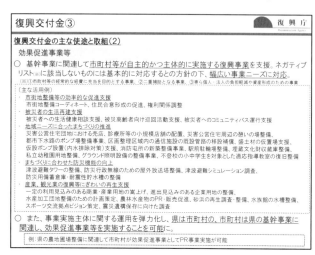

図 1-10　復興交付金③

　復興交付金のもう一つの大きな特徴として効果促進事業があります。基幹事業費の約2割をベースに、先に申し上げた40事業に関連する事業で幅広い地域のニーズに対応できるよう措置しています。活用例がたくさん書いてありますが、地域のコーディネートをする、住民の合意形成の促進、あるいは巡回活動をするための人件費などのソフトの事業もあわせて配分しているということで、これは地域地域で知恵を絞っていただき必要なものを配分しております。

　もうひとつの財政上の措置が、取り崩し型復興基金といいまして、自治体が取り崩し型の基金を創設して、復興関係の予算を基金に入れます。基金ができるとその年に施行しなくても良いのでかなり柔軟に基金のお金が使えます。基金創設に必要な資金は特別交付税で措置し、各自治体、特に県に基金を創設していただいています。

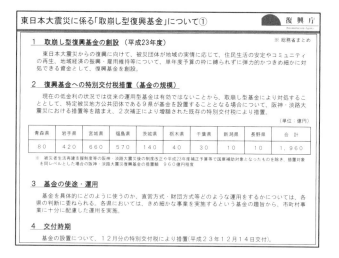

図 1-11　取崩し型復興基金について①

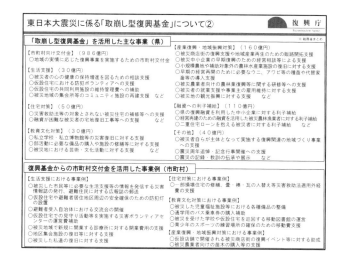

図 1-12　取崩し型復興基金について②

　取り崩し型基金がどういうことに使われるかですが、各自治体において復興交付金で面倒見られなかった事業をこの基金を使って手当てをしております。生活支援、住宅対策、教育文化対策、融資や利子補給といったことまで基金の中から拠出しており、国の復興交付金と自治体の基金で基本的にはニーズにできるだけ対応できるようにしています。

　もう一つは制度的な枠組みで、規制緩和などについての制度であります。復興特別区域法で措置されておりますが、特に税制や金融の特例について、右側の太線で囲った地域を対象としまして様々な措置を講じております。また、様々な規制や手続きも簡素化しております。

図 1-13　復興特区制度①（p-151）

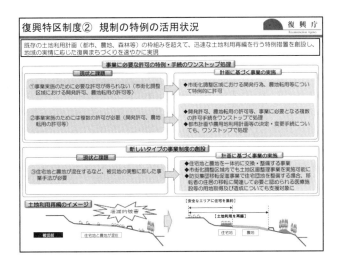

図 1-14　復興特区制度②

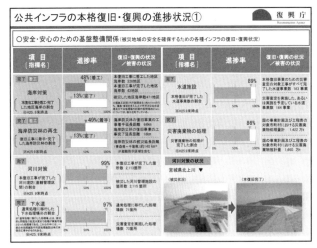

図 1-16　公共インフラ復旧・復興の進捗状況①

　例を挙げますと、市街化調整区域での開発行為や農地転用がなかなかできなかったのが、特別に許可したりワンストップで処理したりすることを可能にします。また、一番下の図ですが、農地と住宅地が混在していたところで、それぞれの省庁で事業を行っていたのでは時間がかかってしまうので全体的な計画を立てて一気にやってしまおうといった事業上の特例を作った例もあります。

　以上が代表的な制度の枠組みでありまして、次に避難者の現状を申し上げますと、大震災で避難されていた方は当初は 47 万人だったのが現在は 28 万人です。最新のデータだと 27 万 8 千人程度です。このうち仮設住宅に入居している方が約 10 万人ありますから、避難者の約 3 分の 1 がまだ仮設住宅に居られるということです。

図 1-15　避難者・仮設住宅の状況（P-152）

　次は様々な公共インフラの復興復旧状況です。このページは安全安心関係の基盤ですが、遅れているのは防潮堤などの海岸であります。これは被災した海岸が 471 カ所ということでものすごく多いということと、新しい防潮堤を作るときの土地の取得に時間がかかっていることが大きな原因となっております。

　次は交通関係であります。交通関係は比較的順調で、国道についてはほぼ 100％。復興道路、復興支援道路として整備計画しているところがまだまだ残っていますので、73％着手となっています。

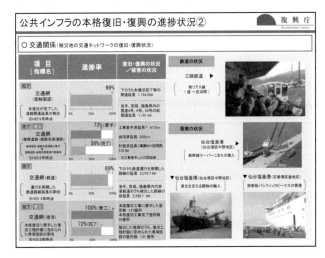

図 1-17　公共インフラ復旧・復興の進捗状況②

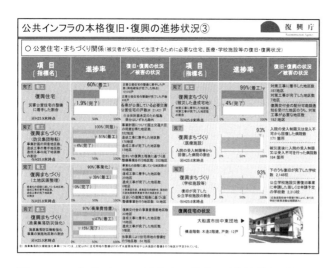

図1-18　公共インフラ復旧・復興の進捗状況③

　それから街づくり関係ですが、これが一番遅れています。一番左の上に復興住宅とあります。災害公営住宅は今のところ2万1千戸作るわけですが、このうち60％程度がようやく着工したということです。その下に行って、先ほど申し上げた防災集団移転事業ですが、大臣同意つまり計画自体は100％できているということであります。着工は約半分となっております。その下の土地区画整備事業ですが約90％は事業化しておりますが、着工はまだ40％程度です。その下の漁業集落防災強化、私たちは漁集事業と呼んでいる漁業集落の街づくり事業です。これも97％程度事業費は措置されていますが、着工は半分ぐらいとなっています。

図1-19　公共インフラ復旧・復興の進捗状況④

　これは農林水産関係です。農地と漁港関係が一番遅れていて、他は大体進捗しているというところです。

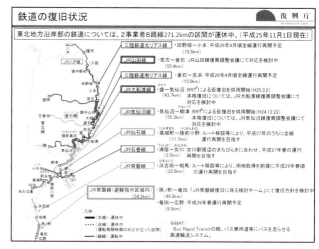

図1-20　鉄道の復旧状況

　これは鉄道ですが、太字で書いてあるJR山田線、大船渡線、気仙沼線などがまだ復旧していない状況です。

　復興施策についての情報はきちんと公開することとしており、事業計画、工程表をとりまとめてホームページに載せております。一つが公共インフラ地域版というもので、各市町村の単位でそれぞれの事業について、目標と進捗を掲げています。

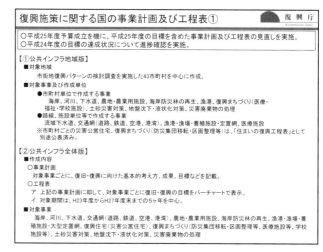

図1-21　復興施策に関する事業計画及び工程表①

　もう一つが公共インフラの全体版といいまして、大きな事業ごとについての進捗状況をとりまとめています。

図 1-22 復興施策に関する事業計画及び工程表②（P-152）

このページが、一つの例として宮城県石巻市の工程表を示しています。上から海岸事業、河川事業、下水道事業等で、平成 23 年度から平成 27 年度までの 5 年間の間にどこまでやっていくかということを示しております。この書式ですべての市町村の主要な事業で発表しておりまして、毎年 3 月末の時点で各省庁各自治体に依頼して作っていただき 5 月にとりまとめています。

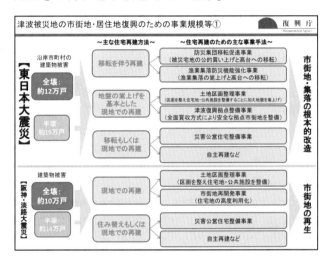

図 1-23 津波被災地復興のための事業規模等①

次に、街づくりの話に戻りますと、阪神大震災と東日本大震災をよく比較されるので表を作ってみたのですが、被災した戸数は大きく違うわけではないのですが、圧倒的に違うのは、東日本大震災ではほとんどが移転をするか集約をするかということで、基本的に現地での再建ができた阪神淡路大震災とは異なるということです。

津波被災地の市街地・居住地復興のための事業規模等②
復興庁

		東日本大震災	他の震災事例
土地区画整理事業 （区画を終え住宅地・公共施設を整備することに加え地盤を嵩上げ）			【阪神・淡路大震災】
	地区数	５１地区	２０地区
	事業期間	－	約4～１５年 平均約8年
津波復興拠点整備事業 （全面買収方式により安全な拠点市街地を整備）			
	地区数	２２地区	－
防災集団移転促進事業 （被災宅地の公的買い上げと高台への移転）			【中越地震】
	地区数	３３２地区	3地区
	戸数	約１２，０００戸	１１５戸
	事業期間	－	約2年
漁業集落防災機能強化事業 （漁業集落の嵩上げと高台への移転等）			【北海道南西沖地震】
	地区数	３４地区	1地区
	戸数	約５５０戸	１８０戸
	事業期間	－	約3年
災害公営住宅整備事業			【阪神・淡路大震災】
	戸数	2万戸以上 （岩手県　約6千戸、宮城県約1万5千戸、福島県　未定）	約2万6千戸
	事業期間	－	約6年

※東日本大震災の事業規模等は想定であり、関係者調整等により今後変更の可能性あり。
（参考）仮設住宅入居戸数・・・東日本大震災：約4.9万戸、阪神・淡路大震災：約4.7万戸
避難者数・・・・・・・・・・・東日本大震災：約47万人、阪神・淡路大震災：約31.7万人

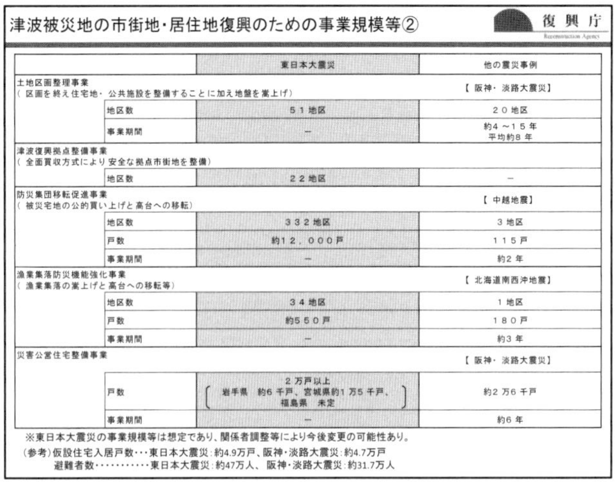

図 1-24 津波被災地復興のための事業規模等②

これはそれを表にしたものですが、特に東日本大震災では防災集団移転事業が 300 地区以上あります。いわゆる高台に新しく街を作る事業が 300 カ所以上あるという特徴になっています。

また、多くの方から住居がいつできるのかと言われており、住まいの復興工程表を見せてほしいという要望が強くありました。それで、市町村ごとに地区単位でどの場所でどういう事業でいつまでに何戸できあがるかという、かなり細かいのですが、全部の市町村にお願いして、住まいの復興工程表を作っています。

図 1-25　住まいの復興工程表（例）（P-153）

これは 3 ヶ月ごとに時点修正して公表しています。今は 9 月末時点のものがホームページにあります。これは 1 つの例ですが、このような形ですべての地区でいつごろできるのかが一目でわかるようになっています。しかしながら、実は計画がまだまだ生煮えで集計するたびにかなり増減する地区もあります。しかし、概ね何年度を目標に住宅や宅地をどれくらい造っていくのかが被災者の方にも明確にわかりますし、行政側からも良い目標になると、好評です。

住宅再建やまちづくりが遅れているとして、加速化措置と呼んでいる施策を第 1 弾、第 2 弾、第 3 弾と矢継ぎ早に出しています。いくつかのカテ

ゴリーがありますが、その一つが事業の実施に関わる様々な手続きを簡単にしようというものです。

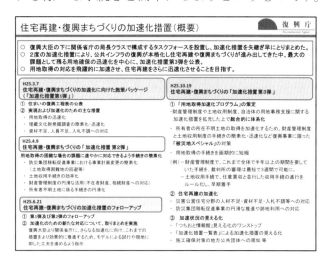

図1-26 住宅債権・復興まちづくりの加速化措置

図1-27 防災集団移転促進事業における簡素化（P-153）

これは一つの例で割と評判が良いのですが、防災集団移転促進事業、これは都市計画決定を経る必要がないものなので早く進む事業です。最初に計画してから状況変化によって少し計画の場所を変えたいというような計画変更に関わる手続きですが、事業費の2割以内であったら届け出だけで良いというふうになっています。当初は2割以内といっても、最初に作った計画から、土地の価格が2割位上がるとすれば、あまり意味がないのではないかという話もあったので、土地の値段が上がるところは除いて、それ以外で2割以内だったら届け出で良いということにしたので、実際にこの措置により防災集団移転促進事業が各地区で変更がスムーズにできるようになっています。

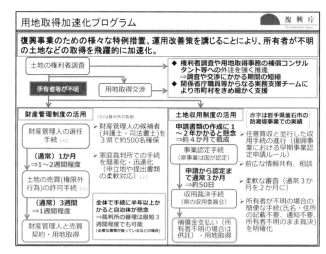

図1-28 用地取得加速化プログラム

土地の取得の問題ですが、所有者が不明の場合などは財産管理制度を活用していましたが裁判所での時間もかかるということがあったので、最高裁とも調整し、極めて短時間にできるようにしております。土地収用の制度も非常に簡単にできるようにしています。

図1-29 復旧・復興事業の主な施工確保対策

これは国土交通省の対策ですが、施工確保としていろいろなことをやっていただいています。予定価格の適切な算定、CM方式を活用した事業、復興JV、資材の確保のための措置など相当行っていただいており、これに準じた形で各県でも行っています。これがかなり充実してきたおかげで、施工確保に関しては、最近では大きな問題は出てこなくなってきました。

図 1-30　CM 方式を活用した復興まちづくり
（P-154）

　これは UR による CM 方式の事業ですが、CM という形で全部の事業を一括してやっていただく方式で、現実にはこの方式がなかったら事業はなかなか進まなかっただろうと思われ、非常に効果のある方法です。

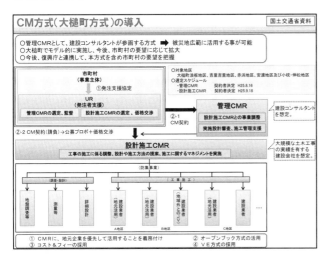

図 1-31　CM 方式（大槌町方式）の導入

　これは大槌町の例ですが、設計施工 CMR のほかに管理 CMR を作っていますが、CM 方式の1つの変形であります。

図 1-32　官民の協力・連携（P-154）

　復興事業円滑化のため特に資材調達の関係で様々な問題が発生しています。国や各県でこのような調整の仕組みを作っているという資料であります。

　非常に問題なのが職員の確保です。全国の自治体から約2千人が派遣されていますが、あと 250 人ぐらい欲しいと言われています。また、復興庁においても 100 人の職員を復興庁として採用し、勤務地を各自治体にして支援に送っております。

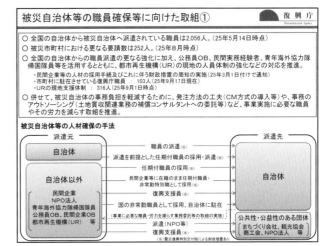

図 1-33 被災自治体等の職員確保に向けた取組①

　そのほか民間企業からも受け付けていますし、復興支援の NPO なども受付けております。職員確保についてはまだまだ足りないので是非、みなさんのなかでも我こそはという方がいらっしゃったら応募していただければありがたいと思います。

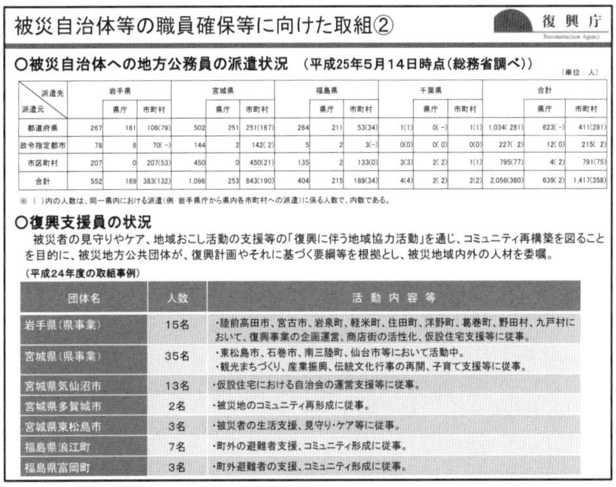

図 1-34 被災自治体等の職員確保に向けた取組②

　もうひとつは発注の話ですが、われわれが一番懸念しているのが 26 年度、27 年度はものすごく発注が増えるだろうということです。そこで、その見通しを東北地方整備局のホームページに載せていただいております。非常にわかりやすくなったと思っています。

図1-35 東北6件における発注見通しとりまとめ

次にいくつかの地区について復興事業の図面を載せています。街づくりではURとCMRに全体の工程管理、工事管理をやっていただいておりますが、実はそのすぐ近くで県の防潮堤の事業があったりあるいは国の道路の事業があったり、発注者が異なる事業がきわめて狭いところに発生しているわけです。

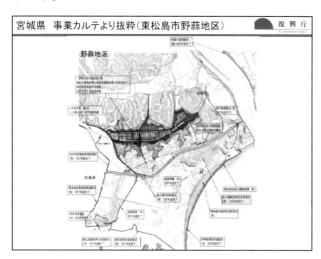

図1-36 東松島市野蒜地区

非常に平野が少ない、または資材関係の調達が難しい、と地区による違いはありますが、異なる発注者の事業が集中すると施工上の問題が非常に難しかろうと思われ、今後どのように行っていくか検討していかなくてはいけないと思っています。それぞれの発注者ごとには施工管理をされているのでしょうが、非常に狭いところではおそらく現場で問題がおこってくるだろうと思っております。

図1-37 女川町女川地区

その意味では東松島町、女川町、南三陸町、山田町などの地区は、非常に狭いところにたくさんの事業が一気に発生する地区ですので、こういう所での全体の施工管理の仕組みを現場で作っていかなくてはならないと思います。

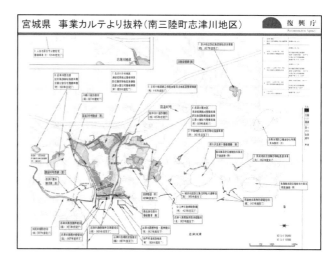

図1-38 南三陸町志津川地区

図 1-39 山田町

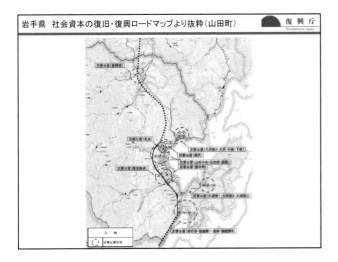

図 1-40 山田町

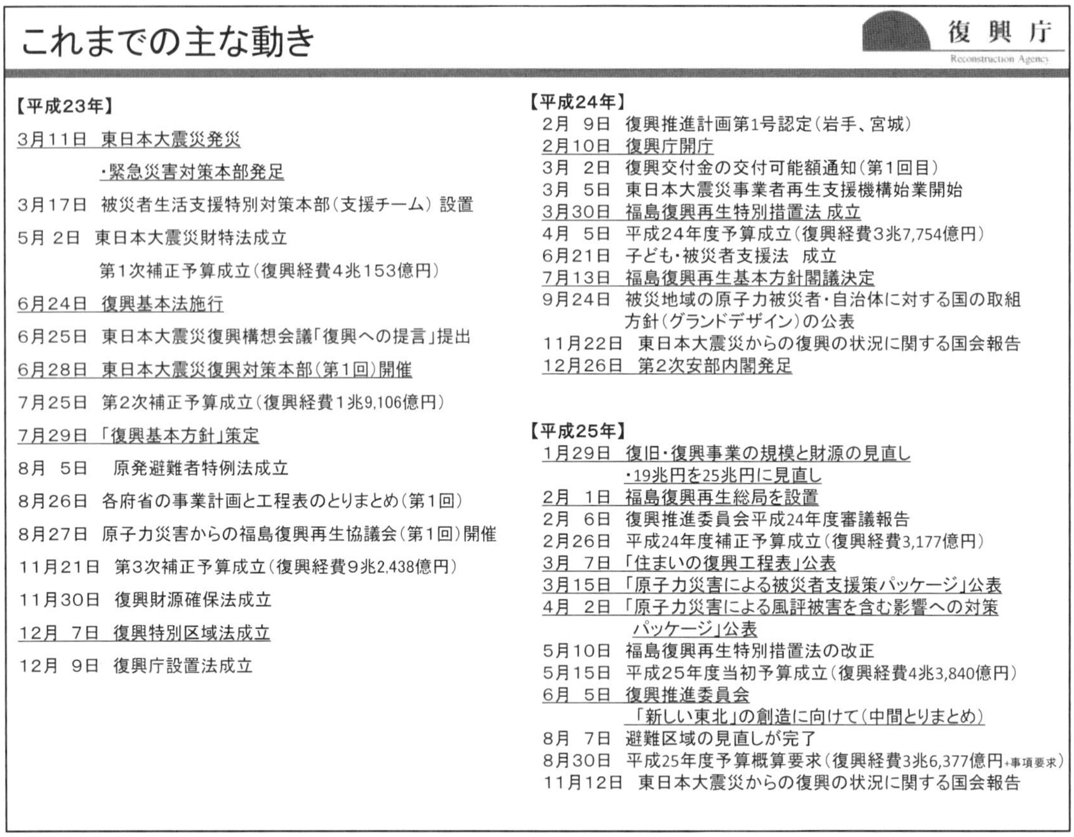

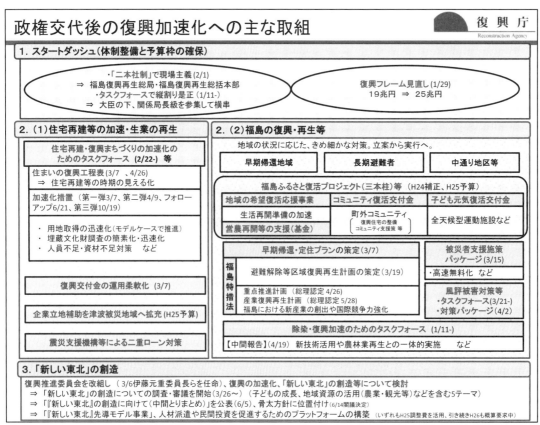

図 1-2　これまでの主な動き

図 1-3　政権交代後の復興加速化への主な取組

2．復興事業マネジメントに関する講演会

復興交付金①

○ 東日本大震災により、著しい被害を受けた地域において、災害復旧だけでは対応が困難な市街地の再生等の復興地域づくりを、一つの事業計画の提出により一括で支援。
○ 復興地域づくりに必要な事業の幅広い一括化、自由度の高い効果促進事業、全ての地方負担への手当て、基金による執行の弾力化等、既存の交付金等を超えた極めて柔軟な制度。

参考：東日本大震災復興特別区域法（抄）
第七十七条　特定地方公共団体である市町村（以下この章において「特定市町村」という。）は単独で、又は、特定市町村と当該特定市町村の存する都道県（次節において「特定都道県」という。）は共同して、東日本大震災により、相当数の住宅、公共施設その他の施設の滅失又は損壊等の著しい被害を受けた地域の円滑かつ迅速な復興のために実施する必要がある事業に関する計画（以下この章において「復興交付金事業計画」という。）を作成することができる。

基幹事業
・被災自治体の復興地域づくりに必要なハード事業を幅広く一括化（5省40事業→右表参照）。

効果促進事業等（関連事業）
・基幹事業に関連して自主的かつ主体的に実施する事業
・使途の自由度の高い資金により、ハード・ソフト事業ニーズに対応
（補助率80％、基幹事業費の35％を上限）

地方負担の軽減
・①及び②により地方の負担は全て国が手当て
　① 基幹事業に係る地方負担分の50％を追加的に国庫補助
　② 地方負担分は地方交付税の加算により全て手当て

執行の弾力化・手続の簡素化
・市町村の復興交付金事業計画全体（関連する県事業を含む）をパッケージで復興局、支所等に提出
・事業間流用や基金の設置、交付・繰越・変更等に係る諸手続の簡素化

図1-8　復興交付金①

復興特区制度①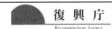

○ 地方公共団体が作成し、内閣総理大臣の認定を受けた復興推進計画に基づき、税・金融上の特例、規制・手続の特例が講じられ、企業の新規立地や投資をはじめとする復興のための取組を促進。

特例措置の概要

税制上の特例　事業者の税負担の軽減
・取得する機械等に係る特別償却又は税額控除
・被災雇用者に対する給与等支給額の10％の税額控除
・新規立地新設企業を5年間無税　　　等

金融上の特例　事業者への低利融資
・指定金融機関に対する利子補給金の支給

規制・手続等の特例　土地の有効活用等、事業活動への負担軽減
・工場立地法上の緑地面積等の比率に係る要件の緩和
・都市計画で定められた土地用途に係る規制の緩和
・医療機器製造販売業の許可基準の緩和　　　等

対象区域

図1-13　復興特区制度①

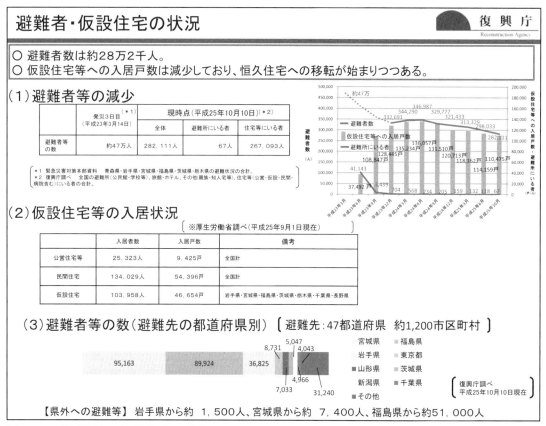

図 1-15　避難者・仮設住宅の状況

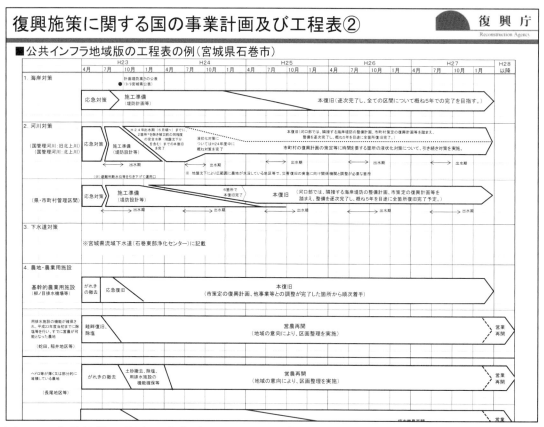

図 1-22　復興施策に関する事業計画及び工程表②

図1-25　住まいの復興工程表（例）

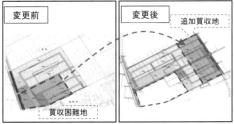

図1-27　防災集団移転促進事業における簡素化

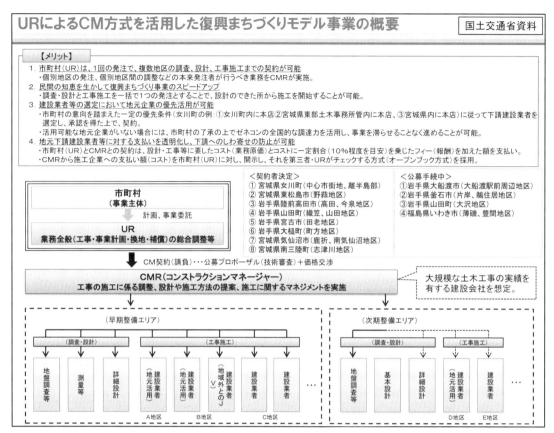

図1-30　CM方式を活用した復興まちづくり

図1-32　官民の協力・連携

2．2 三陸沿岸道路事業監理業務について
（加藤 信行）

ただいまご紹介を頂きました東北地方整備局で技術調整管理官をしております加藤です。

私からは三陸沿岸道路で適用しています事業監理業務につきまして、その概要と導入効果などについてご説明いたします。この事業管理業務につきましては通常、事業促進PPPあるいは単純にPPPと言っておりますので、今日は通称で説明させて頂きます。この事業促進PPP業務は昨年の6月から業務を開始しておりまして、1年半ほど経過しています。まだ業務が継続中ですので、今日は中間報告としてお聞き頂きたいと思います。

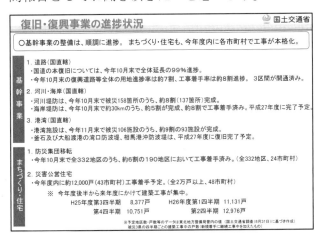

図2-1 復旧・復興事業の進捗状況

本題に入ります前に、私ども国土交通省が所管しております復旧・復興事業の進捗状況を簡単にご説明いたします。今、被災地では入札不調、人手不足、技術者不足、資材不足、資材の高騰などが大きく取り上げられていますが、私どもが所管しております基幹事業、ここにお示しした道路や河川・海岸・港湾事業につきましては、皆様方のご協力もあり大変順調に進んでおります。また、まちづくりや災害公営住宅の建設につきましても、現在本格的に各自治体から発注がなされておりまして、今年こそ被災地の皆様方にも復興を実感して頂けるよう努力しているところでございます。

図2-2 復興道路・復旧支援道路

その中でも復興のリーディングプロジェクトと位置付けておりますのが復興道路、復興支援道路です。ここに示しました三陸沿岸道路、内陸部と三陸沿岸を結ぶ横断道、それから福島と相馬を結ぶ東北中央自動車道、これらを併せて復興道路、復興支援道路と総称しております。これは平成23年11月に新規事業化されましたが、地元の大変な熱意、予算上の配慮、事業促進PPPの効果など、複合的な作用もあり、大変なスピードで今事業を進めています。例えば、通常工事着手までに4年かかるところを、早いところでは1年で工事着手に漕ぎ着けた工区もあり、皆様方に感謝を申し上げる次第です。

図2-3 海岸事業の進捗状況（国施工）

また、後ほど海岸事業のCMのご講演もありますが、海岸事業につきましても平成27年の完成を目指して鋭意施工中であります。

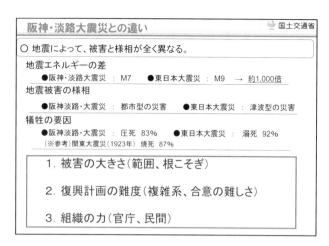

図2-4 阪神・淡路大震災との違い

このように復旧・復興事業は順調に進んではいるのですが、阪神淡路と比較するとどうしても復興のスピードが遅いのではないかと度々指摘されております。その都度、地震の形態によって復興のやり方・手法が全然違ってくることを説明しながらご理解をいただいているところです。主なことは3つほどありまして、まず今回は津波型災害でありその被害の大きさです。それも根こそぎ自治体がなくなるほどの壊滅的な被害を受けた地域だということです。次に被害が壊滅的ですので、住宅を再建するにも場所選定や費用確保の面など住民合意を取り付けるまでには相当な時間が必要だと言うことです。3つ目は組織力の違いです。阪神淡路の時は神戸市は政令市でもあり、それなりの技術力・自治体としての体力を持っていましたが、今回の被災地では技術者もほとんどいないような自治体も多く、組織力の違いが復興のスピードに大きく影響しているのではないかと思っております。

また、復興事業を迅速・確実に実施するためには、如何に適確な施工確保対策を実施していくかが課題となります。今回は発注の前段階から公告段階、入札段階、工事段階で様々な施策を打って参りましたが、今日は具体的なお話しをする時間がないものですから、興味のある方は東北地整のホームページや本省のホームページを見て頂けたらと思います。

図2-5 復旧・復興事業の施工確保対策一覧（P-165）

今日お話しする事業促進PPPもその対策の1つとして実施をしたものです。

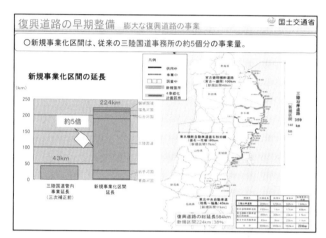

図2-6 復興道路の早期整備

それでは本題に入ります。先ほど申し上げたように被災地の早期復興のために、新規事業区間が244kmという膨大な事業量を抱える復興道路が採択されました。震災当時、三陸国道事務所が三陸沿岸道路の事業を展開しておりましたが、その時はたかだか43kmの事業区間であったものが、大体5倍の延長となり、三陸国道事務所が5個位ないと消化できないような事業量を抱えてしまったと言うことです。

復興のリーディングプロジェクトとして10年以内に全線供用という大きい目標を立て、事業を進めてきました。しかし、地元からは10年以内のできるだけ早期の開通という強い要望がありましたので、どのように事業期間を短縮するかが大きな課題となっておりました。この図は道路の平均的な事業期間としてよく引き合いに出される図表ですが、平成18年から22年までに供用開始された道路の平均的事業期間をグラフに表したものです。

2．復興事業マネジメントに関する講演会

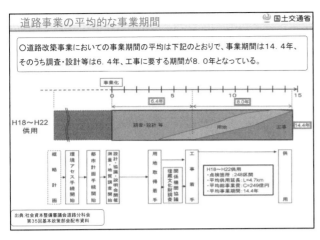

図 2-7　道路事業の平均的な事業期間

調査、設計、用地など工事に着手するまでの期間として平均 6 年程度を要しています。従って、今回事業期間を短縮するためには調査設計など、俗に言う川上部分をいかに短縮するかが、事業全体の期間短縮に大きく影響することがお分かり頂けると思います。

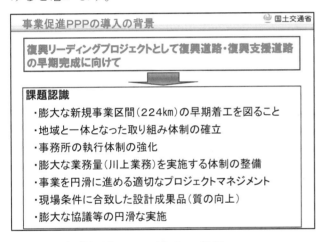

図 2-8　事業促進 PPP の導入の背景

この 244km の早期着工を図りたいわけですが、そのためには地域の協力が必要不可欠です。このためまず地域と一体となった体制をとるために、復興道路会議など事業進捗を確認して頂ける催しを地元で開催しました。事務所の執行体制についても、全国から応援を頂き強化を図りましたが、膨大な川上の業務量をこなすためには執行力が大幅に不足する状況が想定されました。このため民間の優れた技術力を川上で活用するための方策を検討した結果、川上で民間の力を初めて本格的に活用する事業促進 PPP を企画・導入することとしました。

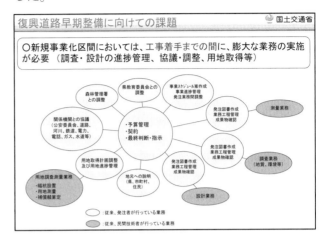

図 2-9　復興道路早期整備に向けての課題

川上業務と言いましても多岐にわたっており、（中央部の薄い色で塗った部分が）、発注者側がこれまで行っていた川上部分の業務です。(濃い色で塗っているのが) コンサルへの委託業務ですとか、測量など従来から民間技術者が行っていた業務です。

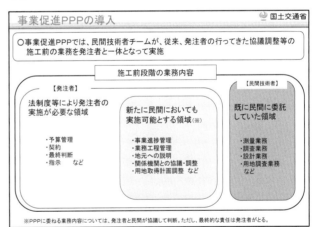

図 2-10　事業促進 PPP の導入

事業促進 PPP では、調査設計、調整、用地交渉など多岐にわたる業務を民間にお任せしようということです。川上部分のどこを民間に任せるかを考えると、法制度的に発注者側が実施しなくてはいけない契約手続きですとか、最終判断、最終的な指示などにつきましては発注者側に残しておき、（中央の薄い色で塗った部分である）事業進捗管理、工程管理等々につきましては民間の方に実施

して頂くと切り分けました。切り分けてはいますが民間の方にすべてをお任せするというより、民間にお任せした部分を発注者と一緒になってチームワークを取りながら事業を進めて行く仕組みとなっています。事業促進 PPP の制度設計時に役割分担、責任問題などをどうするかが 1 つの論点になりましたが、最終的な判断は発注者が負うとして業務を進め、どのような課題が生じてくるのか、何か問題があれば制度設計にフィードバックさせることである程度割り切って進めたところです。

図 2-11　事業促進 PPP の業務内容

民間にお任せするものは大きく 3 つに分けています。1 つは調査、測量、設計業務等に対する指導調整です。発注者サイドが設計業務、測量業務などを発注しており、これまでは職員が設計内容のチェックなどを行っていましたが、それをすべて民間で行って頂くこととしました。次に、地元および行政機関との協議です。これについては今までに民間は行った経験はないと思いますが、これを民間に任せないことには事業短縮には結びつかないとの判断から、工夫については後でお話しますが、この部分もお任せすることにしました。また、事業監理ですが、多くの設計業務などが発注されていますので、全体の事業工程、どこからどのようなロットで工事発注をしていくかといった、事業のマネジメントについても事業監理という項目で民間にお任せしました。

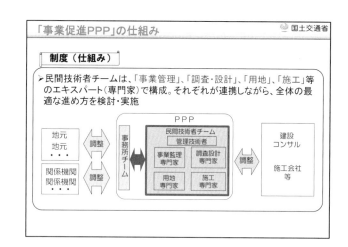

図 2-12　事業促進 PPP の仕組み

事業促進 PPP の仕組みの全体的な構成です。今回の事業 PPP は事業期間の短縮が最大の命題ですので、如何に施工段階で手戻りのない合理的な設計を行うかが大きな目標の 1 つとなっています。そのために、豊富な設計の経験を持つ建設コンサルタント技術者のアイデアと設計通りの施工が可能か適切に判断できるゼネコン技術者の現場力の融合によって生み出される効果を期待したところです。それと併せて、これまで用地リスクを的確に把握していなかったために、用地取得が難行し工事が止まってしまうことも多くありましたので、用地の専門家も入れて用地のリスクをしっかり見極めてもらった上で、仮設計画や施工計画を立案する必要もありました。また、事業全体のマネジメントをしていただく事業監理の専門家も加え、4人の専門家で構成して頂き、さらにはこれらを束ねる管理技術者を配置することとしました。この下に技術員をそれぞれ 1 名ずつと考えまして、概ね 1 チーム 9 名から 12 名程度の構成で行っています。纏めますと、事業促進 PPP では設計そのものを委託するものではなく、業務のマネジメントをお願いするものです。それも段階ごとに個別業務のマネジメントだけを委託するのではなく、段階的・横断的かつ包括的なマネジメントをお願いすることにしました。

図2-13 事業促進PPPの工区設定について

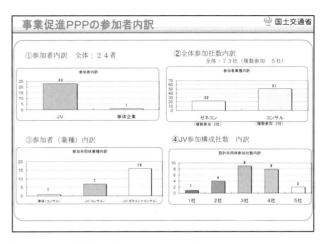

図2-14 事業促進PPPの参加者内訳

この事業促進PPPの実施に当たっては、三陸沿岸道路を1工区10～20km程度の事業区間に工区割りし、10工区に分けています。チーム公募の対象は、先程述べました目的を達成する構成員を確保することが出来る建設コンサルタント、ゼネコンなどの企業単体もしくは共同企業体とし、選定は、提出された技術提案の評価結果、管理技術者・主任技術者に対するヒアリング評価結果によることとしました。工区の割り振りについては、応募時点で応募者から10工区の全てについて担当を希望する順位の提出を求めまして、評価の高いものから順に希望に沿って工区を割り当てることとしました。制度設計の詳細につきましても今日は詳しく話す時間がないので私どものホームページにアップしておりますので是非ご覧頂ければと思います。事業PPPの実施に当たっては、地域をよく知り信頼を深めながら、地域の実情を反映した事業を進める必要があるとの考えから、参加した技術者の皆様には大きな負担をかけることになりましたが、現地に常駐して頂き事業を進めています。今回の業務は従来にない全く新しい業務であり、勤務条件の厳しい被災地の勤務であることから応募者が本当に集まるか大変心配しました。このため、日建連や建設コンサルタント協会と意見交換をさせて頂き、仕様書につきましてもご意見を伺うとともに、小澤先生からもアドバイスを受けながら制度設計を行ったところです。

結果として皆様がこの趣旨にご賛同いただきまして全体で24者、合わせて73社という多くのご応募をいただきました。大変ありがたく思っています。

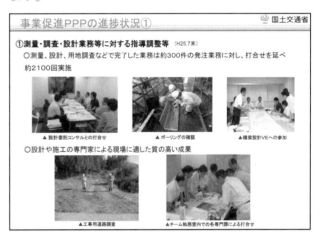

図2-15 事業促進PPPの進捗状況①

現在の進捗状況ですが、各チームとも優秀な技術者を配置して頂いておりまして、いずれも復興に貢献するという高いモチベーションをお持ちの方ばかりで、積極的に色々なことに立ち向かって頂いているところです。

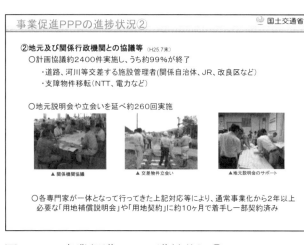

図 2-16 事業促進 PPP の進捗状況②

また、心配しました地元や関係機関の協議につきましても、初めての経験でもあり最初の 1, 2 ヶ月の不慣れはどうしようもないことですから、私ども発注者も一緒に同行しながら、協議のやり方を身につけて頂くとともに、相手方にもこの事業促進 PPP ではこのような業務を私どもはお任せしているので、発注者と同等と思いどうぞ安心して協議に応じてくれるようお願いしたところです。2 ヶ月も過ぎますと慣れてきまして、職員との調整は行いつつも PPP が主体的に地元や関係機関の協議を行って頂いております。

図 2-17 復興道路等の進捗状況

10 工区の進捗ですが、測量立入説明会とか設計説明会はすべて終了し、用地買収についてもすべて着手済みで、7 割程度の取得済みになっているところです。また埋蔵文化財調査も大変心配しましたが、後で説明します手法をとり、約 65％完了しております。また、9 工区ですでに工事に着手している状況になりまして、これらが来年度以降、本格的な工事に移行するという状況になっています。

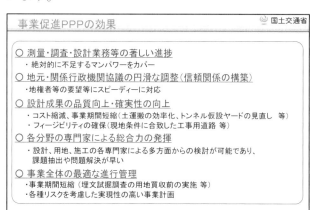

図 2-18 事業促進 PPP の効果

今回の事業促進 PPP の効果として 5 点ほど挙げておりますが、先ほどから説明していますように不足するマンパワーを十分補って頂きまして測量設計などは著しい進捗をみせています。また地元との円滑な協議ですが、設計とか施工を十分に理解している PPP が一緒に行くことによって、割とその場ですぐ地元の要望などに答えられるなど、信頼関係の構築にも大きな効果があったと聞いています。そのため発注者が行くよりも PPP の方が伺って説明する方が信頼されるという状況にすらなっていると聞いています。設計成果の品質向上や確実性の向上ということにつきましても、様々な視点から課題解決に向けたアプローチがなされており、これから工事が本格化しますので、それが確かなものかは今後確認しなくてはいけないところですが、非常にフィージビリティーの高い良い設計が出来上がっているのではないかと思っています。専門家の総合力の発揮ということでは、このチームは始めて顔を合わすチームですのでゼネコン、コンサル、用地といった方々がいかに切磋琢磨しながら PPP を盛り上げていくかが大変重要であると思います。

事業促進 PPP の成果を 9 事例ほど載せておりますがその概略を説明します。

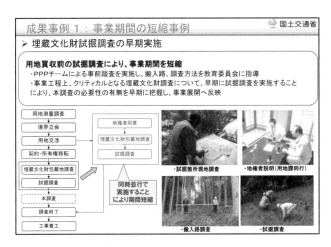

図 2-19 事業期間の短縮事例①

埋蔵文化財調査は、通常は用地買収が終わってから試掘調査を行うため、事業工程上クリティカルとなり事業に支障を及ぼす場合もあります。今回は地元の協力や、教育委員会のご理解もあって用地買収の前に地権者の同意を得て試掘調査に入ったことで、事業期間短縮の効果がありました。これについても PPP が事前踏査を行い、搬入路や調査の手順などについてサジェスチョンをして頂きました。

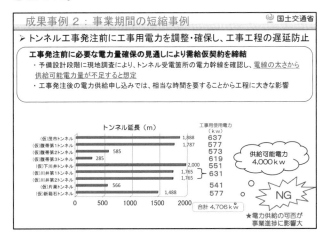

図 2-20　事業期間の短縮事例②

次の効果は大変驚いた事例ですが、PPP の施工担当者が現地を見た時に送電線の太さを見てこれでは容量が足りないと思ったそうです。そこで、帰ってチェックするとこの工区では多くの工事が同時進行しますので全体の必要電力量を計算してみたらやはり足りませんでした。普通ですと、工事が始まってから受注者が電力会社と調整するのですが、その時点で気づいたのでは工事進捗に大きなロスを生じてしまいます。電線の太さから気づいたところが驚いた点です。

次からはコスト縮減事例です。PPP では 4 人の専門家が集まっているからこその気づきがあり、いろんな効果が出ています。設計業務を担当する企業のみで検討するよりも 4 人の英知を集めた設計の方がコスト縮減効果が高い提案が出てきています。

図 2-21 工事用道路変更によるコスト縮減事例

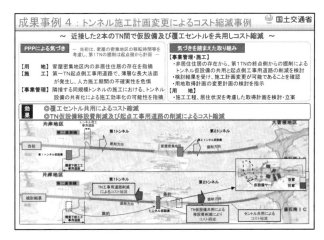

図 2-22　施工計画変更によるコスト縮減事例

これは長大トンネルが続く箇所で片押しで掘削する設計であったものを、真ん中に仮設備を置くことによってこの 2 本を同時に施工できるのではないかという、施工担当のアイデアを設計に活かしたものです。

図2-23 橋梁構造の見直しによるコスト縮減例
（P-165）

　これは道路の線形が悪くなるので、ある意味邪魔な河川を付け替えてしまえという発想です。河川管理者はなかなか厳しく、河川協議には大変時間が掛かるので知恵を絞らなければならない案件ですが、このように河川を付け替えてしまえという発想が普通は出てきません。ところが付け替えた方がお互いの線形も良いのではということで県の河川課と協議をしたところ、河岸の保護対策の実施を条件に了解も得て、河川を付け替えて見ると、道路も河川も線形は大変良くなりしかもコスト縮減もできたという事例です。

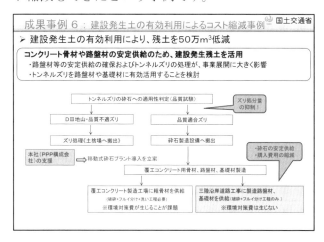

図2-24 建設発生土有効利用によるコスト縮減

　また、三陸沿岸道路は津波からの影響を極力避けるためルートを山側に追い込んでいるので橋梁、トンネル、橋梁、トンネルの連続です。トンネルの掘削ズリをどう有効活用し残土を減らすかは大変大きな課題です。これはアイデア段階ですがズリを砕石にして路盤材等に使うことと、三陸沿岸道路専用の生コンプラントを設置しますので、その時の骨材の一部としても使えないかということを検討しているところです。

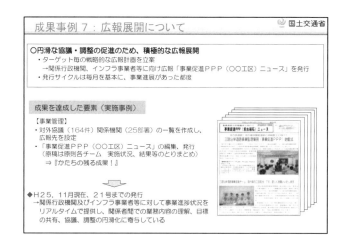

図2-25 広報展開について

　地元や関係機関に対して今の状況をわかりやすく説明するために、広報誌の発行など各チームが工夫して積極的な広報も展開もしています。

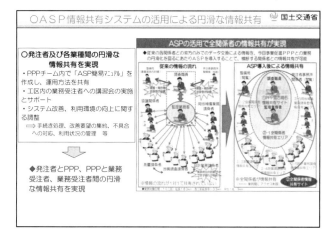

図2-26 ASPシステム活用による円滑な情報共有

　さらにはチーム内の情報共有についてですが、工事を担当された方はよく分かっているとは思いますが、今工事においてASPの活用を全面展開しております。このシステムを各チームで導入することによって情報共有を図るとともに、設計業務を委託している方々とのやりとりなどもASPを使って情報共有を図っているところです。

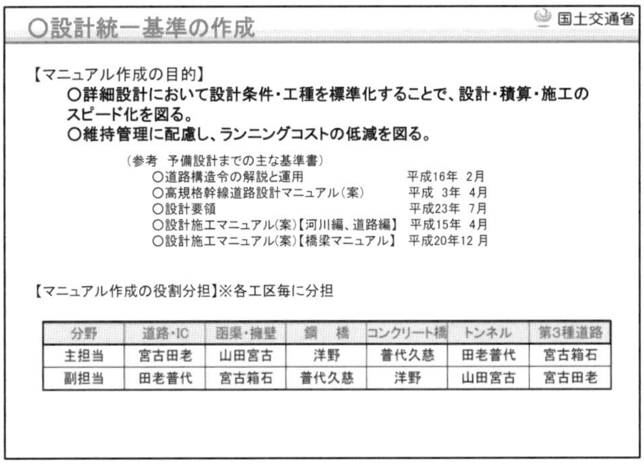

図 2-27 設計統一基準の作成

設計の指導に当たっては、10工区もありますが、工区ごとに設計の考え方が違うと大変なことになりますので、各工区で分担して設計マニュアルを作り、すべての工区で統一的に使っていただく取り組みを行っております。

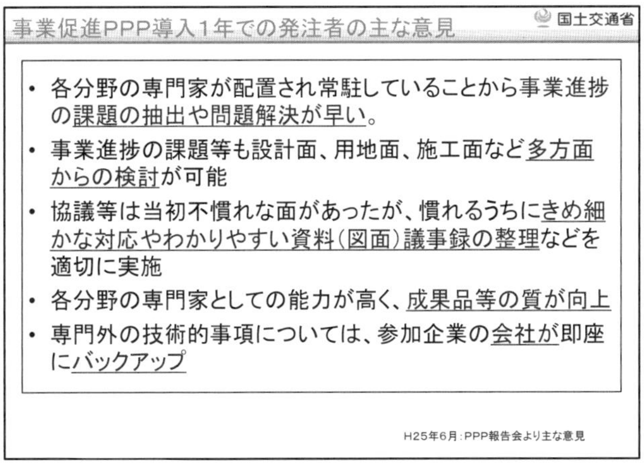

図 2-28 発注者の主な意見

事業促進PPPを導入したことについて、発注者側の意見としては、専門家が常駐しているため課題の抽出や問題解決が早いことや多方面から検討して頂いており成果品の質の向上に大変有効であるとか、協議に当たってもきめ細やかな対応でスムーズに事業が進捗しているなど大変効果を実感しております。品質的にも良い成果をいただいておりますので、これからの工事発注においても迅速な対応が可能と思っています。

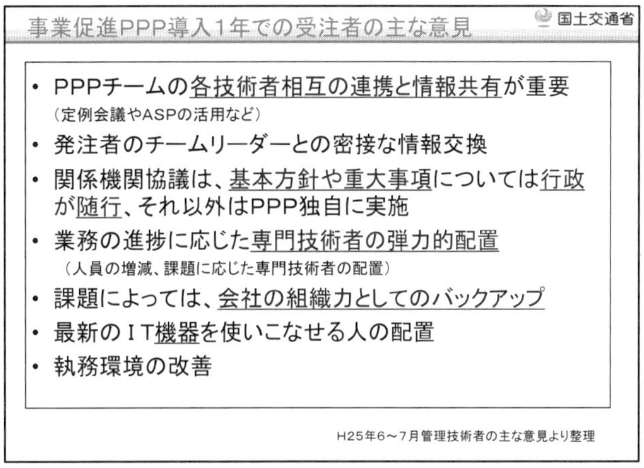

図 2-29 受注者の主な意見

受注者側のご意見もいろいろあります。効果ばかりではなく課題もありまして、面識のない技術者同士が初めてチームを組みますので、各技術者の相互連携や情報共有などをどういった形でチームワークをとるかなど大変だったですとか、最初の協議をどうやればよいのだろうだか、行政文書の書き方がなかなか分からないなどの意見がありました。

また、応募条件が厳しくて、年齢が上の方のみのチームになってしまったため、IT機器をうまく使いこなせないことや、体力的にも厳しいので、若い方が入ってこられるような条件にしてくれないかとか、業務の進捗に応じた専門技術者の弾力的な配置と適正な対価の支払いなどが課題として上がってきています。その他、執務環境の改善では、狭い部屋になってしまったのでその改善を要望されています。これからもこのような要望を受けながら今後の制度設計に反映していければと思っています。

これまで申し上げたように事業促進PPPは大変効果があるということで、他の地方整備局でも活用されています。また今年の9月には相馬福島道路でも第2弾のPPPを公告したところ、3JVが応募してくれまして12月から業務を開始しているところです。

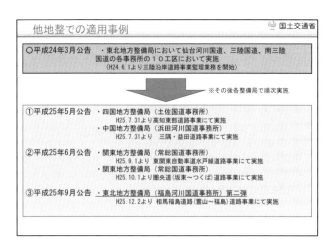

図2-30 他地整での活用事例

もう一つ検討しているのが、施工管理業務です。これから工事が本格化しますが、折角PPPの方たちが信頼関係を築いてくれ、良い設計の成果も出してくれたことから、そういった知識・ノウハウを是非施工にも反映していきたいとの思いから、工事が始まっている工区ではPPP業務に施工管理業務を追加して業務を実施しています。

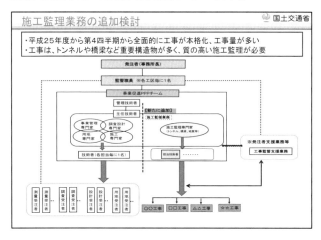

図2-31 施工監理業務の追加検討

最後になりますが、今回導入した事業促進PPPは、発注者、建設コンサルタント、用地補償コンサルタント、建設業のそれぞれの知識、経験、技術を事業マネジメントに活かそうとするものです。

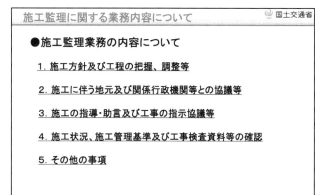

図2-32 施工監理に関する業務内容について

三陸沿岸道路での活動や成果を見ると、事業を効率的、効果的に進めることが出来る優れた仕事の進め方と評価できると思っており、今後の積極的な活用を図るためにも、制度設計を見直しながらより良い仕組みとなるよう検討して参りたいと思います。

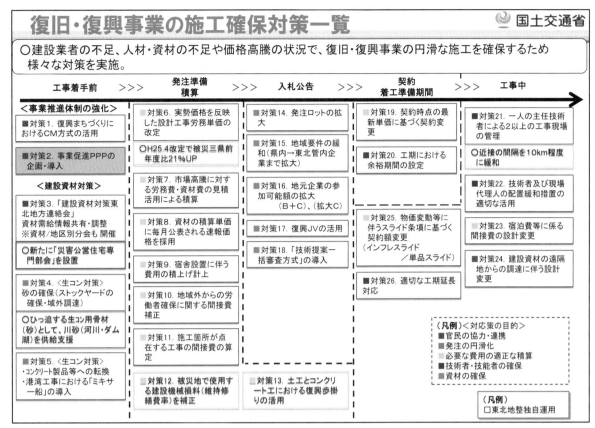

図 2-5　復旧・復興事業の施工確保対策一覧

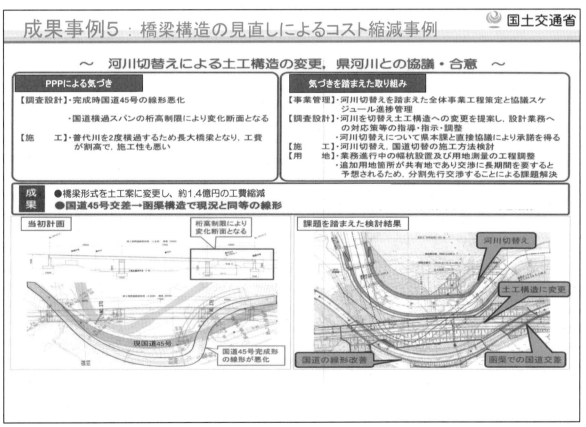

図 2-23　橋梁構造の見直しによるコスト縮減例

２．３ CMを活用した震災復興事業の事例紹介
（渡部 英二）

　UR都市機構の技術調査室の渡部です。東北で実施しているCMの取り組みについてご紹介いたします。

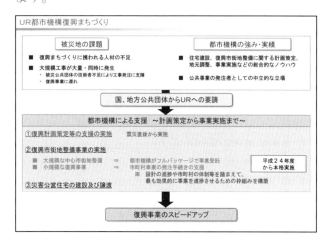

図3-1　UR都市機構復興まちづくり

　URが実施している震災復興事業は、市町村を中心に非常に人手が足りないところにこれまで経験したことのないような大規模な事業が大量かつ同時に発生しているため、国や地方公共団体から要請を受けて行っているものです。URは計画から事業実施まで担当するということで被災直後から支援を行ってまいりました。現在は主に市街地整備事業、災害公営住宅の建設等を実施中です。今日は市街地整備事業についてお話します。比較的規模の大きな復興事業地区については、URがフルパッケージで受託し計画作成や土地の権利関係の調整を含めて行っています。比較的小規模な復興事業については、市町村が発注する事業の発注のお手伝いを行っています。大きくはこの二つに大別されます。契約の枠組みは、市町村によって人の数や設計の進み具合等の状況が違うので、画一的に同じような方法を取るのでなく、どのような仕組みを入れるとうまく円滑かつ効率的に事業が進むのか考え、既存のCMという形にとらわれずに事業が一番進む形を検討しています。

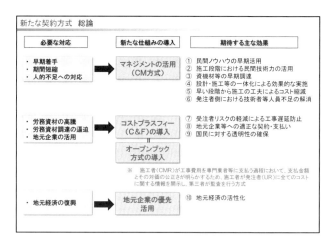

図3-2　新たな契約方式　総論

　まず今回の事業の大きな特徴はマネジメントを活用するということ、それから透明性を確保するためにコストプラスフィーとしオープンブックを採用したこと。また、地元に仕事が回って地元経済の復興が重要なので、地元優先の取り組みを行っていることです。特にマネジメントを活用することにより、事業の早期から民間の力を借りて事業期間を短縮したりコストを下げたりしています。こうした民間と連携しながら、UR自身も3400人ぐらいの組織で人を東北にまわすのも厳しかったのですが、現在は320人くらいの人間が東北で仕事をしています。コストプラスフィーについては、労務資材が高騰するという予測があったことや、地元企業に発注するときに適正な価格で契約し適正な支払いを担保したいということを考えて導入しました。

　URがフルパッケージ受託しているのは12契約です。この中では山田町のみ、エリアが離れているので同一町村での契約が複数となっています。事業手法ですが、区画整理、防集、漁集、津波拠点、周辺の道路や下水道といった関連公共施設など、相互に関連する事業をまとめて包含させています。特に漁集を包含していることに関して言えば、居住のための宅地を作ることと生業の場を戻すことを一緒に出来て効率的です。

新たな契約方式　導入地区

【フルパッケージ事業受託】

市町村	地区名	事業手法	公募開始	契約日
女川町（宮城県）	中心市街地、離半島部	区整、防集、漁集、津波、関公、漁港	H24.07.20	H24.10.19
東松島市（宮城県）	野蒜	区整	H24.07.31	H24.11.02
陸前高田市（岩手県）	高田、今泉	区整、関公	H24.08.29	H24.12.10
山田町（岩手県）	山田、織笠	区整、防集、津波、関公	H24.12.27	H25.04.16
宮古市（岩手県）	田老	区整、防集、関公	H25.03.06	H25.06.14
大槌町（岩手県）	町方	区整、防集、津波	H25.03.11	H25.06.21
気仙沼市（宮城県）	鹿折、南気仙沼	区整	H25.03.28	H25.07.10
南三陸町（宮城県）	志津川	津波、区整	H25.05.01	H25.07.24
大船渡市（岩手県）	大船渡駅周辺	区整、津波、関公	H25.07.16	H25.10.18
釜石市（岩手県）	片岸、鵜住居	区整、津波	H25.07.31	H25.10.29
いわき市（福島県）	薄磯、豊間	区整、関公	H25.08.29	H25.11.12
山田町（岩手県）	大沢	漁集、区整、関公	H25.08.29	H25.11.26

【市町村事業の発注手続きの支援】

市町村	地区名	事業手法	公募開始	契約日
大槌町（岩手県）	浪板、吉里吉里、赤浜、安渡、小枕・伸松	区整、防集、関公	H25.05.31	H25.08.16
			H25.05.31	H25.09.18
石巻市（宮城県）	北上、河北、雄勝、牡鹿の総合支所管内 石巻地区半島部	防集、漁集、地域拠点、移転元跡地	H25.11.13	（手続中）
			H25.11.13	（手続中）

図 3-3　新たな契約方式　導入地区

漁集は、女川町や山田町で実施しています。特に山田町大沢地区は漁集がメインの事業です。フルパッケージとは別に市町村の発注手続きの支援も行っています。発注者である公共団体を支援する業務や工事施工業者の選定にかかる支援を大槌町と石巻市で実施しています。この中で石巻市は現在契約手続き中で、年内までには契約を行う予定です。

新たな契約方式　導入地区別枠組み

【フルパッケージ事業受託】

市町村	地区名	業務範囲 CM	業務範囲 設計等	業務範囲 施工	契約	C&F	OpenBook	地元企業優先活用
女川町（宮城県）	中心市街地、離半島部	プレコンストラクションサービス 設計等の管理	○	○	基本協定書等 工事標準約款 設計標準約款 等	○	○	○
東松島市（宮城県）	野蒜		○	○		○	○	○
陸前高田市（岩手県）	高田、今泉		○	○		○	○	○
山田町（岩手県）	山田、織笠		○	○		○	○	○
宮古市（岩手県）	田老		○	○		○	○	○
大槌町（岩手県）	町方		○	○		○	○	○
気仙沼市（宮城県）	鹿折、南気仙沼		○	○		○	○	○
南三陸町（宮城県）	志津川		○	○		○	○	○
大船渡市（岩手県）	大船渡駅周辺		○	○		○	○	○
釜石市（岩手県）	片岸、鵜住居		○	○		○	○	○
山田町（岩手県）	大沢		○	○		○	○	○
いわき市（福島県）	薄磯、豊間		○	○		○	○	○

【市町村事業の発注手続きの支援】

市町村	地区名	業務範囲 CM	業務範囲 設計等	業務範囲 施工	契約	C&F	OpenBook	地元企業優先活用
大槌町（岩手県）	浪板、吉里吉里、赤浜、安渡、小枕・伸松	・事業管理 ・事業調整、施工監理等	×	−	・業務委託契約書（発注者支援）	×	×	加点評価
		・プレコンサービス ・設計等の管理	○	○	・基本協定書 ・工事標準約款等	○	○	○
石巻市（宮城県）	北上、河北、雄勝、牡鹿の総合支所管内 石巻地区半島部	・事業管理 ・施工調整、施工監理等	○	−	・業務委託契約書（発注者支援）	×	×	加点評価
		・プレコンサービス ・設計等の管理	×	○	・工事標準約款 ・実施協定書	○	○	○

図 3-4　新たな契約方式　導入地区別枠組み

工事施工の市町村発注支援型の枠組みですが、フルパッケージ型とほとんど同じで、CM を活用しプレコンストラクション業務や調査設計等の管理をやっていただくものです。市町村発注支援型の契約例は少ないのですが、大きくは基本協定書を締結し、段階的な工事の実施に当たっては工事請負契約書を活用し発注者と受注者で契約を結びます。基本的な枠組みはフルパッケージ型と一緒です。市町村毎の業務の組み合わせですが、大槌町は一部未了となっている設計等の進捗状況を踏まえて設計と施工を工事施工業者に包含させ、コストプラスフィーやオープンブックの活用を導入しております。今手続き中の石巻市ですが、エリアが半島部の防集と漁集で、防集が 46 カ所、漁集が 66 カ所となっております。設計は既にできている或いは別途行いますので、工事施工業者には設計を含めずに、施工に入る前段階のプレコンストラクション業務を含めた形としています。

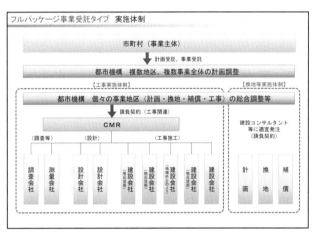

図 3-5　フルパッケージタイプ実施体制

次に、実施体制について説明します。フルパッケージの実施体制は、事業主体に市町村がいて、関係する事業がたくさんあるので、UR が全体の調整を行うものです。区画整理はほとんどの市街地整備事業にあるのですが、換地や補償の業務は専門のコンサルタントに UR から直接発注します。換地はコンサルタントの数もそれほど多くなく、また得意なところと仕事した方が効率的ということもあって、CM 業務から外してこれまでと同様な通常の契約として枠組みを作っています。

UR と CMR の役割分担ですが、UR の方は全体調整や基本設計、権利関係の調整などを行います。施工管理についても重点的なものは UR の方で実施します。

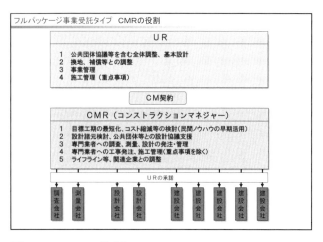

図 3-6 CMR の役割

　CMR には、早期から、工事に関連する調整や詳細設計等の管理をやっていただきます。特にライフラインの関連企業との調整は、宅地造成はすぐにできたとしてもガスや電気などのライフラインの整備を同時に進める必要があり、非常に人手が掛かります。人が足りなかった場合に、こうした調整は、従来からコンサルタントに外注していた部分であります。

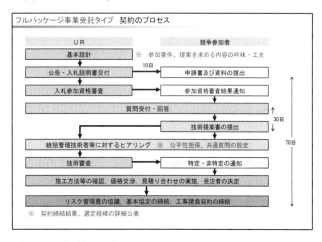

図 3-7 契約のプロセス

　契約のプロセスは、通常のプロポーザルとほぼ一緒ですが、技術提案等に関して丁寧にやったということです。参加資格要件は比較的簡単にしましたが、提案に求める内容については、契約の相手方が決定した後、速やかな事業着手に結びつけたいということで、例えばマネジメントを含めまして施工手順を書いてくださいというような、かなり大変な提案もお願いしました。30 日間が提出期限だったのですが、30 日ではかなり厳しかったかもしれません。また必ずヒアリングを併用しました。ヒアリングは公平性を担保するために事前に共通質問を用意して行いました。参加申し込みは、契約によって変わりますが、平均すると 3 者位ありました。プロポーザルによって優先交渉権者が決定した後、施工方法の確認を経て価格交渉を実施しました。交渉状況を踏まえて契約上限額を設定し、見積合せにより契約の相手方を決定しました。また、プランが決まってない状況では通常の発注よりリスクが大きいため、色々と議論しましょうということで、技術提案の所でも価格交渉の所でも時間を割いてお互いのリスク分担やリスク管理費について話し合いました。リスク管理費が整った後に、基本協定書を結んで工事請負契約を締結しました。この一連の流れについては、契約締結後に詳細を公表するということで、参加者のノウハウに関する部分を除きかなり詳細に公表しています。

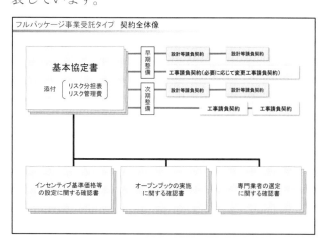

図 3-8 契約全体像

　契約の全体像ですが、基本協定書が最も上位のベースとなり、それを元に設計や工事の請負契約を結ぶという形となっています。早期整備部分は、ほぼ内容が決まっていてゼネコンさんやコンサルさんにとってリスクは少ないのですが、次期整備部分は、地元意向との関係で整備規模が大きく変わることも想定され、当初プランだと造りすぎてしまうことにもなり、ゼネコンさんやコンサルさんにとってのリスクも大きいため条件が整い次第

契約を結びましょうということにしています。また、今回導入した仕組みを担保するために、VE提案等によって原価を低減した場合にはインセンティブとして50パーセント払いますということや、オープンブック、専門業者の選定に関して確認書を取り交わします。

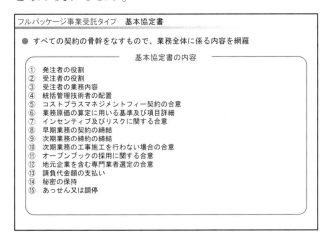

図3-9　基本協定書

基本協定書の中で、例えば次期業務の工事施工を行わない場合の合意とあります。これはマネジメントをやっても事業にならないケースでは人件費だけが嵩みますので、ある段階で止めましょうということです。この中では2年間経っても事業の目途が立たない場合は止めますよということにして、人件費が出て行くのを防ぎます。

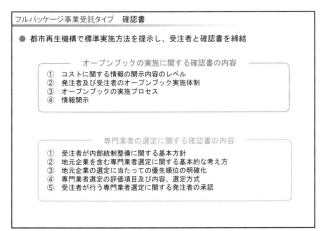

図3-10　確認書

オープンブックは、基本的に全部開示してくださいということ、実務作業が多いので実施のために体制を作りましょうということ、実際に実施していくためのプロセスを構築しましょうということを決めています。

専門業者の選定は、地元企業にある程度優先順位をつけて活用してくださいということを決めています。専門業者の選定はCMRが行い、URが選定過程や結果を承諾するということで発注者が関与します。

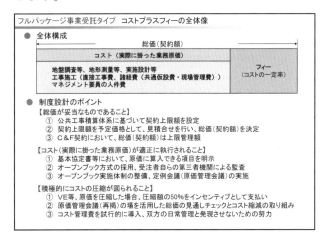

図3-11　コストプラスフィーの全体像

価格的な話、コストプラスフィーについて説明します。基本的には掛かったコストに対して一定率のフィーを上乗せして支払いますということです。制度設計をするときに、総価をどう規定していくかについて議論しました。公共工事の積算体系に基づいて積算を行い、契約上限額を設定します。契約上限額に基づいて予定価格が作成され、それ以内であれば契約額が決まるのですが、ここで決まった総価は、コストプラスフィーですので上限管理額として工事費の管理をしましょうということです。工事費の管理にあたっては、実際に支出されるコスト（原価）が適正に執行されなければならないということで、原価に参入できる項目を基本協定書や確認書に明示しております。オープンブックの実施については、受注者の方で第三者機関による監査を実施して頂くこととしています。また、原価を低減するということで原価管理会議を月一回開催することにしています。VE提案等によって原価を圧縮した場合には50%をインセンティブとして支払います。原価管理会議は、工事費全体の見通しやもう少し安くできるところ

工事費全体の見通しやもう少し安くできるところを発注者と受注者で一緒にやりましょうということを意図して開催しています。難しい概念ですがリスク管理費を試行的に導入して、日常的にリスクを発現させないために努力していくことを取り決めています。

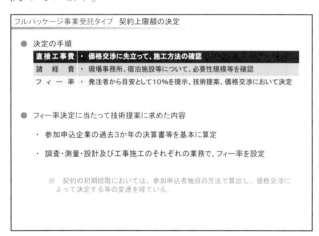

図 3-12　契約上限額の決定

契約上限額の決定方法ですが、直接工事費については価格交渉に先立って施工方法を含めて実際に使う工法を確認します。諸経費は実際に必要な現場事務所や宿泊施設を確認して決定します。フィーは10%を目安として提示しておりますが、価格交渉で決定します。フィー決定にあたっては、過去3年の決算書等を基に算定するということと、【調査・測量・設計】、【工事施工】のそれぞれの業務でフィー率を設定するということです。大まかに言うと【調査・測量・設計】は30%弱、【工事施工】は10%ぐらいです。

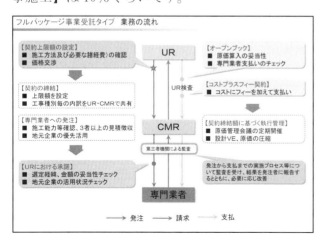

図 3-13　業務の流れ

業務の流れです。繰り返しになりますが、契約上限額を設定して契約を締結後、CMRが専門業者に発注しURが承諾します。支払いについてはURの方で検査をして支払いをするという流れとなります。

図 3-14　進捗状況（P-174）

事業の進捗状況です。18地区が既に工事着手済みで、未着手の山田町の大沢地区、いわき市は契約済みです。石巻市はまだ契約手続きに入っておりませんが、年末までに公募を開始したいと思い準備を進めております。宅地使用開始予定ですが、CMRと連携しながら開始時期を早めるよう検討しています。

女川町の事例ですが、中心市街地223haと離半島部について、防集と漁集をまとめて契約しています。現在中心市街地では先行整備エリアの盛土工事を実施しております。平成27年3月の駅前まちびらきが目標です。

この工程については、元々あったスケジュールから期間短縮をして急ピッチで工事が進められています。また、離半島部では、出島地区の造成が進んでいます。

図 3-15　女川町中心部・離半島部（計画）

2．復興事業マネジメントに関する講演会

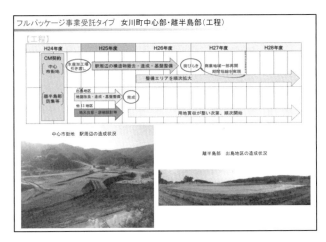

図 3-16　女川町中心部・離半島部（工程）

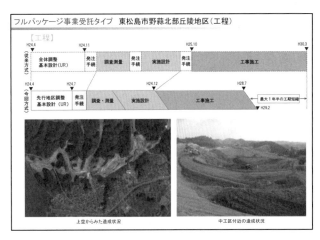

図 3-18　東松島市野蒜北部丘陵地区（工程）

図 3-17　東松島市野蒜北部丘陵地区（計画）

東松島市野蒜地区ですが、被災前に低地部にあった仙石線を高台に移設・復旧するものです。平成27年に仙石線を復旧させるということで、平成26年度末までに土地の引き渡しを終わらせなければなりません。

300万m³の土を1年余りで外に出す必要があるということで、民間の施工能力を活用しないと短期間での実現は難しい状況にあります。

こちらが野蒜北部の工程ですが、最大1年半くらいの工期短縮をしていきます。

発注業務に関してはほぼ終わったのですが、これからはCMRと連携して、確実にこうした取り組みを実行することが重要課題です。確実な実施に向けては、今後本格的にフォローアップしていきたいと思いますが、工事も進んで参りましたので現在の実施状況をお伝えします。

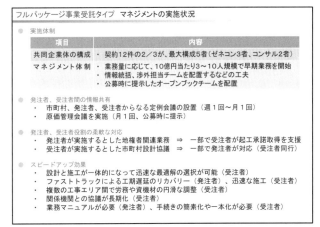

図 3-19　マネジメントの実施状況

マネジメントでいいますと、ゼネコンさん3者、コンサルさん2者の構成が最も多くなっています。URとCMRの役割分担は基本協定書で取り決めていますが、多少の見直しや工夫をするとさらに業務の流れが良くなると思います。

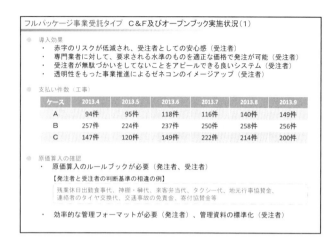

図3-20 C&F及びオープンブック実施状況(1)

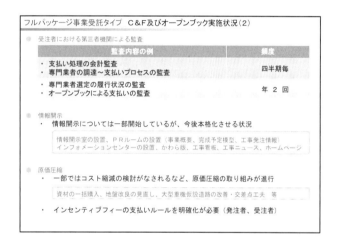

図3-21 C&F及びオープンブック実施状況(2)

 コストプラスフィーとオープンブックの実施状況ですが、受注者から様々な導入効果が報告されています。支払い件数は毎月かなりの件数になっています。原価算入が正しいかどうかのチェックを行っていますが、やはり判断に迷う面も出てきていて、発注者、受注者ともに判断の仕方を含めてルールブックを作ってくれないか、事業の主体である自治体さんから効率的な管理フォーマットが考えられないかという意見もございます。
 第三者機関の監査については、内容や頻度が少しまちまちになっているところがあります。情報開示については、一部開始しておりますが、今後本格化させようと思っています。また、原価圧縮については、まだ進んでいない面がありますが今後力を入れていきたいと思っています。

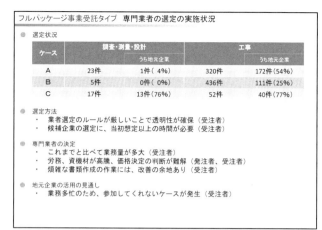

図3-22 専門業者の選定の実施状況

 専門業者の選定については、事業の進捗している3地区を工事件数で見ると、54%、25%、77%の比率で地元業者が選定されています。一方で、専門業者に関しては、選定ルールが厳しいとか書類作成が煩雑であるなど、改善していかなければならない点がございます。地元業者も仕事を抱えていて参加してくれないケースが発生しています。

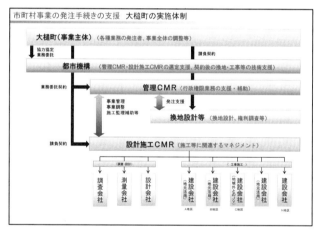

図3-23 大槌町の実施体制

 話は変わりまして、市町村の事業の発注手続き支援ですが、大槌町の例では、発注支援としてURで管理CMRと設計施工CMRの選定支援を行いました。契約後の換地や工事等の技術支援も行います。

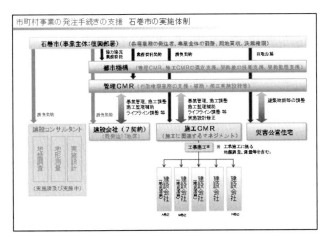

図 3-24　石巻市の実施体制

石巻市ですが、管理 CMR は大槌町と一緒なのですが、実施設計が出来ていましたので、施工 CMR として選定支援を行いました。防集 17 地区、7 契約が発注済であることから、新たに契約手続きを行ったのが防集 31 地区、漁集 66 地区です。また、戸建ての災害公営住宅が全部で 850 戸あると聞いています。管理 CMR では、災害公営住宅の契約手続きの支援は行いませんが、建築時期等の調整を横でつなげていくという管理体制としています。

業務内容については、必要なものを洗い出して業務内容を決めています。ただし管理 CMR の負うリスクは善管注意義務の範囲であることを契約書に明記しております。

図 3-25　大槌町管理 CMR の役割（P-174）

大槌町の契約のプロセスは、フルパッケージと基本は一緒ですが、技術提案書の作成期間を二週間程度と短くして、契約までの全体を 50 日程度としました。フルパッケージと同様に、技術提案を求める内容の工夫や共通質問の設定、選定委員会から詳細について公表を行ったりしました。大まかな流れはフルパッケージと同じです。

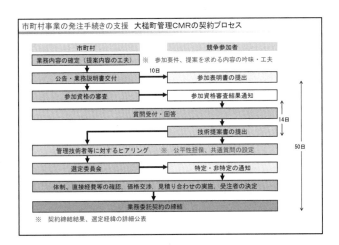

図 3-26　大槌町管理 CMR の契約プロセス

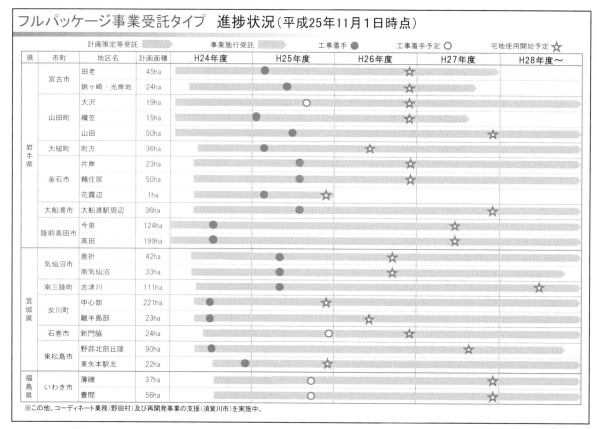

図 3-14　進捗状況

図 3-25　大槌町管理 CMR の役割

2．4 仙台湾南部海岸堤防復旧事業における施工監理業務について（橋場 克泰）

震災があった時は大阪にいたのですが、平成23年度から本年にかけて仙台で震災関連の仕事に携わっています。23年度は、私は河川技術者なので主に河川と海岸の災害復旧設計をやっておりましたが、24年度からこの業務に携わることができました。施工監理業務そのものは本年度も行っていますが、昨年度実施した内容ということで説明したいと思います。

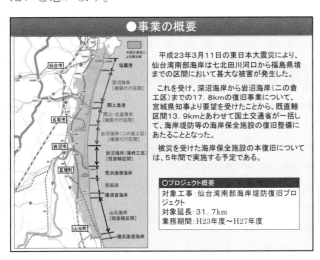

図 4-1　事業の概要

まずこの事業の概要ですが、仙台湾の全長約31.7kmが対象です。この内、二の倉工区以北については元々宮城県が管理していたのですが、国交省が代行するということで、深沼、閖上・北釜、岩沼（二の倉工区、蒲崎工区）、山元海岸が今回の対象となっています。それ以外の所は管理者が違っています。

どういったものを作っているかというと海岸堤防ですので、いたって非常にシンプルです。中に土を盛りましてそれをコンクリートで被覆するという形です。右側が海側、左側が陸側で、陸側の方には基礎工を構築することになります。ここで使う材料ですが、土質材料としては築堤材、岩ズリ、捨石、割栗石、砕石、それ以外はコンクリートで、基本的には土とコンクリートで出来ており、構造はいたってシンプルです。

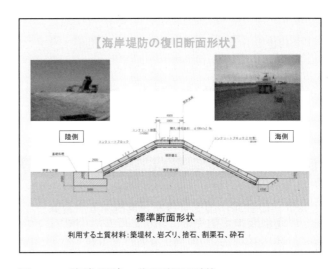

図 4-2　海岸堤防の復旧断面形状

図 4-3　施工監理業務の背景

平成24年度には、全体で約60工事が発注されており非常に多い状況でした。仕事をいただいた時の課題として、3つ挙げてあります。一つは早期完成の必要性です。復興するためには一番津波に近い海側のことをやるのが当然大事なのでそれをいかに早くするかが重要です。27年度までに完成させる必要があるのですが、仙台空港など重要な所は早く完成させるというのが一つの命題であります。もう一つは設計と工事が並行作業であるということです。防潮堤の構造形状をどうするかを国交省で検討中でした。工事自体が発注されたのが23年度の後半ですが、設計そのものがはっきり固まったのが24年度上期で工事発注と設計が同時並行でした。このため、設計を直ぐに現場に

反映する必要があったため、いろいろな対応がありました。3番目は輻輳する多数の工事です。24年度は60工事程度発注されておりましたので、似たような工事が輻輳しており、施工方法や資材の調達で課題があったのですが、スタート時はよく分からずに進んでいたということがありました。

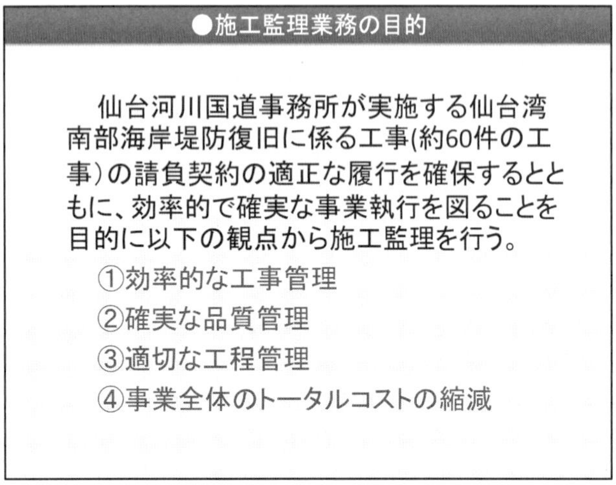

図 4-4 施工監理業務の目的

我々が仕事を請け負った際の一番の目的は、発注された約60工事の適切な監理を行うというものでした。大きく4つ、工事管理、品質管理、工程管理、コスト縮減という命題を与えられていました。

プロジェクトを進めるにあたり、我々が携わっていたのは施工監理業務というところで、横に発注者、その下に工事請負者がいて、直接工事管理者を指揮、命令することはないのですが、発注者に色々とアドバイスをするという立場で携わっています。またその他関係者ということで設計のコンサルタントであったり、品質管理などを行う発注者支援業務の方がいるという状況になっています。

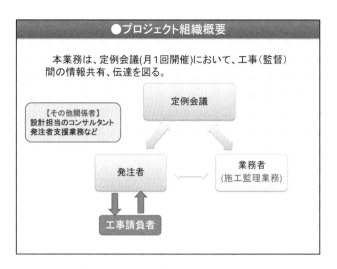

図 4-5 プロジェクト組織概要

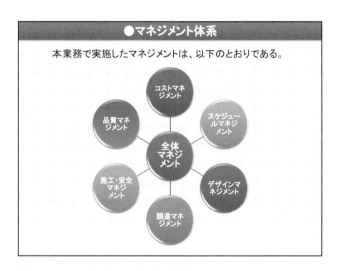

図 4-6 マネジメント体系①

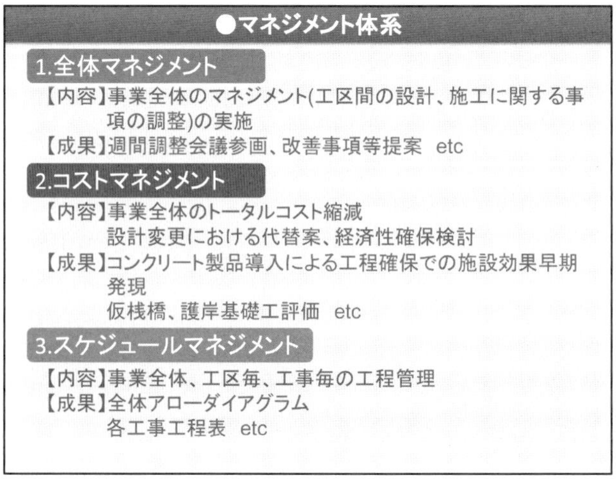

図 4-7 マネジメント体系②

マネジメント体系についてですが、中心に全体マネジメントというのがあり、コスト、スケジュール、デザイン、調達、施工・安全、品質のマネジメントなどを全体的にとりまとめてやっているイメージです。

全体マネジメントというのは、多くの工事をやっているのでその調整ということです。コストマネジメントは事業全体のトータルコスト縮減、設計変更における代替案、経済性確保検討といったものが対応すると思います。スケジュールマネジメントはスケジュールの管理になります。

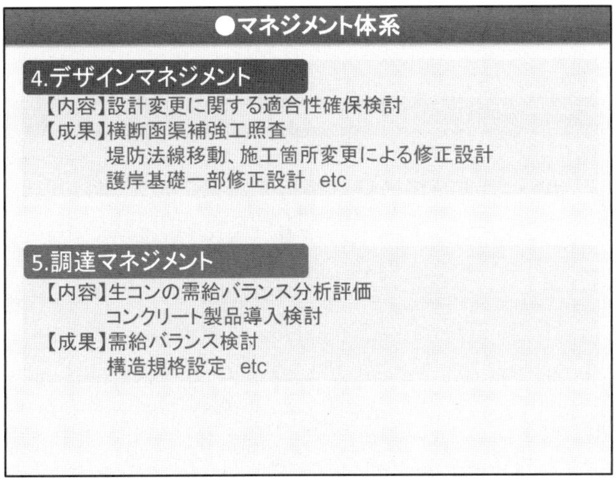

図4-8 マネジメント体系③

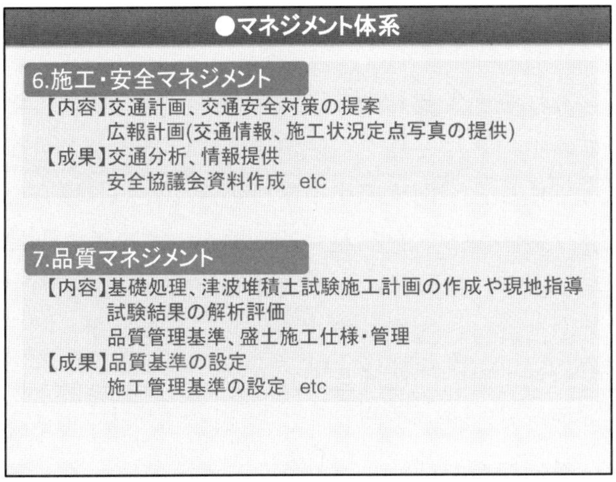

図4-9 マネジメント体系④

デザインマネジメントは、工事をやっていくと色々と細かい課題が出てくるので、設計コンサルタントにフィードバックする前に当社の方で簡単に対応するということをやっています。調達マネジメントは、重要な問題の一つであったのですが、生コンの供給が厳しいということでどうするかという課題がありました。

施工・安全マネジメントですが、これも問題の一つで、土砂の運搬が非常に多いといった課題がありました。品質マネジメントは、設計施工が同時並行という中で、地盤改良や堤体材料の津波堆積土利用というものがあり、その管理方法がはっきりしないまま進んでいたので、その対応を実施してきました。それらを簡単に整理したのがこちらの図になります。実施した主な業務内容についてご説明いたします。

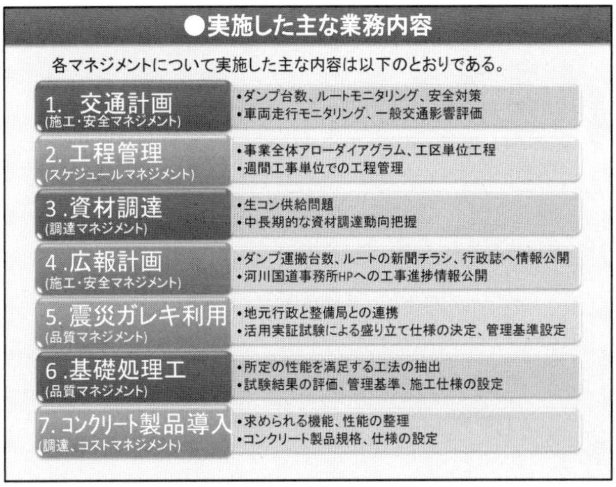

図4-10 実施した主な業務内容

まず交通計画ですが、基本的には土でものを作るのですが、土をどこから持ってくるか、簡単に言うと山から持ってくるしかないので、山から海へ運ぶダンプが必要です。そうすると一般道を通らなければならないのですが、当初はどのようなルートで運搬されるのかがよく分からない状況で、まず施工業者がどこから土を持ってくるのか、どのルートで運んでくるのかを、アンケートをとり集計しました。

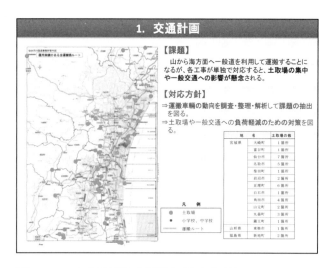

図4-11 交通計画（課題と対応方針）

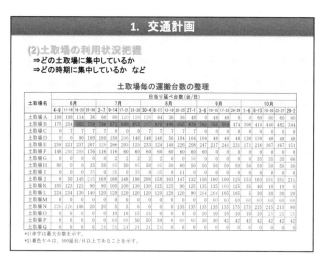

図4-13 土取場の利用状況把握

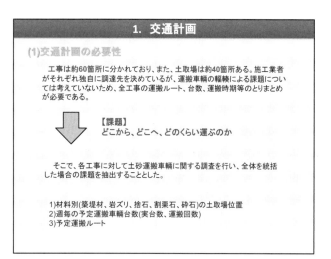

図4-12 交通計画の必要性

図4-14 運搬ルートの利用状況把握

　すると昨年度では、回数も少ないところも含めると約40カ所土取場があり、そこから60カ所の工事現場に運んでいくということになり、一般交通への影響があるのではないかということが懸念されました。どこからどこへどのくらい運ぶのかが課題となっており、土取場の位置、一週間にどれくらいの量を運搬するのか、ルートがどうなっているのかがポイントでした。

　この図は、週単位でどれくらいどの土取場が利用されているかを整理したものです。土取場の近くは小さい道を通るので、あまり集中すると負荷がかかってくるということが分かると思います。

　これを施工業者の方にフィードバックして、どこのルートにどれくらい集中しているのかが分かってくると、例えば小中学校が近くにある場合など、運搬ルートを検討する必要がでてくることになります。これは昨年度実施した内容になるのですが、震災で海側の道路がほとんど使えなくなっており、過去の交通量調査が使いづらくなっています。ダンプが集中しそうな所については改めて交通量調査を行い、どれくらい増えそうかをシミュレートするということをやりました。

図 4-15　運搬ルートの混雑状況の把握

　図はダンプが集中することで交通量が厳しくなる部分を示しています。

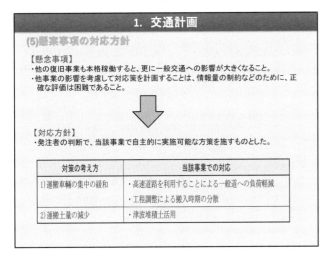

図 4-16　懸案事項の対応方針

　一般の交通量への影響が大きくなることが予想されるところについては、ある程度対応していかなければならないということで、発注者と調整しましたが、大きく二つ対策を挙げました。一つは運搬車両の集中の緩和です。高速道路を通ることで一般道路への負担を減らすことができます。また工程調整による搬入時期の分散ということで、集計結果を施工業者に渡すことで調整してもらうことを考えました。また、後で述べますが、津波堆積土を活用する必要があったのですが、これにより結果的に運搬土砂量の減少にも寄与しました。

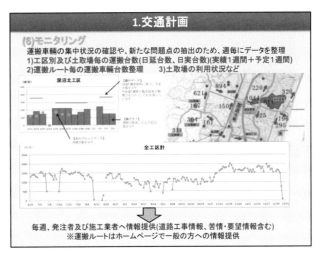

図 4-17　モニタリング

　そういった対策を立てた後にモニタリングということで、毎週、何の材料をどれくらいどこに運ぶというのをグラフあるいは図面等で示して、施工業者にフィードバックして情報共有をし、安全管理を含めて使えるようにしています。

図 4-18　全体マップ

　また、その情報を元に、運搬ルートの要注意箇所を示した全体マップを作成しています。交通量が非常に集中するところは注意を促すように、また、苦情などの情報を基に更新を行い、施工業者が安全管理に利用できるよう配布しております。

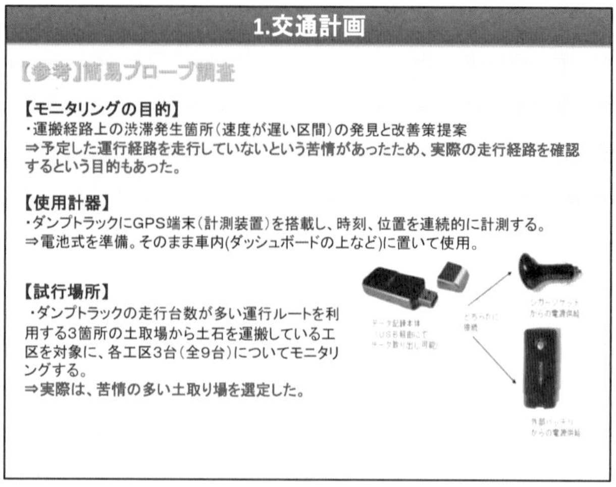

図 4-19　簡易プローブ調査

それから、どこをどれくらい通っているかというのを調査してみようかということで、簡易プローブ調査を実施しております。あらかじめ決められたルートを通っていないという苦情があったため、実際きちんと通っているか追跡するために試行的に実施しました。実際にはどこを通っているか良くわかる結果が出ましたので非常に有効かと思います。

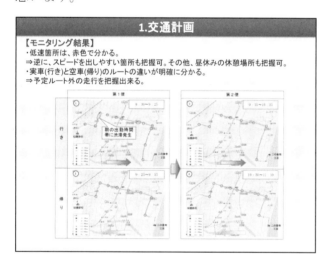

図 4-20　モニタリング結果

ここで丸をつけているところが速度の遅いところですが、渋滞している所が分かるのでこういった調査も有効だと思います。しかしこれは試行で終わらせていまして、実際に活用はしていません。

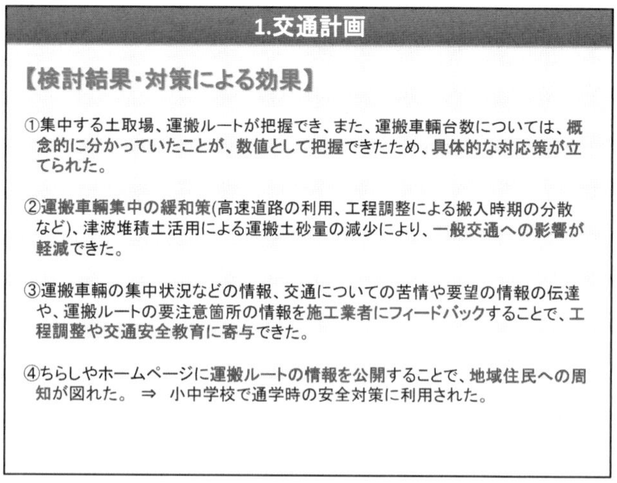

図 4-21　検討結果・対策による効果

交通計画については色々と対策を行い、一定の効果はあったと考えています。

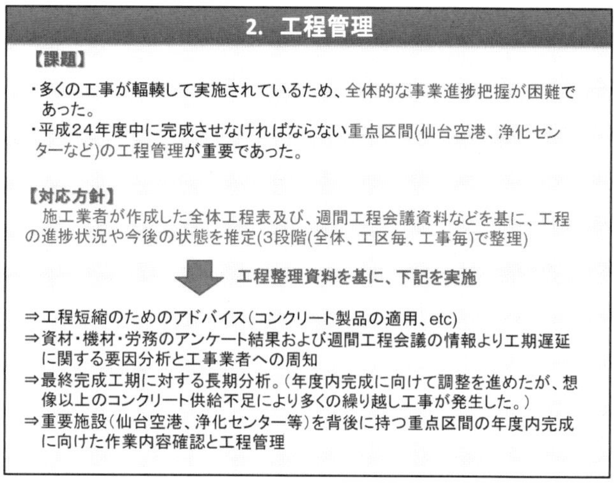

図 4-22　工程管理（課題と対応方針）

続いて全体の工程管理についてご説明いたします。約60工事に対して4人の工事監督官がいるのですが、自分の所はわかっても他の所はよくわからないため、どれかどうなっているのか全体を把握できるような工程管理はできないか試行錯誤しました。

一つ目は全体工程ということで、7つの工区の工程が全体的にどうなっているのかイメージ的な工程をつかむために作成しました。

図 4-23　全体工程（全工区対象）（P-187）
図 4-24　工区別工程（P-187）

図4-25 工事別工程（P-188）

あとは1つの工区内にある10数工事について、それぞれの工事がどれだけ進捗しているのか、遅れているのかを一目でわかる様にしています。

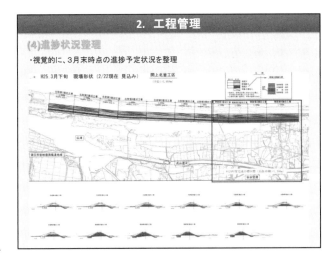

図4-26 進捗状況整理

さらに細分化して着目した一つ一つの工事がどうなっているか、例えば着目した時点において遅れているかどうかをわかるような資料も作っています。後は、年度末にどれだけできているのかが常に求められ、月ごとに今の進捗ならここまで終わるだろうということを予想することで、工程管理の一つとして使っています。

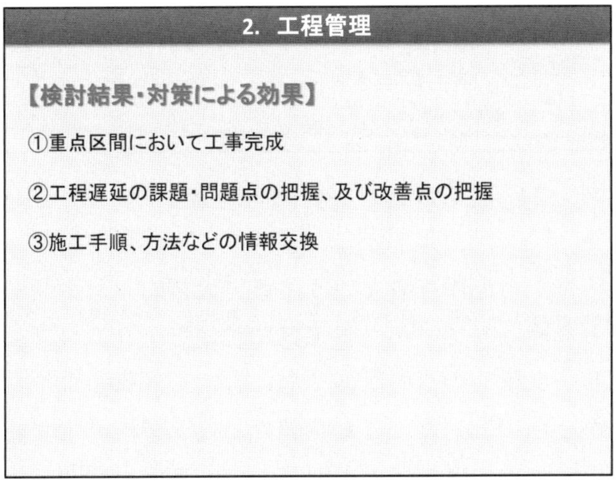

図4-27 検討結果・対策による効果

効果としては、重点区間において工事完成、工程遅延の課題問題点の把握、改善点の把握、施工手順方法などの情報交換ができたと考えています。

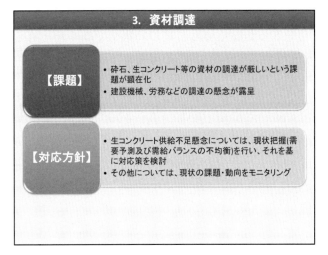

図4-28 資材調達（課題と対応方針）

次に資材調達についてご説明します。これも大きな課題の一つでした。生コンの調達が厳しい、建設機械、労務の調達が厳しいといった課題に取り組みました。

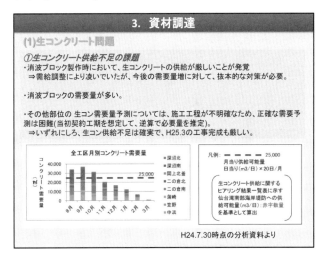

図4-29 生コンクリート供給不足の課題

生コンの供給不足については現状を把握して対策を考えるしかなく、その他どういった課題があるのかを常にモニタリングしてフィードバックするということを考えて課題等の抽出をしています。

図4-30 需給バランスの検討（P-188）

生コンクリートが材料になるものとして被覆コンクリートと消波ブロックというものがあるので

すが、重量や大きさの制約から二次製品として運搬できず現地製作するしかないものは、現場打ちでやるしかなく非常に厳しい状況でした。それぞれの工区で、いつどこで何を作るかということをシミュレートし検討しました。

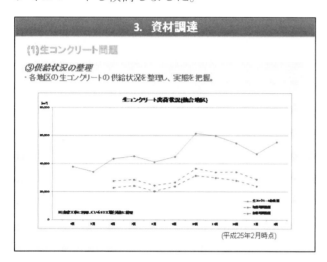

図4-31　供給状況の整理

また、生コンの供給状況がどうなっているかということを、コンクリート会社の出荷状況を調査し、整理しました。昨年の実績として生コンの出荷が4月から増加し、骨材調達量とも連動していることが分かります。

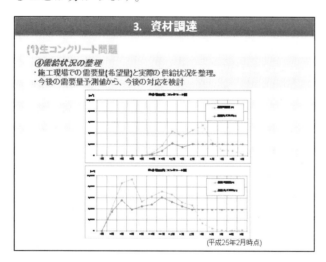

図4-32　需給状況の整理

こちらは現場の需要量と実際に供給された量を重ねたグラフですが、欲しい量が入ってきていないということが分かります。今後も不足するということもこのグラフで示しています。

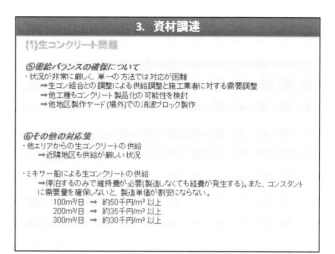

図4-33　需給バランスの確保とその他の対策

需給バランスの確保について、どうすればよいかヒアリングを通して、調整が可能な分は調整しようとしています。その他の対策として、他工区、他エリア、ミキサー船からの調達ということを考えましたが、現実的に採用し難いのが現状です。

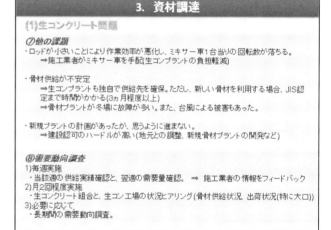

図4-34　他の課題と需要動向調査

また、海岸工事ということで大量のコンクリートを使うのですが、各工区における一日のコンクリート量そのものは多くないので工区毎のロットが小さいということが課題でした。また、生コン工場への骨材供給が不安定ということも問題であったようです。新規プラントの計画もあったのですがなかなか進んでいません。そういう課題を抱えているので、供給実績を調査して施工業者や生コン工場へのフィードバック、生コン組合や生コ

ン工場へのヒアリングなど、長期間の需要動向調査を実施しています。

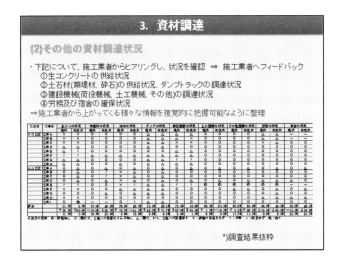

図4-35 その他の資材調達状況

その他の資材調達状況ですが、土石材、建設機械、労務についても厳しいという話が聞こえてきたので、施工業者にアンケートして、状況がどうなっているのか、改善方法があるのかということを整理してフィードバックしています。

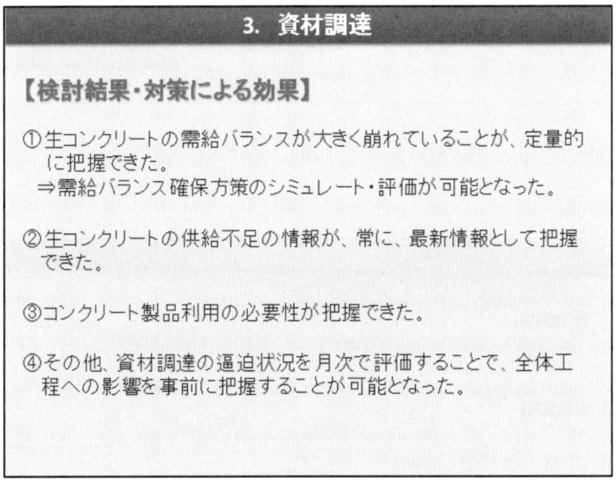

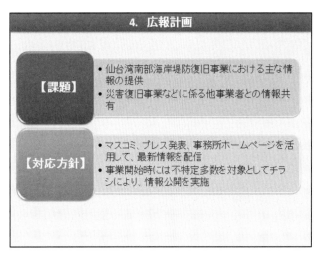

図4-37 広報計画（課題と対応方針）

広報計画については、国交省ＨＰで公開されているのですが、様々な情報について整理して提供を行っています。

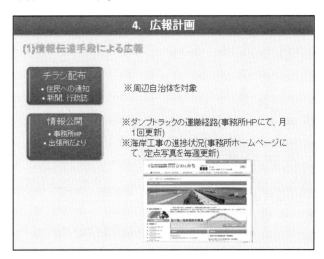

図4-38 情報伝達手段による広報

図4-36 検討結果・対策による効果

最終的には生コンと築堤材については対応をしていますが、それ以外については情報提供というところで終わっています。

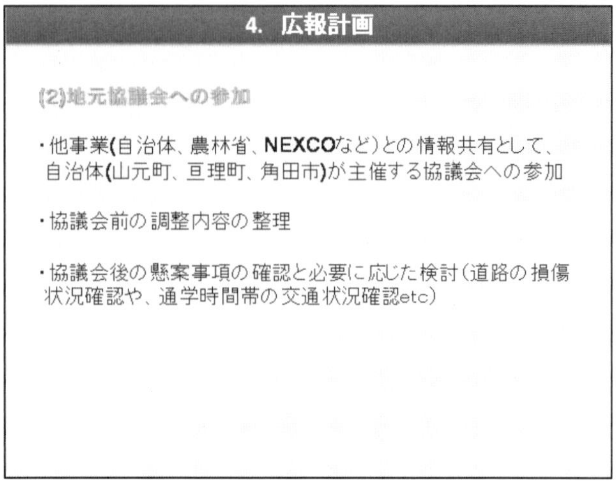

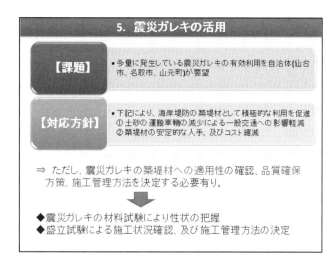

図4-39 地元協議会への参加

図4-41 震災ガレキの活用（課題と対応方針）

また地元協議会へ参加し、ダンプの運搬に関する課題や他事業者の工事状況の把握など、地元の協議会と情報交換を行っています。

震災がれきの活用についても検討しました。

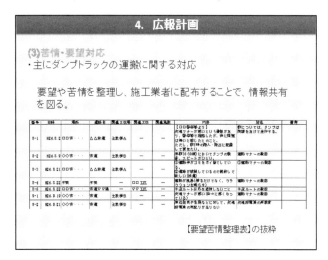

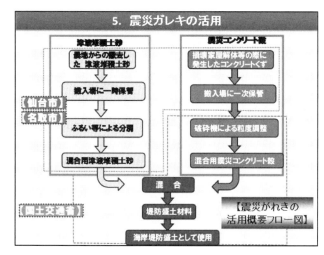

図4-40 苦情・要望対応

図4-42 震災がれきの活用概要フロー図

また、苦情要望対応ということで、交通に対する苦情等について施工業者に対してフィードバックして、情報共有するとともに安全管理に利用してもらうようにしています。

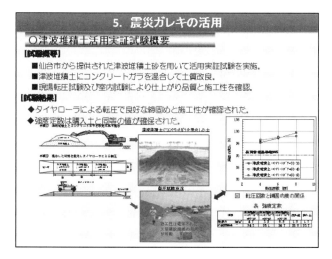

図4-43 津波堆積土活用実証試験概要

施工監理業務から少し逸脱しているかもしれませんが、津波堆積土を積極的に利用しようという方針でしたので、どのように使えば良いのか、試験計画やどういった品質のものを作るかというアドバイスを行いました。

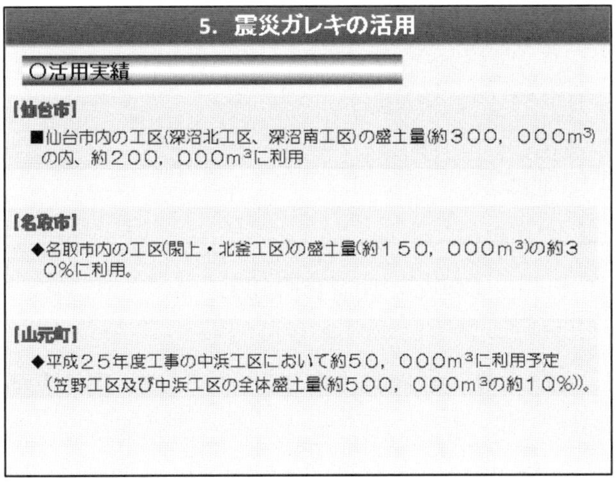

図 4-44　震災ガレキの活用実績

仙台市、名取市、山元町では実際に使うこととなり、仙台市と名取市は既に使用していますが、山元町は現時点では使用予定となっています。

図 4-45　海岸堤防の被災メカニズムと対応策

次に、基礎処理については、昨年度はどのような工法でどのように品質管理すればよいのか分からないということがありましたので、既存の方法から使えるものを抽出して試験施工を行いました。

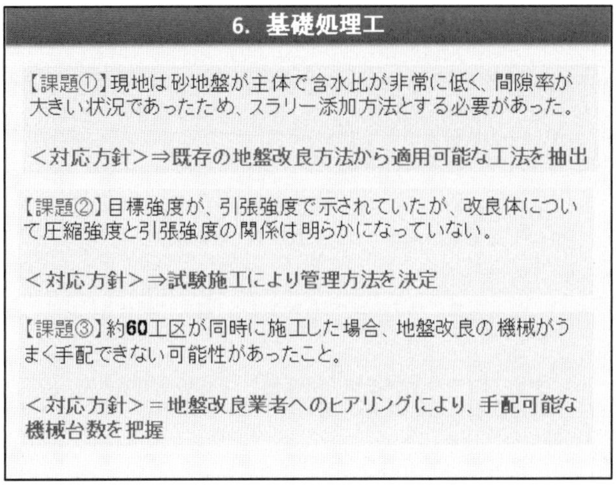

図 4-46　基礎処理工（課題と対応方針）

図 4-47　採用した地盤改良工法

実際にはここにあげた4つの工法が適用可能ということで、それぞれに対して試験施工を行い、品質の確認・評価を行っております。

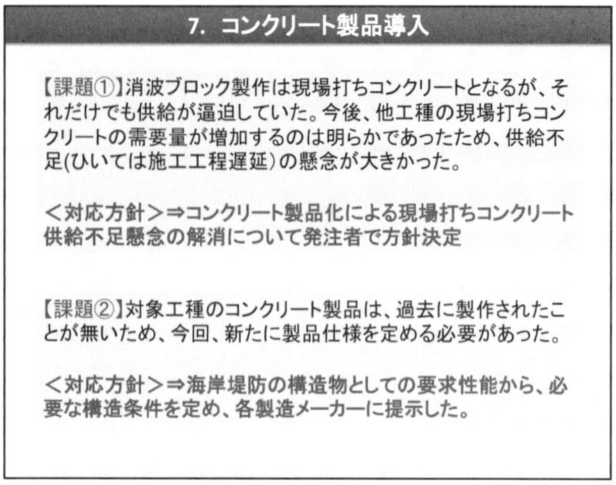

図 4-48 コンクリート製品導入(課題と対応方針)

コンクリート製品導入というのは、生コンの供給が非常に厳しいので、コンクリート二次製品を使おうということになりまして検討しました。

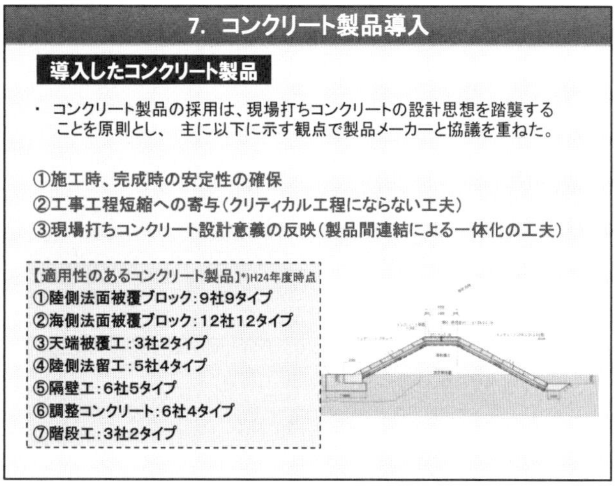

図 4-49 導入したコンクリート製品

結果的には、7つのものに関してコンクリート二次製品で代用し、その設計思想や品質の考え方などに関してアドバイスをしています。

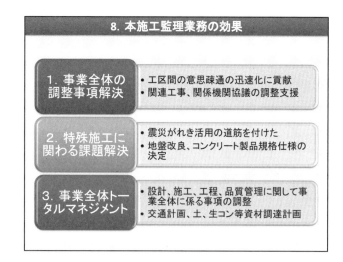

図 4-50 本施工監理業務の効果

今回の施工監理業務の効果としては、事業全体の調整事項解決、特殊施工に関わる課題解決、事業全体のトータルマネジメントといった部分に貢献できたのではないかと考えています。

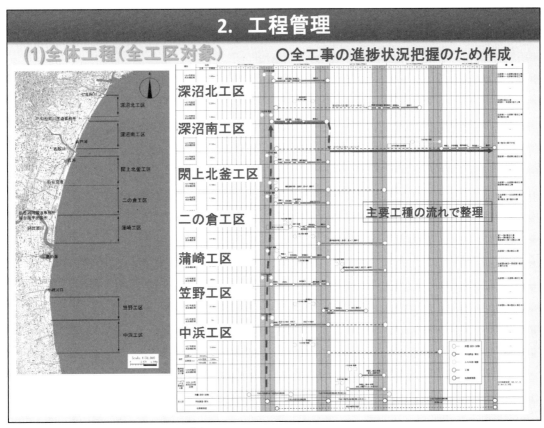

図 4-23　全体工程（全工区対象）

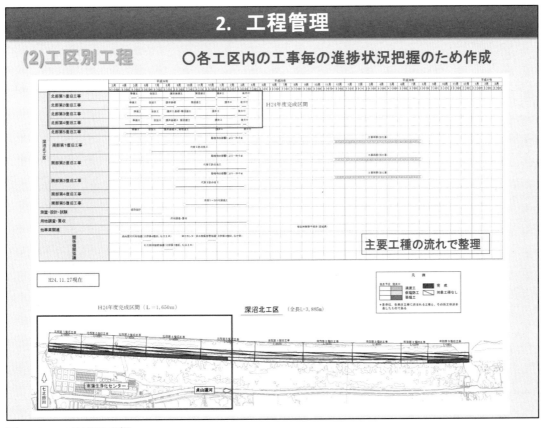

図 4-24　工区別工程

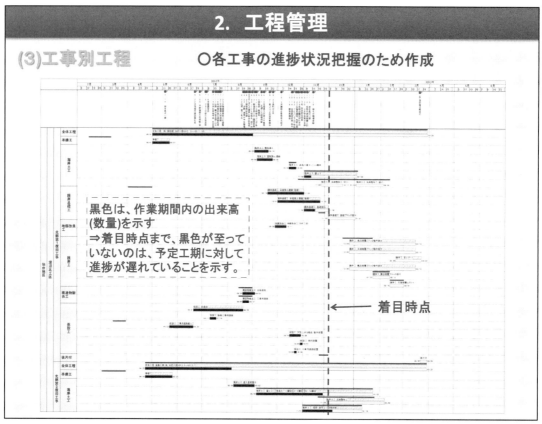

図 4-25　工事別工程

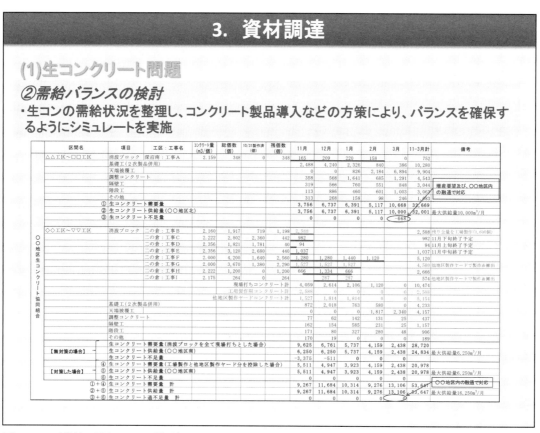

図 4-30　需給バランスの検討

2.5 釜石市 復興事業CMについて
（伊藤 義之）

伊藤です。よろしくお願い致します。始めに、このような場所で発表する機会をいただき、ありがとうございます。私と釜石市との付き合いは、中心市街地にある青葉通り改修のプロポーザルに参加したのが平成18年で、その頃からの付き合いになります。その後も付き合いは続きました。平成23年3月16日、釜石市と岩手県から技術支援要請を頂戴し、平成23年3月24日、震災が発生してから約2週間後に釜石入りして、かれこれ2年9ヶ月ほど釜石市に滞在しながら復興支援を行っている状況です。

図 5-2　震災後の状況

図 5-1　発表内容

これから25分程度時間をもらいまして、釜石市が直営で行う復興事業にピュア型のCMを導入するまでの経緯、特徴、今後の課題の3点について話をさせてもらえればと思います。

平成23年3月24日に釜石入りしまして、旧知の仕事仲間の無事を確認してから釜石市内各所を確認することからはじめました。被災状況については今日のテーマから遠いので割愛しますが、津波に押し流された家や車を目の当たりに唖然としたことを覚えています。

左上の写真は釜石市との付き合いのきっかけとなった青葉通りの姿です。竣工を目前に被災してしまいました。それから、写真では分かりにくいかと思いますが、世界一の水深を誇る湾口防波堤がありましたので、釜石市中心市街地、東部地区と呼ばれているところは、数多くの建物が残っていました。堅牢建築物が多かったこともあり、数多くの建物が残っていました。権利関係が複雑で、壊れたけれども残っているという状況でしたので、この市街地の復興はとても難しいものになると感じました。余談になりますけれども、釜石市職員の方と一緒に災害対策本部に泊まり込みをしました。右上の写真ですが、自衛隊からいただいた缶詰を食べてこっそりお酒を飲んでいました。左下の写真のように自衛隊が用意した風呂に入り、寝袋の下に段ボールを敷いて寒さをしのぐ生活が4月の中旬ごろまで続きました。

平成23年4月頃は国交省から派遣されたリエゾンの方、UR都市機構、兵庫県あるいは大阪府、また、多数の学識者や専門家といった方たちが釜石市を訪れ、提案やアドバイスをもらっていました。交通機関や宿泊施設の問題だと思いますが、大体皆さん13時から16時の間に集中して来るので、専門家の提案やアドバイスを釜石市の職員の方々は余裕を持って聞く状況にはなかったと思います。

図 5-3　復興プロジェクトチームの立ち上げ

　まず、人、物、お金、情報の流れを整えて意思決定や行動を促す復興プロジェクトチームが組織されることになりました。応急復旧で混沌としている中で、この復興プロジェクトチームに3名の専任職員と1名の兼務職員が配置され、私はそこに技術支援スタッフとして加わることになりました。このことは今でも大変光栄に思っています。復興に関する情報はこの復興プロジェクトチームが集約整理して、当時毎日行われていた右下の災害対策本部会議に適宜報告して、市長以下の幹部職員の方たちとの情報共有を進めていきました。

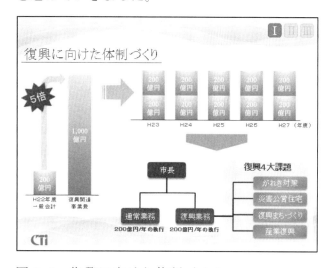

図 5-4　復興に向けた体制づくり

　東日本大震災が発生した平成22年度、釜石市では一般会計の予算規模が200億円弱、内土木費が10%弱で、15億円程度、職員数が400名の小規模な自治体でした。そこにこの復興関連事業費、当時概算で見積もった約1000億円が突如覆い被さることになったわけです。これを平成23年度からの復興期間と呼ばれている5カ年で割戻し、単純に上乗せするとこれまでの約倍となる400億円の予算を執行していかなければいけない状況でした。本格復興に向けて組織的にどのように動いていくか、復興プロジェクトチームのメンバーで議論しました。結論は至ってシンプルで、200億円/年程度の通常業務を執行する組織と200億円/年程度の復興業務を執行する組織に切り分けて、その当時大きな課題となっていたがれき対策、災害公営住宅、復興まちづくり、産業振興、この4大課題に対応できる組織編制が望ましいという結論に至りました。

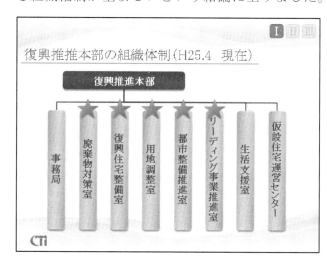

図 5-5　復興推進本部の組織体制

　お手元に配布した資料では事務局が一番左端にきているのですが、これを上の方に修正してもらえればと思います。これが平成25年4月時点の組織図で、星印がついているところががれき対策、災害公営住宅、復興まちづくり、産業振興に対応する組織になっています。復興プロジェクトチームのメンバーは、今も事務局、あるいはコアとなっている都市整備推進室で活躍されています。7室、約100名の規模にまで大きくなっています。これは復興の本格化に伴って、必要となる機能が強化されていることを物

語っていると思います。しかしながら、復興事業を進めるにはまだまだマンパワーが足りない状況で、ソフト面を含めたきめ細やかな対応までは手が回っていない状態かと思います。国交省の直轄調査を受注できましたので、平成23年7月以降は直轄調査の担当コンサルタントとして、引き続き関わることになりました。この頃から、被災地に対するPM/CM手法の導入が高まっていったかと思います。

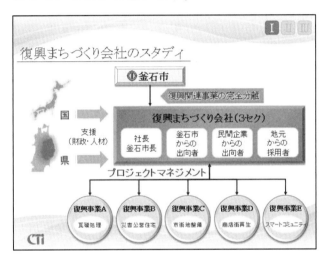

図5-6　復興まちづくり会社のスタディ

釜石市に対して復興まちづくり会社方式を提案する先生がいらっしゃいました。内容はこのスライドの通りで、復興事業を第三セクターに完全分離して代行させるものです。平成23年12月ごろに断念したのですが、その理由として一つは釜石市と同等以上の予算を握る組織でありながら責任や権限を明確に定めるのが難しいこと、二つ目として一定数以上の人員をかかえることになりながら5年後以降の身分保障を担保できないといった事業完了後の後処理に難があること、三つ目として第三セクターの立ち上げまでに要する事務処理あるいは合意形成に難があることでした。第三セクターを新たに立ち上げる方法に対して、既存の第三セクターを活用する方法もあるのではないかという意見もありました。既存の第三セクターとして挙がったのはUR都市機構、岩手県土地開発公社、岩手県土木技術振興協会です。平成23年度の下期には

釜石市とUR都市機構および岩手県土地開発公社との間で協力協定の締結に向けた動きが本格化しました。結果として被災21地区の内、UR都市機構が3地区、岩手県土地開発公社が3地区、計6地区の復興事業を受託しました。復興まちづくり会社方式は断念したのですが、第三セクター方式はこういった形で一部活用されることになりました。残り15地区については釜石市が直営で復興事業を実施することになりました。

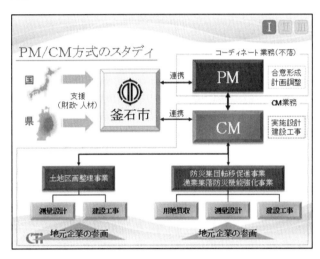

図5-7　PM/CM方式のスタディ

引き続きその15地区、事業費にして約250億円の事業を、先程紹介した100名程度の職員で実施していくためにはどうしたら良いかということで、検討を行うことになりました。釜石市の復興まちづくり事業は市街地部で実施する土地区画整理事業と漁村部で実施する防災集団移転促進事業の大きく二つにわけることができます。この二つの事業の一番の違いは、片や法定事業、片や任意事業で合意形成の方法が大きく異なります。様々な検討を行いましたが、復興の初期段階から終了段階まで見通した検討はなかなか難しく、大きく二つに切り分けて考えることになりました。一つ目は上の方のPMと書いてある合意形成、あるいは計画調整のコーディネート業務、二つ目としては実施設計以降建設工事までのCM業務です。平成24年8月にコーディネート業務が公告されましたが、これは

不落になりました。そのため、引き続きCM手法の導入に向けた検討を進めることになりました。

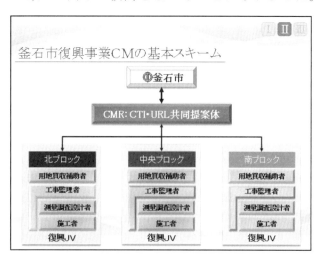

図5-8 釜石市復興事業CMの基本スキーム

ここから二つ目のテーマとなる釜石市復興事業CMの特徴について説明したいと思います。釜石市は発注者として積極的に復興事業に関与したいという強い方針がありましたので、ピュア型のCM手法を導入することになりました。この図が釜石市復興事業CMの基本形になります。CMRはこの基本形を実現するための仕組みを詳細に詰めることからはじめています。絵にすると目新しいところがないのでがっかりされた方が多いかと思います。ただ、釜石市復興事業CMの特徴がいくつかありますので紹介したいと思います。一つ目は中央の建設会社の調達力やマネジメント力に期待し、早期に中央の建設会社を確保する仕組みを取り入れています。二つ目として、地元の建設会社や測量設計会社に受注実績がきちんと残るよう地元企業を復興JVの構成員に加えながら、ブロック全体を統括的にマネジメントする仕組みを取り入れています。三つ目として、機動性と即応性を確保するため、釜石市が保有している既存の契約システムを可能な限り活用する仕組みを取り入れています。四つ目として、より多くの復興JVに参加してもらい適切な競争と効果的な技術提案をしてもらうため、公募手続き前に発注者と受注希望者との間でコミュニケーションを図る仕組みを取り入れています。

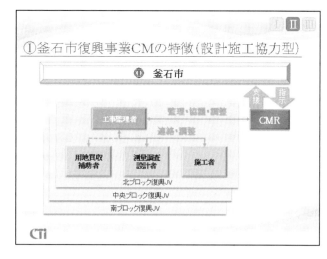

図5-9 釜石市復興事業CMの特徴(設計施工協力型)

一つ目の特徴となる中央の建設会社を早期に確保する仕組み、設計施工協力型について説明します。設計施工協力型は、設計施工等業務の進め方と契約方式に分けて説明する必要がありますので、まずは設計施工等業務の進め方から説明します。基本的に釜石市を支援するCMRと復興JVを取りまとめる工事監理者を中心に、用地買収補助者、測量調査設計者、施工者が協力しながら業務を遂行していきます。用地買収補助者や測量調査設計者、そして施工者が協力しながら業務を遂行することで4つの効果を期待しています。一つ目は用地買収の進捗状況や難易度を設計内容に反映させる。これは先程説明した通り、防災集団移転促進事業は任意事業になりますので強制執行により事業用地を確保できないという特徴があります。そのため、用地買収状況を横目に見ながら、設計内容を随時変更することで早期工事着手を期待しています。二つ目は、設計に必要な測量や調査を必要最小限かつタイムリーに実施することです。これは、確実な設計を進めるためにはより詳細な測量や調査が必要になりますが、必要最小限の調査で効率よく設計を進めることで事業期間の短縮を期待しています。三つ目は、合理的な施工方法を設計内容に反映させることです。宅地造成工事は、土工事が大半を占めることから、仮設防

災工事、施工機械、施工手順などが工事費を大きく左右することになります。そのため、施工者の目で見た施工環境を適切に反映した設計にすることで工事着手後の設計変更を最小限にすることを期待しています。四つ目は、設計の進捗状況を見ながら施工計画を作成、あるいは資機材の手配を順次進めてもらいます。これは、より早い段階で施工計画を作成することで資機材等の手配を進め、あるいは先を見通した技術者の配置を進めることで、請負契約締結後ただちに工事着手することを期待しています。

工事監理者は設計施工等業務を進めるにあたって極めて重要な役割を担っています。組み立てとしましては、先程紹介した UR 都市機構が大槌町等で実施している管理 CMR と設計施工 CMR の 2 階建て CM 方式に似ていますが、契約方式が少々異なっています。

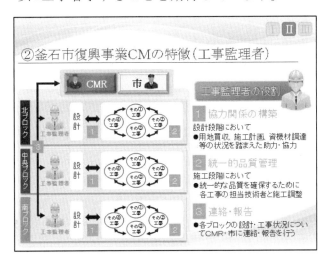

図 5-10 釜石市復興事業 CM の特徴（工事監理者）

図 5-11 復興工事の統一的品質管理

二つ目の特徴として、ブロック全体を統括的にマネジメントする工事監理者について説明します。設計施工等業務について、用地買収者、設計者、施工者がお互い協力しながら業務を進めていくことを先程説明しました。この協力体制を構築してブロック全体を統括的にマネジメントする者として工事監理者を置いています。工事監理者には3つの役割を担ってもらいます。一つ目は設計段階において用地買収の進捗状況や施工計画、資機材等の調達状況を踏まえた設計者への助言や協力関係を担うこと、二つ目は施工段階において各工事における統一的品質管理、複数の現場代理人および監理技術者、主任技術者との施工調整を担うこと、それから三つ目として、釜石市および CMR のカウンターパートとしての役割を期待しています。このように

工事監理者の役割についてもう少し説明します。既存の制度の枠組みの中では契約ごとに現場代理人、および監理技術者、主任技術者を配置する必要があります。仮にこの4つの工事が同時に動く場合、原則4人の現場代理人、および監理技術者、または主任技術者を同一ブロック内に配置する必要があります。複数の現場代理人、および監理技術者、または主任技術者が一堂に会して工事間調整あるいは資機材の融通、効率的な品質管理を行うのは不可能ではないと思いますが、スピード感や確実性に少し難があると考えました。複数工区、あるいは複数工種をスピーディにかつ確実に進めようとする際、全体を統括的にマネジメント、あるいは品質管理するものを配置することがひとつの解決策になると考えました。

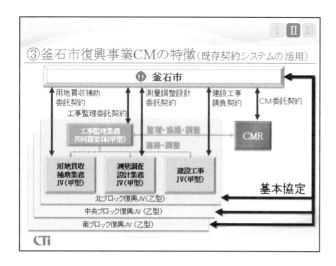

図 5-12 釜石市 CM の特徴（既存契約システム活用）

三つ目の特徴として、機動性と即応性を確保した契約システムについて説明します。この契約システムが釜石型 CM 手法の最大の特徴になります。マネジメント側となる建設技術研究所、UR リンケージ共同提案体は、釜石市と委託契約を締結して、復興 JV の募集から監理、協議、調整等を行っています。プレーヤー側となる復興JV とは、将来の契約締結を担保する基本協定を釜石市と締結します。この基本協定に基づき CMR が発注支援を行いながら釜石市が用地買収補助業務共同提案体、あるいは測量調査設計業務の共同提案体、それから工事監理業務の共同提案体との間で個別に契約を結んでいきます。測量調査設計業務がまとまったところから、CMRが発注支援を行いながら、釜石市に予定価格を定めてもらい、建設工事共同企業体との間で入札、見積合わせを行い、建設工事請負契約を締結していく枠組みとなっています。新たに用意したのは基本協定書のみで、それぞれと結ぶ契約については既存の業務委託契約書あるいは建設工事請負契約書をそのまま活用しています。契約上のリスクについてはあくまでも業務委託契約書あるいは建設工事請負契約書に示されている範囲に限定されることになります。地方自治法に定められている規模以上の建設工事請負契約は 1 億 5 千万円ですが、これを超えるものになる場合は議会に上程して議決を得ることになります。結果としてガバナンスも効いていることになると思います。ご覧の通りこの契約行為はこの縦線です。業務遂行ラインはこの横線で串刺しにしていることから、設計施工一括型発注方式とは大分異なってくることになります。

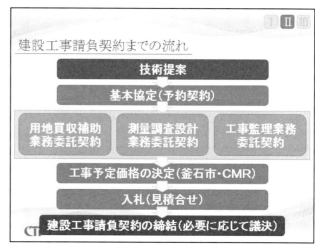

図 5-13　建設工事請負契約までの流れ

この後お話しする競争的対話の中で、全ての施工会社から質問をもらい、また、最も関心が高かった建設工事請負契約締結までの流れをもう少し説明します。

四つ目の特徴は競争的対話です。正式な公募手続きを始めてから、参加条件に応じて公募条件を変更していく場合、再公示の手続きを経る必要があるので、正式な公募手続きに先立って競争的対話を実施しています。この競争的対話には、設計施工等業務に関心を示した 27 社 19 グループに参加してもらいました。従来行われていた現場説明のような役割を果たしつつ、公示前に実施したことで発注者と応募予定者との間で相互理解を深めることができています。

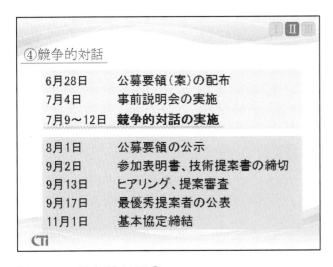

図 5-14　競争的対話①

図 5-15　競争的対話②

　設計施工協力型という新しい取り組みだったことから、参加資格要件に関する話と建設工事請負契約に関する話に終始してしまった感じはありますが、この競争的対話を通じて、一つは地元業者の参加に関する事項、二つ目として参加資格要件に関すること、それから三つ目として特定テーマに関する事項について見直しを行って正式な公募手続きに入っています。最終的には42社、7復興 JV に技術提案競争に参加してもらうことができました。

　この競争的対話では概ね7つの意見や質問が出されました。一つ目は予算額を超過した場合の取り扱いです。最も関心が高かった事項でした。これに対しては、予算額は最高限度額を保障してもらうものではないこと、合理的な理由が認められる場合は基本協定書の予算額について見直しを行うことを説明しています。総価契約とは少し違うことになります。それから二つ目は物価スライドの有無についてでした。設計完了後に予定価格を定めることから、応募時点の単価で契約を結ぶものではないことを説明しました。設計完了時点における単価を用いて予定価格を定めること、スライド事象が発生した場合には適切に対応するという説明を行いました。三つ目は地元の建設会社からの強い要請事項だったのですが、現場代理人、あるいは監理技術者、主任技術者の配置を勘弁してほしいということでした。これに対しては、業法あるいは契約約款に定められていますので、配置してもらうしかない。ただし、これから設計を進めていくので、建設工事の発注ロットは請け者からの提案事項になるため、受注者側に工夫の余地があることを説明しました。四つ目はコンサルから多かった質問ですが、景観設計や地元住民参加型の設計をしていいかということでした。これは予算の範囲内で提案してくださいと説明しました。五つ目は地元のB級C級の建設会社の参加についてです。これは積極活用してもらう業者に対して評価基準上優位に評価する見直しを行いました。六つ目は、参加資格要件が厳しいということでした。これについても提案をもらいながら支障のない範囲で見直しました。七つ目は盛土材の確保状況や土配の考え方など特定テーマに関するもので、条件が決まらないと書けないというものでした。そのため、特定テーマを設定するに至った背景や発注者としての問題意識あるいは積極的な提案を期待する部分などについて、公募資料の中に追記する形にしました。

　最後のテーマは今後の課題や展開について簡単に話したいと思います。釜石市の担当者や受注者から後で評価されると思いますが、現時点では機動性と即応性の高い契約方式にすることができたと自己評価をしています。来る12月

15日と12月21日には、安全祈願祭を執り行うところまでこぎつけています。しかしながら、今後の課題も多くあります。一つは導入したピュア型CM手法の事後評価、二つ目として復興事業の円滑な推進、三つ目としてポスト復興に分けて整理してみました。

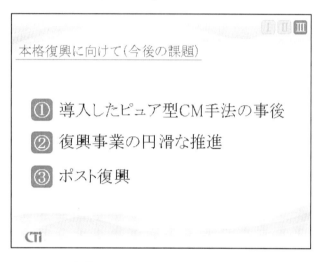

図5-16　本格復興に向けて（今後の課題）

一つ目の事後評価については4点ほどあります。一点目は発注者、CMR、工事監理者、設計者、施工者間における責任の範囲です。復興事業を進めながらこれらを明確にしていく必要があります。リスク分担になると思います。これは契約書に定めきれていない事項、あるいはこれまで発注者が行ってきた暗黙知の部分を、一つずつ形式知に変えながら関係者による合意を積み重ねて、事業を進めていく必要があるということです。CMRとして、相当の対応能力が求められていると考えています。そういう意味では、CMRの育成が今後の課題の一つと考えています。二点目は発注者責任まで民間に丸投げしているという社会的批判を受けないよう、その仕組み作りが求められていると考えます。併せてCM手法の普及に伴って、発注者側の技術力が伝承されない、あるいは低下しないような配慮も必要だと考えています。三点目は、複数工種、複数工区を対象にした設計施工等業務の受注者を募集するにあたり、今回も用いた選定基準、技術評価に問題がなかったかどうか事後評価が必要だと考えています。四点目については地元企業の地位向上、あるいは取り組み意欲の向上を図ることができたかについて、事後評価が必要だということです。この四点について確実に事後評価を行いながら、釜石方式が全国で広く使える契約方式なのか今一度点検したいと考えています。

それから、二つ目の復興事業の円滑な推進に向けては三点ほどあります。一点目は設計施工協力型のメリットを最大限引き出せるよう、技術者や資機材等々の状況を見ながら、切れ目ない工事発注を行うための工夫やマネジメント手法の確立です。二点目は、国、岩手県、UR都市機構、岩手県都市開発公社、釜石市を入れたこの5者が、狭いところで同時に建設工事を行う際の事業者間の調整あるいは工事間調整といったものが課題として挙げられています。しかし、具体的な解決方法は挙がっていません。三点目は労災が増えていますが、労働者の多くが未経験や高齢者であるという現実に目配りした安全衛生管理体制の確保が必要だと思っています。

三つ目のポスト復興に関して、今回の経験でさらなる可能性を感じたことから、2つほどあります。一つ目は復興JVを通じて地元の測量設計会社や建設会社の技術力、あるいはマネジメント能力を伝承していくこと、二点目は被災前に整備された社会資本と被災後に整備される社会資本の総合的な維持管理手法への展開の可能性です。この二点についても先を見据えながら行動していきたいと思います。以上です。

3. 2014年度公共調達シンポジウム

（司会）森田　康夫（国土技術政策総合研究所 建設マネジメント技術研究室）

3.1　沢田　和秀（岐阜大学工学部附属インフラマネジメント技術研究センター教授）
3.2　青山　和史（鹿島建設株式会社　石巻ブロック災害廃棄物処理JV）
3.3　近藤　里史（株式会社砂子組　常務取締役（土木担当））
3.4　賀集　功二（奈良県道路公社　第二阪奈有料道路管理事務所）
3.5　水谷　哲也（仙台市建設局　下水道経営部経営企画課）
3.6　奥野　了平（株式会社西原環境　OM本部OM部）
3.7　全体討議
　　・コーディネーター：
　　　松本 直也（建設マネジメント委員会・幹事長／建設経済研究所）

3．1 基調講演
地方における社会基盤に関する維持管理技術者育成の試み（沢田 和秀）

図 3-1 地方における社会基盤に関する維持管理技術者育成の試み

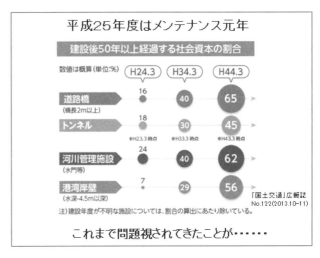

図 3-2 平成25年度はメンテナンス元年

岐阜大学工学部附属インフラマネジメント技術研究センターの沢田と申します。よろしくお願いいたします。

私どもでは、平成20年度より「社会基盤維持管理のできる土木技術者」を育成する講座を実施しております。この講座を【社会基盤メンテナンスエキスパート養成講座】と名付け、修了後に認定合格した人を「ME」（メンテナンスエキスパート）と呼んでいます。

岐阜大学は、この養成講座の運営に岐阜県、岐阜県内の建設業関連協会、中部地方整備局といっしょに、いわゆる産官学が一体となって取り組んできて、現在189名（平成26年6月現在）が修了しています。中には、MEが数人いる組織もいくつかあります。このことは、受講したことが意義あると認めていただけている証拠と言えるでしょう。

講座を修了認定したMEは、通常業務に戻った後、以前より前向きに率先して業務に取り組んだり、ME養成講座の意義をPRしたりしていると聞きます。大学に勤める一人として「大学の一番の大事なことは人を育成することである」と信じているので、受講したことを誇りに思い、業務に生かしていただいていることは、大変嬉しいことです。本日は、この「ME」の紹介をさせていただきます。

さて、皆さんよくご存じの話ですが、アセットマネジメントが重要だという話がされ始めてからもう十数年、ずいぶんと時間が経ったと思います。当方においても何かできないかといろいろ検討するうちに、メンテナンスの知見を持つ土木技術者を育成することで維持管理の効率化や充実化を促進することを構想企画してきました。この企画が、平成20年度に文部科学省の科学技術振興調整費で採択されたことで実現し、現在に至っています。

「岐阜で実施している講習の特徴は何ですか」とよく質問されます。

まず1つ、「講習の期間が長いことです」と答えます。講習は、20日間、つまり1ヶ月間朝から夕方まで缶詰です。1ヶ月も職場を空けることは無理だと思われるかも知れませんが、持ち帰られるものの価値が大きいので、今は職場の理解・協力のもと、認知されつつあります。

もう1つの大きな特徴は、「同じ教室で、行政の方と民間建設業界の方がいっしょになって学んでいることです」と答えます。部外者が聞かれるとコンプライアンスの問題が気になることでしょうが、講義を受けている彼らは、立場

の垣根を無くして「同窓生」の仲間になっています。スタッフ側の私たちが見ていても、純粋にいっしょに学ぶことを楽しんでいるように見えます。

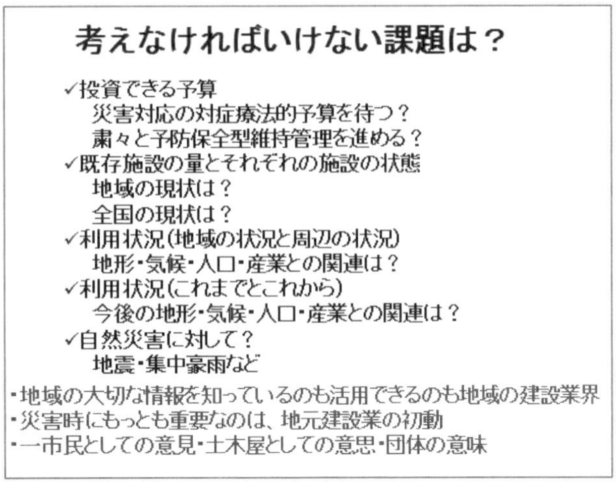

```
考えなければいけない課題は？
✓投資できる予算
    災害対応の対症療法的予算を待つ？
    粛々と予防保全型維持管理を進める？
✓既存施設の量とそれぞれの施設の状態
    地域の現状は？
    全国の現状は？
✓利用状況(地域の状況と周辺の状況)
    地形・気候・人口・産業との関連は？
✓利用状況(これまでとこれから)
    今後の地形・気候・人口・産業との関連は？
✓自然災害に対して？
    地震・集中豪雨など
・地域の大切な情報を知っているのも活用できるのも地域の建設業界
・災害時にもっとも重要なのは、地元建設業の初動
・一市民としての意見・土木屋としての意思・団体の意味
```

図 3-3　考えなければいけない課題

さて、土木業界における大きな課題についてお話しします。

まずは、「投資できる予算」についてです。岐阜は災害大国です。災害が全国的にも多い県なので、いつも災害対応のことを考えています。良くないことですが、災害対応として対症療法的予算を待つことが多いです。つまり、お金がないので、災害措置でカバーするやり方です。一方で、粛々と予防保全型の維持管理のやり方を進めようとしています。しかし、なかなか予防の予算を見込むことができない。積算できないので、予算を付けられないのです。それをどうするか、ということを課題の1つ目としてあげました。

2つ目は、「既存施設の量とそれぞれの施設の状態」です。どこの管理の立場の方に聞いても、本当はよく把握されていないようです。私どもの岐阜県も同様で、全部が全部わかるかというとそうでもないようです。全国的に見ると、すごくたくさんお金のあるところとお金のないところとがあって、同じ県の市町であってもそれぞれの場所によってお金があったりなかったりするので、現状が違います。もちろんお金があっても、応急処置的に目の前のことしかやらないところもたくさんあると思います。そういう現状がいろいろあると思います。

3つ目として「現在利用の状況、社会基盤施設を取り巻く環境」、4つ目は「今後の利用の状況、社会基盤施設を取り巻く環境」です。使用状況、地形・気候・産業との関連性はどうでしょうか。人口の増減、産業形態変容に伴って、過去の状況と今後と社会基盤施設もどんどん変わっていきます。それをどうやって予算に結び付けるかというところが難しいのです。私には、それぞれの地域の事情はわかりませんが、何とかしてお金を工面して、あるいは金じゃない何かを作って現状を打破していかなければいけない、ということがすべきことと考えています。

5つ目として、「自然災害に対して」はいかがでしょうか。近年、局地的集中豪雨があちこちで見られます。どう対処すればいいのでしょうか。例えば、東北の震災の復旧・復興を思い出してください。あるいはこの前群馬県での豪雪を思い出してください。豪雪に慣れていない地元の方が右往左往していた時、日頃から豪雪に慣れている救援者が現地に入って、一緒に頑張って対応されました。歴史や言い伝えなどをよく知っている人たちの知恵と技術が大いに役立つ事を、皆様もご存じのことと思います。日頃からの地域の連携連帯、コミュニケーションも欠かせないことと言えます。歴史の中で脈々と受け継がれてきたこのようなことの重要性が、いま問われている。どこかから偉い人がぽっとやってきて、すごいことを言ったところで、反発があったり、地域のやり方と違う、と思われてしまうと、なかなか進まないこともあります。

図 3-4　安心安全な県土整備に向けて(P-216)

土木屋さんが住民として考えていること、住民が土木に要望として挙がってくる意見などを、事業に結び付けられないか、ということがかなり以前から考えていました。それを、岐阜で仕

掛けたのは平成 14 年です。「社会基盤研究所」という他にはない研究所が設立されました。どんなものかと申しますと、研究所という箱はありませんが、研究所長は、岐阜大学の土木の学科長が（毎年変わりますが）務め、産官学が参画しています。地方には、あまり大きくないゼネコンさんやコンサルさんがたくさんあり、みなさんいろんなことを考えて、いろんなチャレンジをされようとしていますが、日々の業務に追われて新しいことにチャレンジできない実情があります。一社ではなかなか実行に移すことができない。では、みんなで研究所を作って産官学一体となり一緒に研究しましょう、研究したことを使って地元のために貢献しましょう、ということで研究所が作られました。

　研究所の所員になったみなさんは、ああいうことを試してみたい、こういうことをやってみたけど本当に役に立つのでしょうか、という発表や提案がされてきました。

　この研究所の設立された平成 14 年頃は、今よりまだ公共予算は多かったのですが、どんどんお金も減り、若手土木従事者も増えず高齢化していくといった、全体的に右肩下がりの状態が続いてきたのです。結局お金がない中で、何とかなりそうなことはやはり「人」だろうと、この研究所の所員の人たちと人材育成事業をやれないかということを話し合ってきました。その結果として、平成 20 年度の文部科学省への申請にたどり着きました。

　この研究所ができるまで、それから研究所ができてからも、行政も建設業界もいろいろ頑張ってきました。いろいろやってみたけれど、やはりどこか 1 つだけが頑張ってもどうしようもない。そのどうしようもないことをみんなで頑張ってみようということでこの研究所を立ち上げましたが、それはが正解だったと思います。なぜなら、人作りをやらなければいけない、と考えるきっかけになったからです。

図 3-5　社会基盤の維持管理のあり方(P-216)

　ここに提示した「社会基盤の維持管理のあり方」「さまざまな主体は様々な役割を有機的に連携する」など、理想的なことで格好いいですが、果たしてそんなにうまくいくのかと頭の中クエスチョンですが・・。しかし、少しずつでも取り組んでいくことが大事だと思いませんか。

　「地域協働型道路施設管理体系を構築する」書きましたが、こういうことを例えば岐阜のあちらこちらで話をすると、地域協働型でみんなやらなければならないと義務的に思ってしまうのですが、やり方は一律ではないと思うのです。みんなでやるべき時もあれば、できる人がやることでもいい時もあります。それぞれやり方があると思います。そのあたりのことを、「有機的に連携する」と捉えていただければいいかと思います。

　この PDCA が示すように、プランを企画し、行動し、チェックし、反省しながら動くことは、重要です。しかし、ぐるぐる回している間に時代が過ぎていくと、すぐにどれもが陳腐化していくし、みんなくたびれてきます。ですから、土木技術者自身がスキルアップ、あるいはモチベーションをあげる、何でもいいのです。今より少しでも、知見を得て、新たな一歩でもいいことにつながるように考えましょう、頑張りましょう、と思ってもらえれば、この PDCA のサイクルが上手に回る、早く回る、力強く回るというようになるだろうと思われ、「社会基盤メンテナンスエキスパート（ME）養成講座」を開始しました。

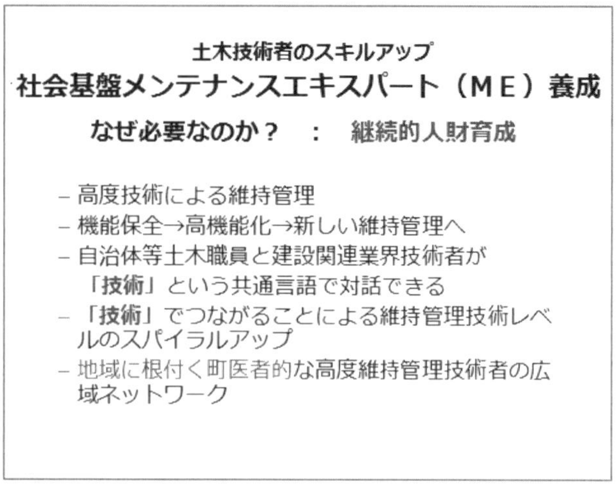

図 3-6 ME養成 なぜ必要なのか？

維持管理は機能保全だけより、今ある状態に何か手を入れることで高機能化できるのではないか、そのためには高度な技術と知識が必要になると考えたため、この人材育成システムを考えました。

受講者を大きく分けると、自治体等職員つまり発注者となる立場と、受注者側の民間建設業界があります。通常、コンプライアンスのことから一緒に学ぶことはあり得ないと思われていました。しかし、1つの構造物の施工・維持管理を検討する際、何をすべきかを発注者と受注者が共通理解していることは大変重要ではないでしょうか。土木技術の知見が共通していれば、同じものを頭の中に思い浮かべることができる共通言語を得たことになると言えます。発注者と受注者の両方の技術者が、同時に同じ場所で共通言語を得るための講義を詰め込んでみようとしたのがメンテナンスエキスパート養成講座です。

受講者たちは、1ヶ月間、120時間の短期集中講義を受けて、土木に関するいろいろな講座を受講修了後、通常の所属先に戻ったとき、受講前と大きく変わっていることを本人だけでなく、周りの人も気が付かれるようです。目の前の業務に積極的に取り組む姿勢だけでなく、MEの仲間たちと身に着けた土木の知見を活かして、自ら地域貢献する人が増えます。同期生やME取得者による、技術という共通言語を持った人と人のネットワークが、人としての生き方にも効果的な影響を与えていることがわかりました。こんな素晴らしいことが生まれ出てくることは、正直想像以上でした。

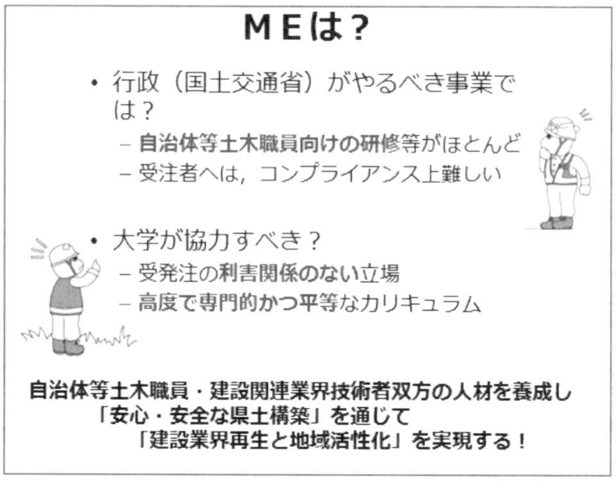

図 3-7 MEは？

一番上の質問はよく聞かれます。土木技術の講座ということで、国交省とか県とかがやるべきことではないか？ということです。発注者側としては、こういう講座やセミナー研修会を民間相手に公平に行うことは難しい、ということを聞きます。ですから、中立で利害関係のない立場である大学こそが、この事業をやるべきと思っています。大学は学び舎である‥と誇りに思います。しかし、大学の教員は、現場については現場を経験されている技術者にはかないません。大学の教員は現場経験が伴わない人が多いので、技術力はウニのとげのようなものかもしれません。全国から著名な講師を招へいしていますが、この「社会基盤メンテナンスエキスパート養成講座」の大きな特徴の一つは、ME認定された人の中で秀でた人が、講師となっていることです。

図 3-8 ME養成の実施体制(P-217)

私どもの講座は、平成25年度より岐阜大学大学院相当の「履修証明プログラム」として位

置づけられました。ですので、修了すると、学長名の修了証書が授与されます。

1ヶ月間缶詰になって講義を受けていただくという話をしましたが、大学の授業は90分で1コマです。1日4コマ、1週間に20コマやるので、4週間で80コマになります。講師は、岐阜大学の教員も致しますが、最新の高度な土木技術を学んでほしいので、半分は全国の著名な方を講師として招へいしています。全国の一線級の講師と書いてありますが、私のような地盤屋、コンクリート屋、橋梁屋、計画屋といったスタッフが、ぜひこの人に！という方たちを口説いて、来てもらっている講師です。

1ヶ月の講義、80コマの講義を受講者が1つも漏らさずに受講したら履修証明修了証書を授与します。この履修証明証書を手にした人だけが「メンテナンスエキスパート」になるための認定試験を受けることができます。社会基盤メンテナンスエキスパート養成ユニット運営協議会と書いてありますが、この協議会は、大学と県と国交省と、先ほど説明した社会基盤研究所（業界と県の関係者が入っている団体）で構成しており、協議会で認定試験を実施しています。試験に合格すると、「ME」になれる、という流れになっています。

MEの人たちは卒業した自分たちの仲間で「同窓会MEの会」を作っています。講義を受けて資格を取ってゴールではありません。運転免許証と同じで、初心者マークのようなものです。学んだ技術はすぐに陳腐化していくので、自分たちで勉強会を開いたり、現場を見つけてはフォローアップ研修をしたり、社会貢献したりして自分のモチベーションが下がらないようにずっと頑張っています。そういう人たちが、地元で貢献したり、行政機関の要請に応じて貢献したりすることもあります。お互いに切磋琢磨していることで、県内土木業界がとても活性化されています。

- ME養成の対象とする人材
  - 自治体等土木職員
    社会基盤整備・維持管理に2年以上携わった経験をもつ方
  - 建設関連業界技術者
    社会基盤整備・維持管理の調査・設計・施工に3年以上携わった経験を持つ方
- MEのミッション
  - 自治体等土木職員
    自治体等において長/中/短期的な社会基盤の整備・維持管理計画の策定に従事
  - 建設業界技術者
    所属会社やJVにおいて防災・維持管理業務で主体的な役割を担い，地域建設業界における工事品質の確保と質の高い技術提案に努める

図 3-9　ME養成の対象とする人材とミッション

養成講座に受講申請するための受講申請条件があります。その条件は、行政側の人だと社会基盤整備や維持管理に2年以上携わった経験を持つことです。一方、建設業界、ゼネコンやコンサルの人は、主体的な立場を3年以上携わった経験があることです。この条件が不足である方が申込みをされ、書類審査に落ちることもあります。私たちは申請書を一生懸命に審査します。申請者の多くは、だいたい30後半から40前半の方です。中には、60歳代の方もいらっしゃいます。大学院相当ということで、大学卒が必要ですが、中卒高卒・短大卒などでいらっしゃる場合は、資格審査を受けていただきます。

MEのミッションにおいては、長期的に頑張ってくれることが一番の願いです。異動などで直接ME活動ができなくなる方もたまにいらっしゃいますが、所属先だけでなく地域などで主体的な役割を持ってリーダーとなっていただきたいです。実際、そういう人もけっこうたくさん増えてきています。

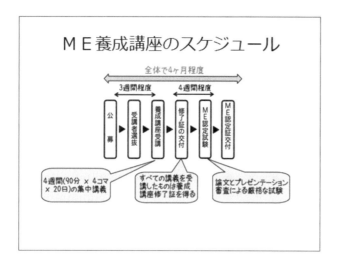

図 3-10 ME 養成講座のスケジュール

具体的なスケジュールを紹介します。

受講申込み → 選抜されて受講決定 → 4 週間の講義を受講してもらいます。すべての講義を修了すると修了証書がもらえると同時に、ME 認定試験受験資格を得ます。

その後、3 週間ほど後に実施される ME 認定試験を受験していただきます。試験は論文試験とプレゼンテーション試験です。それに合格すると、さきほどの ME 養成ユニット運営協議会で ME 認定証を交付します。今のところ 189 人（平成 26 年 6 月現在）に認定証を渡しました。

1 ヶ月間会社などの組織を抜けて講義を受けるのはさすがに厳しいです。人が足らない時期に 1 ヶ月間もこんなところに人をやっていられるか、というところもあるでしょう。それをどうするか、これを始める前に社会基盤研究所の皆さんと話し合ったのですが、受講するなら期間中は日常業務はしないでほしい、ということをこちらからお願いしました。受講申請書には、その人が抜けた場合の社内体制を示した対応書も提出してもらいます。そうしないと、宿題がけっこうあるので、講義を終えた夜に会社に帰って仕事をしていると、ストレスや寝不足で、中途半端な状態になってしまいます。それをできるだけ避けるために、公然と講義受講に集中できるように宣言をしてもらっています。このような対応ができるのも、先に述べたように、産官学協働で取り組んできた結果だと思います。

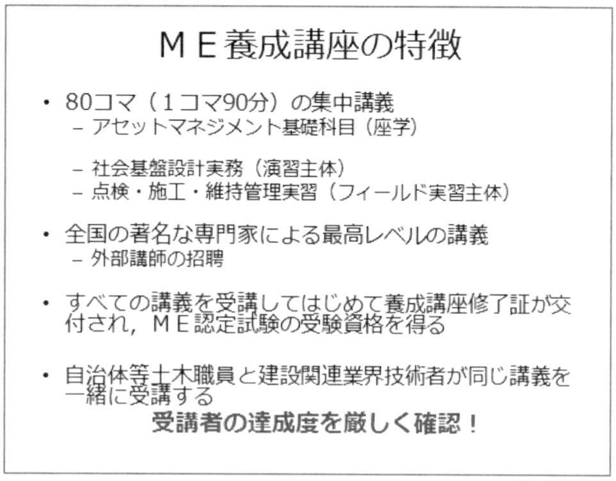

図 3-11 ME 養成講座の特徴

ME 養成講座の特徴のいくつかはすでに話しているので、重複しますが・・。

大きな特徴の 1 つ目は、自治体・行政の土木職員と民間の建設業界の土木技術者が、同じ講義を同じ部屋で同じように受講して、1 ヶ月間過ごすことです。ディスカッションする講義もありますが、受講前のそれぞれのイメージとは変わるようです。民間の人にすると、行政の方は近寄りがたい存在だったのが、同じ受講者仲間になります。お互いに知らないことを知らないと伝え、教えあうことができます。この講座では「日直」もありますが、立場に関係なく、一緒に取り組んでもらいます。そのような 1 ヶ月間を経て、立場が何であろうと同じ土木に関わっている仲間であると、当たり前のことを実感できるんですね。小学校中学校のころのように、同じ時間を共有して、同じ目標に向かって走って行っていくというのがおもしろいところだと思います。

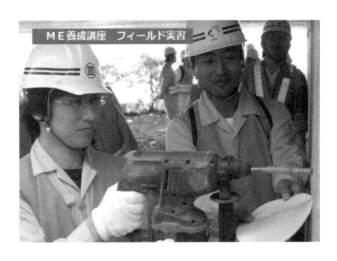

ＭＥ養成講座の概要

- 16コマ＝１科目で，以下の全５科目から構成される.
- 本年度から岐阜大学大学院履修証明プログラムとして開講．（5科目ｘ16コマ＝80コマ，120時間）
  - 「橋梁の設計・トンネル」
  - 「橋梁の維持管理」
  - 「地盤と斜面」
  - 「土構造物と舗装・水道・河川構造物」
  - 「インフラマネジメント」

図 3-12　ME 養成講座の概要

少し細かい話をしますと、一応 5 科目に無理やり分けています。これは先ほどの「履修証明プログラム」とするために、履修系統化しています。「橋梁の設計とトンネル」のセット科目、「橋梁の維持管理」のセット、「地盤と斜面」のセット、「土構造物と舗装・水道・河川構造物」のセット、あとは、全体計画とか維持管理とは何かとか、予算はどう回っているのかといった講義の「インフラマネジメント」セット。これが 16 コマずつ 80 コマとなっています。

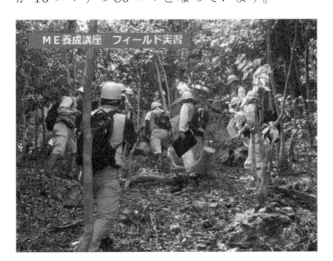

図 3-13　ME 養成講座_フィールド実習①

受講者のようすを写真で紹介します。

自然斜面のフィールド実習のようすです。

図 3-14　ME 養成講座_フィールド実習②

これはコンクリートの橋台にドリルで穴をあけて材料の状態を調べるという実習をしているところです。岐阜県が管理している橋梁の橋脚です。管理者である岐阜県や国土交通省中部地方整備局と協働しているおかげで、供用中の構造物を使ってフィールド実習をさせていただけます。勝手に穴をあけているわけではなく、終了後には埋め戻しています。

トンネルだと､例えば覆工を打音検査します。当たり前ですが打音検査をしているときに、剥落しそうなものは落とした方がいいですよね。すぐ落ちそうなものは落としますが、講習なので、今回落としてしまうと来年落とすものがないかもしれないので、まだ大丈夫そうなものは落とさないでおく、というわけのわからないことをしたりもしますが、少なくとも今生きている構造物を対象とした実習ができる強みがあります。

図 3-15　ME 養成講座_フィールド実習③

割れ具合を調べています。現在は、県道で実習を行っています。

図 3-17　ME 養成講座_フィールド実習⑤

これはトンネルフィールド実習のようすです。ひび割れの様子、湧水や水漏れの様子をチェックして、最終的には課題として提出してもらいます。

図 3-16　ME 養成講座_フィールド実習④

これはトンネルフィールド実習現場の道中です。その路線の全面委託を受けている地元業者に依頼し、片側交互通行にし、一般通行車にも受講者にも安全である環境を整えています。この妙な立て看板がおもしろいのでスライドに出しました。「フィールド実習実施中」という、なかなか見かけない看板だと思います。

図 3-18　ME 養成講座_フィールド実習⑥

トンネルクラウンのあたりは届かないのでリフトを持ってきて点検をします。講師の先生が、「こうやって見るんだよ」というふうに講義をしている最中です。

図 3-19　ME養成講座_フィールド実習⑦

　これは鋼橋のフィールド現場のようすです。鋼橋の箱桁の中を点検する様子です。国交省管理の橋で、岐阜国道事務所の協力で実施しました。

図 3-20　ME養成講座_フィールド実習⑧

図 3-21　ME養成講座_フィールド実習⑨

　これはコンクリート橋の様子を見ているところです。このように現場でいろいろ考えながらやっていますが、こういう写真を見せながら広報的にお話をすると、現場の実習をたくさん講義に入れてほしいと言われます。しかし、現場実習だけやっているのでは、その場の対応しかわからず応用ができません。現在だけでなく、これから10年後どうなっていきますか、ということを座学できちんと学んでいただいて、それを頭の中に入れて現場に出かけて行くことによって、「先ほど話をしていたことは、これなんだな！」とわかる。そうすると、最初のアセットマネジメントとは何ですか、という講義のときに、橋梁なら橋梁で、この橋はどうしてここにあるのか、いつできて、どうしてこの形状の設計がされていて、どうして今の状態になっているのか、今健全だが、いずれどのように弱っていくだろうと予想をしてみる・・・。そういうことが講義の中でなんとなくわかってくれた状態で現場に行って、それを自分で感じてもらう。そういうところが大きな強みだと思います。現場から戻った後に、グループ討議をしながら、対処の仕方や自分たちは技術者として何ができるのでしょうか、という話し合いをしたりもします。

図 3-22　ME 養成講座_フィールド実習⑩

　これは、受講生とすでに ME 認定を受けた先輩との座談会のようすです。ME 認定者から、ME になってからの状況などを聴くことで、ME 資格の意義を想像できるようになります。もちろん、まだまだ限られた人数しかいないので、自分たちでできることを手探りしている現実も知ることになります。多くの受講者は、ME 認定されたらできるだけ自分の持っている技術や知識を社会に還元、貢献できるようになりたいと言う人がほとんどです。

図 3-23　ME 認定試験

　試験は、先ほどお話しました通り、論文試験とプレゼンテーション試験です。内容は別に難しいことではありません。試験問題は、社会基盤整備や維持管理、計画、設計施工を実施するにあたって必要な考え方はどういうものですか、ということを問います。プレゼン試験では、論文の説明、その補足、またアピールしたいことを発表してもらいます。

　この写真は、プレゼンテーション試験の場面です。手前に座っているのが審査員です。

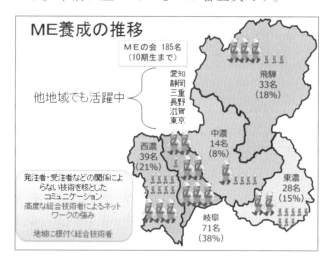

図 3-24　ME 養成の推移

　この岐阜の地図は、ME 認定者の地域ごとの分布図で、認定者は地域ごとに地域部会を立ち上げています。このマスコットは、ME 君と呼んでいて、大きな ME 君一人で 10 人単位、小さい ME 君一人が 1 人単位で表現しています。現在、189 名（平成 26 年 6 月現在）が認定されています。なかでも、岐阜地域はコンサルタント会社などが多く、輩出された ME 認定者も多く存在しています。また、愛知県、静岡県、三重県、長野県、滋賀県、大阪府、群馬県からも受講いただき、ME 認定者が全国に広がりつつあります。

　事務局には、いろいろな箇所から養成講座についての問い合わせがあります。やはり、全国的に土木構造物の維持管理が重要視されているからでしょう。

　なぜ、地域部会を立ち上げたのかを説明します。岐阜県は 1 万 km² という広大な面積を持っています。南西あたりの西濃地域は、木曽川と長良川と揖斐川の合流する木曽三川と言った広いゼロメートルの軟弱地盤があるところです。

集中豪雨で床下浸水や斜面崩壊などの災害が多々あります。一方、北の飛騨地域や東の方の東濃地域は、山岳の占める割合が大きく豪雪地帯もあります。このように、同じ県内でも地形や地質によって、土木の観点も異なってきます。お互いに明確な問題意識をもち、効率的にフォローアップ研修をするために、活動しやすいグループを形成しているのです。もちろん、全体のMEの会として取り組むことも何度もあります。

わからないことはわかるMEに聞いたり、情報共有したりすることで、仲間意識も高まり、MEの会ネットワークは確固たるものになりつつあります。もちろん、私たち大学関係者にアドバイスを求められたら、できるだけ飛んで行って、協力しています。

図 3-26　MEフォローアップ研修

MEのメンバーは、自主的にいろいろな勉強会を企画しています。いくつかを紹介します。

上は、4年前のことですが、岐阜県からの依頼で、県の橋梁点検マニュアルを新しくする過程で、ME認定者がマニュアルの確認するために、実際に点検を行っているようすです。

左下は、珍しい橋梁下部工事があり、フォローアップ研修として見学しています。右下は、中部技術事務所で災害対策用の大容量ポンプの操作を勉強しているところです。

図 3-25　同窓会

同窓会であるMEの会は、任意団体ですが、規約を整え、事務局や理事を作って、運営方法を考えています。この写真は、飛騨地域部会のようすです。みんなで講演を聞いたり、フィールド実習を行ったりして、点検の仕方などの知識の確認を図っていました。

図 3-27　社会基盤メンテナンス手帳の発刊

すでに見られた方もあるかもしれませんが、最初の受講生15名がこんな本をつくりました。一目で点検のポイントがわかるように書かれています。この本のコンテンツの内容は、月刊建

設でも「メンテナンスのポイント」と題して不定期な連載をしてもらっています。

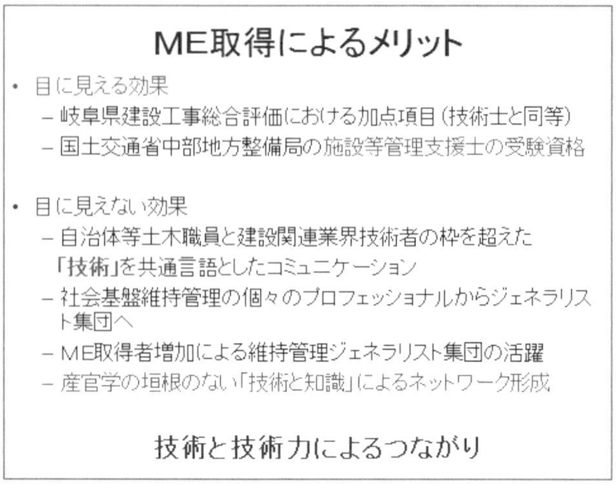

図 3-28 ME 取得によるメリット

民間土木業界にとっては、社内に ME 認定者がいることのメリットは何かということは、重要なことでしょう。岐阜県は、協働で養成講座をやっていることもあり、建設総合評価の工事部門の加点要件を技術士と同等と認めてもらったのが、平成 22 年の終わり頃だったと思います。ずいぶんと早い時期に取り組んでもらえました。また、国土交通省中部地方整備局の施設等管理支援士（道路）の受験資格を得ることができました。

岐阜県は発注者として、民間業者が ME 養成講座を受講する機会を得ることを積極的に公認してくれています、通常は、現場代理人・管理担当者は自らの業務から抜けるのは許されないのですが、ME 養成講座の受講が決まった場合、担当者を交代してもいいということを認める制度が、平成 26 年度から始まりました。

もう 1 つは、一般競争入札に付する工事で、本工事は、ME（社会基盤メンテナンスエキスパート）を活用して小規模橋梁の点検から補修計画、補修工事の実施までを一連して行うものである、と謳ってくれたのが、昨年度の岐阜県の大垣土木事務所と高山土木事務所でした。要するに、一連の点検から工事実施までを ME を使って考えてください、というものです。これ

が良い成果を出したようで、岐阜県内では岐阜県の土木工事事務所が 11 ありますが、今年度は、11 事務所すべてで実施しています。ME 取得に関するメリットの紹介でした。

先に述べましたが、目に見えない効果として、自治体・行政の土木職員と民間の建設業界の土木技術者が、同じ受講仲間として意見交換したり、教えあったりしています。すべての人が実務経験を経て受講しているので、得意分野もあれば不得手な分野もあります。そのことを見極め、自分に不足していることを補わないといけないと俯瞰することができるのでしょう。そのことで、次の仕事や合理化や効率化を考えることにつながっていると思われます。

このようなネットワークができあがりつつあることが、ひしひしと伝わってきます。

図 3-29 ME の活躍

ME 認定された人の成果を紹介します。活躍と言っていいのかわかりませんが、笹子トンネルの天井板が落ちた後、緊急点検をやりなさいという話が出た時に、同窓会である ME の会に協力要請がきました。その結果、岐阜県は笹子トンネルのように附属物で危ないところはなかったのですが、それ以外のところでトンネルの構造とか、この状態はダメじゃないの、というものを見つけました。

「MS」は、岐阜県が実施している事業で、「社会基盤メンテナンス・サポーター」の略称です。

MSというのは、一般の住民の人たちに1日だけ社会基盤構造物に関する講習を受けていただいて、自分が日常行動するテリトリーの中で、何かいつもと違うようなことを見つけたら通報する、というボランティアです。その人たちに、さらに一歩か二歩上の技術と知識を知ってもらおうと、MEは自分たちでMS用の勉強会をつくったり、MEの人たちが一日講習の講師をしたりしています。

このMy橋運動とは、岐阜県瑞浪市の職員が、ME受講を修了した後、ME認定試験で提案した橋梁の維持管理の方法が発端でした。提案に留まらず、実際に取り組んでいます。自分の生活する地域で、担当する橋を決め、それを重点的に見て管理しましょう、という試みです。瑞浪市内の身近な橋を愛着をもって継続的に見守っていく方法として実施されています。

いろいろなところでの講習会や研修会において、ME認定者が講師として呼んでもらっています。特に、昨年度はストック総点検というのが国から出たのですが、ストック総点検の点検方法に関する講師でずいぶんと活躍してもらいました。
このほか、「MEとして・・」と声をかけられて、いろいろ点検や診断などの仕事を依頼されていることもあります。

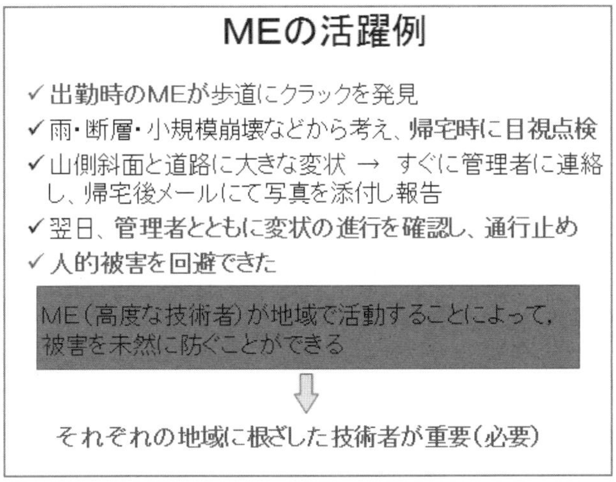

図 3-30　MEの活躍例①

ME認定者の活躍した例を1つ紹介します。岐阜の高山での話です。高山市内の建設業のMEさんが、出勤しているときに、なんとなく違和感を持ち、道路にいつもと違うクラックを発見しました。そのことが気になったので、帰りにもう1回見たら朝よりひどくなっていた。実は、その場所は断層が通っているところで、のり面の押さえ方が良くなかったので、変状が出ました。その時に写真を撮って、管理者に報告をする。MEさんが管理者に報告すると、地盤屋の私のところに県からその報告が転送されてきて、意見を求められたので、私も次の日に見に行きました。

図 3-31　MEの活躍例②

現場をみて、大きな崩壊につながりそうだったため、道路を全面通行止めにして、事なきを得た、ということがありました。この例は、たまたま通勤途中にクラックがあったのを発見して、帰りに見たらもうこんなに広がっていて、U字溝の蓋が圧壊しているのです。こんな状態でした。実はここに断層が走っているのですが、これを無理やり水が出てこないように押さえるような処理がしてありました。いったい誰がやったのかという話も少しありましたが、それはさておき、これを初期段階で見つけたので、たいへん助かった、ということです。

図 3-32　MEの活躍例③

　間伐材を利用しようとして、ブロック積みの擁壁にべたべた貼り付けてあり、邪魔なので、全部取ってもらいました。

図 3-33　MEの活躍例④

図 3-34　MEの活躍例⑤

　このポールの奥のブロックの継ぎ目がずいぶん開いているのですが、こんなものを張り付けているので見えないのです。

　彼だけではありません。ME養成講座を受けたことで、信号で止まった時など、構造物のひびが昨日より少し大きくなっているではないかとか、あそこののり面から変な水がでているとか、いつもより水が多いんじゃないかと、道路周辺が気になってしまう人がいっぱい増えてくれました。

MEのその他の活躍

- 自治体所属MEが、MS講習会の講師
- 県・市町村建設技術職員講習会の講師
- 橋梁点検研修　講師
- 中部地方整備局の依頼で、三重県下で維持管理に関する研修会の講師

図 3-35　MEの活躍例⑥

　MEには、いろいろなところで講師を引き受けてもらうようになってきました。

　私どものME養成講座の講師として、後輩のために貢献してもらう人も増えてきました。座学の講師としても、すでに5名が引き受けてくれています。

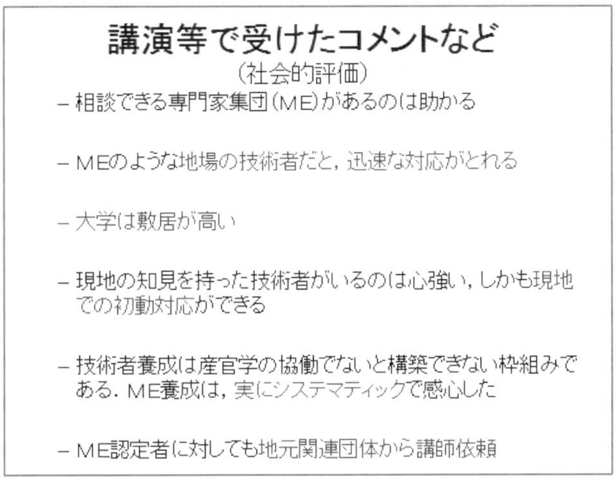

```
講演等で受けたコメントなど
         (社会的評価)
- 相談できる専門家集団（ME）があるのは助かる
- MEのような地場の技術者だと，迅速な対応がとれる
- 大学は敷居が高い
- 現地の知見を持った技術者がいるのは心強い，しかも現地での初動対応ができる
- 技術者養成は産官学の協働でないと構築できない枠組みである．ME養成は，実にシステマティックで感心した
- ME認定者に対しても地元関連団体から講師依頼
```

図 3-36　講演等で受けたコメントなど

　ME養成講座の話題で、いろいろなところで講演させていただく機会があります。その際、いろいろなコメントをいただきます。いくつか取り上げてみます。
1．何か気が付いたときに、身近にいるMEに相談をすることができる。
2．MEは技術者なので、応急処置を含め、迅速に対応してくれる。
3．大学の存在はまだまだ敷居が高いので、相談するのは気が引ける。
4．地元をよく知ったMEだからこそ、理解してくれる。
5．岐阜の取り組みを自分の所在地でもやりたいけれど、なかなか産官学を巻き込むのは難しい。

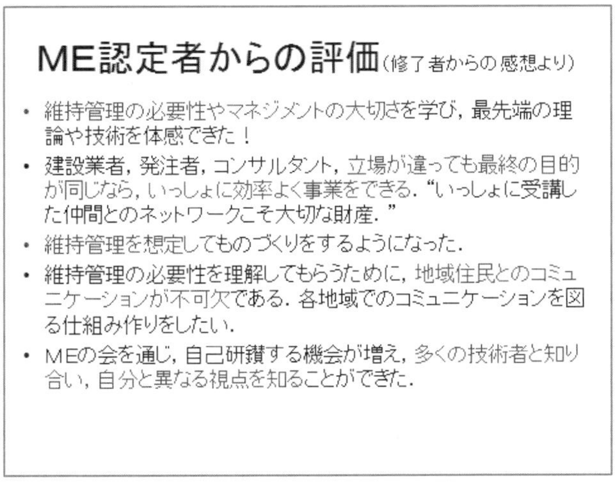

```
ME認定者からの評価（修了者からの感想より）
・維持管理の必要性やマネジメントの大切さを学び，最先端の理論や技術を体感できた！
・建設業者，発注者，コンサルタント，立場が違っても最終の目的が同じなら，いっしょに効率よく事業をできる．"いっしょに受講した仲間とのネットワークこそ大切な財産．"
・維持管理を想定してものづくりをするようになった．
・維持管理の必要性を理解してもらうために，地域住民とのコミュニケーションが不可欠である．各地域でのコミュニケーションを図る仕組み作りをしたい．
・MEの会を通じ，自己研鑽する機会が増え，多くの技術者と知り合い，自分と異なる視点を知ることができた．
```

図 3-37　ME認定者からの評価

　これは卒業していった人の感想文の中からいくつか抜き出したものです。
○「維持管理の必要性、マネジメントの大切さを学んで体感できた」
　私どもの講座の目的を理解してくれたもので、ありがたいです。
○「業界も行政も、立場によってすることや手段は違うけれど、目的が同じなら垣根を外して、一緒に考えたらいいじゃないでしょうか」
　上記の感想は、大変多くの人から聞かれます。
○「こう造ってしまったら後の維持管理で困るのではないか、ということを考えて設計をできるようになり始めました」造る人（施工業者）
　受注者側でも発注者側に提案したりできるようになった例です。やはり「話すことが重要だ（コミュニケーション能力）」と気付いた人もいます。それから連絡を取り合える仲間が増えました、という感想が多いです。

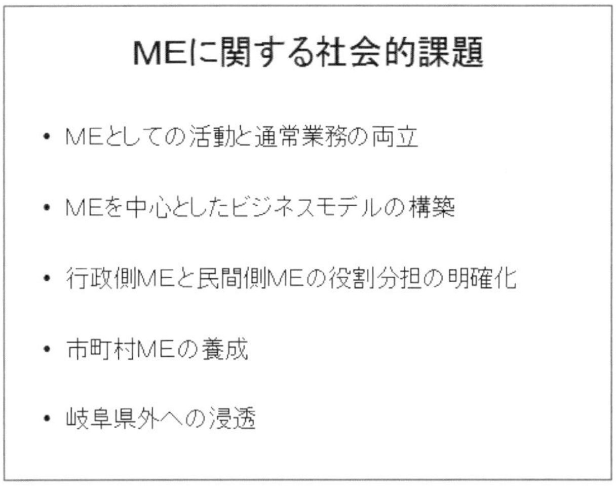

```
MEに関する社会的課題
・MEとしての活動と通常業務の両立
・MEを中心としたビジネスモデルの構築
・行政側MEと民間側MEの役割分担の明確化
・市町村MEの養成
・岐阜県外への浸透
```

図 3-38　MEに関する社会的課題

　さて、MEに関する社会的課題ですが、MEというのは、今はただの資格ですが、技術士のようにきちんとオーソライズされているわけではないので、県内ではMEを持っているからちょっとなんか考えてよと言われるのですが、これがお金につながらないことが多いのです。そこが大きな問題で、同窓会組織を法人化しようかと考えています。さらにやっかいなことは、ただの仲間ではいけないので、それぞれ立場を

わきまえて、どういうふうに継続的にやっていくのが合理的かという大きな課題があります。

　この講座は1ヶ月仕事を抜けて受講していただきます。受講者は、組織の中の大黒柱である場合が多く、ほどほど大きな組織ならいざ知らず、2人とか3人とかしか土木技術者がいない市町村だと、1人が抜けたら他への負担が大きすぎると懸念されていることが多々あります。そういうところからも受講してもらうにはどうするとよいか・・・というのも大きな問題です。

　また、昨年度から岐阜県以外にも受講募集をかけていますが、PRをどうするかが課題の1つです。日本中の土木技術者がMEとしてつながってほしいと夢見ています。

図 3-39　成長分野等における中核的専門人材養成の戦略的推進事業(P-217)

　全国展開につなげるために、文部科学省の「成長分野等における中核的専門人材養成の戦略的推進」というプログラムの採択を受け、平成25年度から他大学への講座運営のノウハウを伝えることも始めました。現在は、長崎大学、愛媛大学、長岡技術科学大学、山口大学と検討を重ねています。それぞれの大学で同じような講義を受け、同等のレベルに到達していれば認定証を出すものです。

　もっと賛同していただける地域が増えるとうれしいことです。

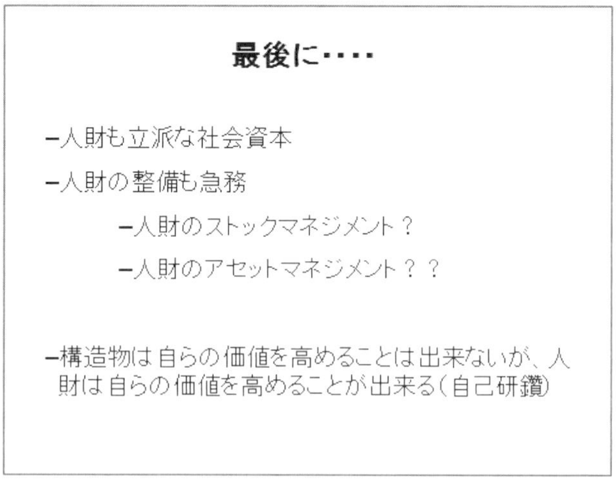

図 3-40　最後に

　最後に、土木技術者は、「人材だけでなく、人財となる」のではないでしょうか。もちろん苦労も障害もたくさんあるのでしょうが、土木技術者自らが人材から人財となる意義を感じ、誇りに思ってくれることを一番です。そうなるように、できるだけ精励していく所存です。

　最後のPRですが、後期ME養成講座は8月の22日から4週間です。その申請者の募集が今週から始まりました。もし興味がある人は、私の所属するインフラマネジメント技術研究センターのホームページを見ていただくと募集要項がありますので、ご参照ください。ただし、意外と込み合っており、講習できるキャパシティが限られていますので、はじかれる可能性もあります。

　これで終わります。ありがとうございました。

◇質疑
（会場）

MEは試験を受けて認定されるということなのですが、合格率はどれくらいでしょうか。

（沢田）

ほぼ合格します、1割までは落ちないと思います。落とすための試験はやっていないつもりですが、どうしても許せない人がいると、もう1回受けてね、ということをしています。今のところ特にルールはなくて、1回落ちた人は次講習を受けなくても試験だけを受けられることにして、2回目のリベンジで落ちた人は今のところいません。

（会場）

この制度は、運営するためにいろいろコストがかかると思いますが、どのような運営をされているのか、教えていただきたいのです。

（沢田）

お金がかかるのは、講師の確保です。講師の人件費と旅費が一番かかります。それとフィールド実習は全面委託で、警察との申請から通行止めの規制まで全部業者にやっていただき、リフトや橋梁点検車などを持っていくときにお金がかかります。それにプラスしてスタッフの給料で、おおかた1回分で1ヶ月講義をやりますと400万円。それをいろいろの関係者の協力を得て実施しています。今まで協力してくれた仲間がずいぶん助けてくれています。平成24年度までは完全に文科省の予算で実施していました。

（会場）

参加者から費用を負担させることはないのでしょうか。

（沢田）

さすがに苦しくなってきたので、参加者から今回からテキスト代をもらうようにしました。テキストが、スライドを2段組みでカラーで刷ると、1年分で私の隣の部屋にあるコピー機のカウントが120～130万円になります。その分を全部出すのもどうかと思って、今年からはそれを受講者からもらうことにします。

（会場）

先生はおっしゃっていましたが、MEを中心としたビジネスモデルの構築をどうしようかと、同窓会の法人化を検討しているとおっしゃっているのですが、もともとこのような専門家を地方自治体は求めていると思うのです。インハウスエンジニアがいないような地方自治体においては自分で勉強するよりもこうしたMEの人を調達するというか、助けてもらうことが重要なわけですが、MEの調達、市町村から見たら公共投資です。MEの人を雇うということの投資効果といったものを先生はどうお考えでしょうか。

（沢田）

なかなか難しいお話ですが、特に自治体が小さければ小さいほど効果はあると思います。今のところ個人が集まった同窓会組織でしかないのですが、例えば同窓会の方が出向のような形でどこかの町役場に入る。1人でできることは限られていますが、仲間を上手に利用して、そこに大きなお金が発生しないような形で上手に利用して智恵を使って、あとは町役場のお金できちっとできることはいくつか考えられると思います。小さな市町村では、非常に効果が高いと思いますが、出向という形はおそらく行政－行政という動きはできると思いますが、業界側が出向という形で入ろうとすると、今のところ任意団体ですので、「どうしてそこの誰それさんなの」という話になってしまうと思うのです。そういうところで法人化が必要ではないのかなというのが、受講者や卒業生の意見です。

（会場）

インハウスエンジニアとしてMEの方を必要としている市町村の方がどれくらいお金を払っても良いか、自分のところでインハウスエンジニア終身雇用で雇うより、専門家を必要な時に

必要なだけ来てもらう、そういった価値をどのようにお考えでしょうか。

（沢田）

そこまでは考えたことはないですが、やはり手伝いに行った人ができれば自分の給料より下がらない方がいいですよね。そういうことまで詰めていくことによってどういうお話ができるか私にはわかりません。

（司会）

先生、関連ですが、MEのメリットとして、目に見える効果として県の総合評価の加点項目であったり、整備局の施設等管理支援士の受験資格であったりしました。受講されて取得された方々が優位に評価される、結果としてメンテナンスにかかわる点検診断、設計、工事といろいろなところで活躍される機会が増えてくる。そういう有資格者、メンテナンスエキスパートとして権利を持った方が活かされるような方向で展開されるため、発注者、地方自治体や国に対してどのような期待をされているか、あるいはアクションを起こしておられるのか、その点をお聞かせください。

（沢田）

期待は、国が今年から5年間に1回橋梁とトンネルを点検・評価するサイクルを回しますが、この時の資格に役立ててもらったらいいなあ、ということでいろいろ相談をさせていただいております。そうなれば、さらに利用価値が高まるというか、オーソライズされた資格になるのではないか、というふうに考えております。

（会場）

橋梁の維持管理を専門にやっている会社ですが、養成講座でどういう内容を講義されているのか教えていただきたいのですが。

（沢田）

橋梁は私の専門ではないのであまり細かいことは言えませんが、維持管理において点検をし、評価し、それをどうこうしようということだと

すると、その橋梁という構造物の生い立ちを知らなければならない。したがって新設のときにどのように設計する考え方があるか、というところから始めて、材料が鋼だったりコンクリートだったりすると、交通荷重でこうなる、水が入ったら塩がついたらこんなふうになります、といった材料的な見解からと、構造的な見解からメカニズムがわかります。それを実地のところに行って確認してもらって「講義で言っていたことはこれなんだ」と確認ができる。それがどうなっていくか、ということを維持管理の講義で考えて、その時の対策方法はこんなものがありますよ、とか、大雑把に言えばそのような流れですね。

（会場）

MEの取り組みは非常に今の時期には重要な取り組みで、これを広げられていっていることはたいへん結構なことと思います。これをぜひ持続可能な形にできればいいのですが。今は文科省の助成を始めとして、いろいろな支援で成り立っていると思いますが、これを持続可能にしてかつ全国的になるような制度設計のような何か検討されていることあるいはお考えがあれば教えていただきたい。

（沢田）

実は平成20年度にこれを始めたときからずいぶんと話し合っています。やはり受講料を取るというのが一番正しいやり方であると私は考えていますし、スタッフの大方もその考えです。今はなんとなく軌道にのってよさそうだねとみんなに注目いただいていますが、これがきちんとオーソライズされた形になるとき、最終的には受講料を受講者から取ると考えています。その続きで考えていることは、その人たちがもう少し勉強してみようと考えたときに、もっと密に大学と一緒に取り組めるような体制が取れないかということも考えつつあります。

（会場）

　無料でこのような講座を開いて行って、軌道に乗れば将来はこういう講座を継続していくのは、非常にすばらしい試みだと思います。今講義に来られている方がだいたい1回が何人で、それと官と産の比率がどのくらい来られているのか、あるいはそれをコントロールされるお考えはあるのか、それをお教えいただきたい。

（沢田）

　延べで平均すると私どもがやっている1回の受講のキャパシティは24人と決めています。24人のところに多い時だと2倍の応募者が来ますし、少ない時で1.3倍とか、その時の業務の発注状況によります。二期に分けて1年に2回やっていますが、前期は5月の終わりころから6月の中旬まで、後期は8月のお盆過ぎから9月の中旬までですが、前期の方はどちらかというと業務が発注されつつあるというところで業界の方が来やすいのだろう、というのが社会基盤研究所と話し合った結果です。後期はどちらもぎりぎり火が付く前です。岐阜県の人とずっと一緒にやってきたので議会がない時、という区分けでやっていて、だいたい延べで言うと1.5倍程度で応募者があると思っています。実は今は31人取ってやってみましたが、結構厳しかったです。やはり24人というとだいたい顔を見てなんとなくみんなと目が合うくらいです。そこから増えるとさすがに辛いというのが私の個人的な感想です。あとトンネル講習でエレベータに乗るとなると回数が増えます。橋梁点検車も何回も何回も乗ってもらうのは時間がかかる、そうすると出かけて行って帰ってくるのにずいぶんと時間がかかってしまう。そのようなところをいろいろ考えつつ、私が決めています。官と産はですね、1：2、官が1、産が2くらいでしょうか。だいたいそんなもんだと思います。

（会場）

　意識的にコントロールされているのでしょうか。

（沢田）

　そういうわけでありませんが、次第に官側、市役所さんとかが増え始めたようです。

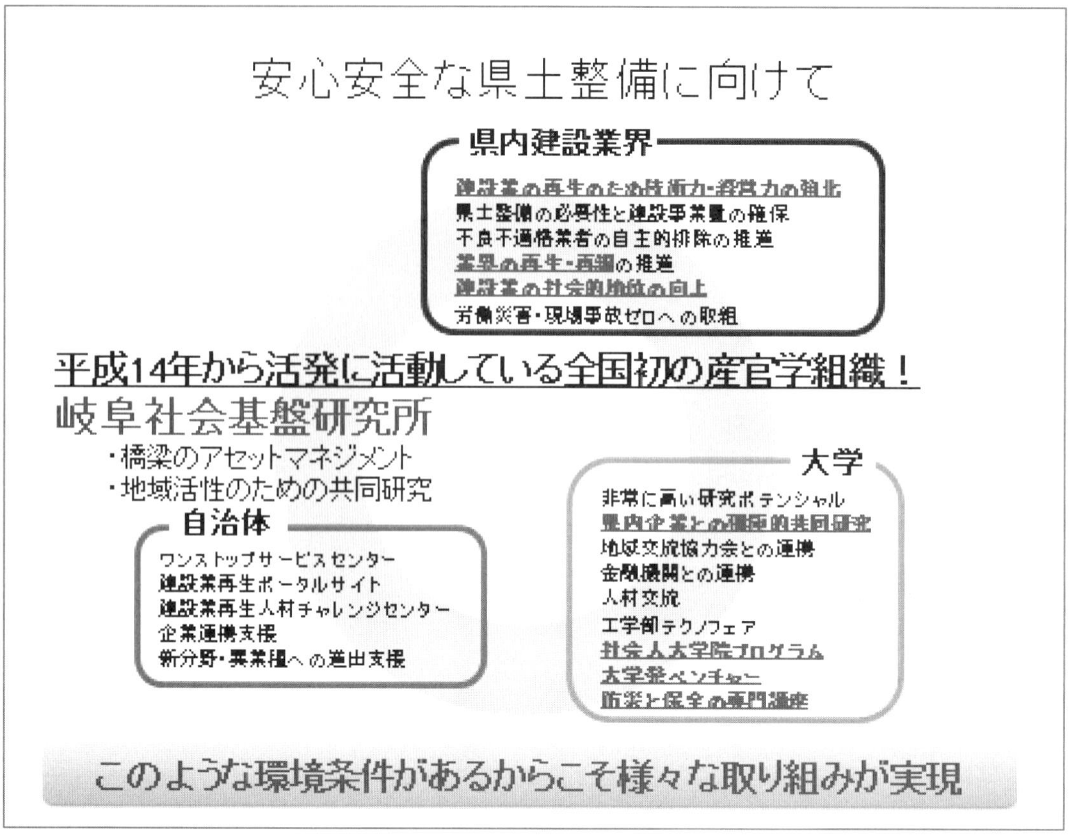

図 3-4 安心安全な県土整備に向けて

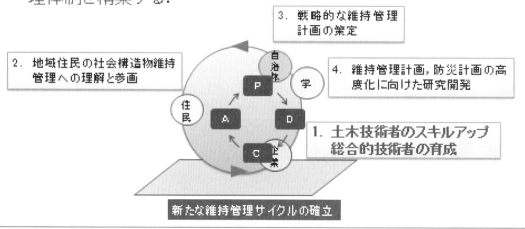

図 3-5 社会基盤の維持管理のあり方

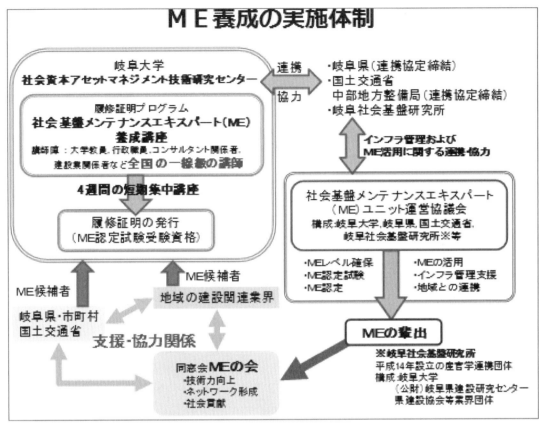

図 3-8 ME 養成の実施体制

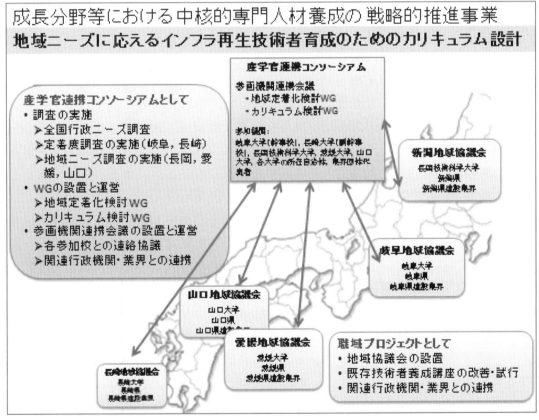

図 3-39 成長分野等における中核的専門人材養成の戦略的推進事業

3.2 宮城県・石巻ブロックにおける災害廃棄物処理について（青山 和史）

図 2-1 宮城県・石巻ブロックにおける災害廃棄物の処理について

鹿島建設の青山です。

はじめに私のプロフィールを紹介します。私は土木系社員として入社しました。もちろん土木学会にも入っております。そのなかで、実は入社以来環境系の業務を担当してきました。2000年の東海豪雨、2004年の福井豪雨による水害廃棄物、あるいは青森、岩手県境の産廃不法投棄のような廃棄物系の現場を担当してきました。その当時、なぜゼネコンが廃棄物処理をやらなければいけないのかという話もありましたが、結局これまでの経験から今回東日本大震災のがれき処理に携わることになりました。

2011年3月11日から3年4カ月ほど経ちます。みなさんは当時、東京や大阪にいらした方が多いと思います。もう一度思い出してみると、本当にすごい揺れでしたが、一方で石巻含め東北の沿岸地域は非常に津波の被害が大きかったのが特徴です。

1. 宮城県における災害廃棄物の処理

タイトルの写真は、今回の現場のすぐ近くの状況です。このあたり一帯は住宅街で、ここには海沿いの公園があり、非常にのどかな場所でした。これが本当に地震直後の津波で一瞬にしてみなさん自分の家、親族をなくされ、一切何もなくなってしまいました。全体に1mほど地盤沈下し、岸壁も崩壊した状態でした。

私も震災直後から、現地に乗り込み、最初がれきの山を目の前にした時はどうすればよいのだろうと感じをしたことは今でも覚えています。このような状況のもと、がれき処理がスタートしました。本日は、はじめに発注等に関して施工者としてわかる範囲で、次に実際がれき処理をどのように行ったのか、最後にこのがれき処理を通じて後世に伝えていかなければならないこと、というストーリーで説明したいと思います。

図 2-2 災害廃棄物の発生量と処理の状況 (P-226)

はじめに、がれきの数量を説明します。岩手、宮城、福島三県でおよそ2,800万トンの災害廃棄物が発生したと環境省は集計しています。この中で、宮城県は1,869万トンで全体の7割を占めています。その中で、石巻ブロックは、約794万トンで、宮城県内の7割を占め、岩手と福島を足した数量に匹敵する大量のがれきが発生した、最大の被災地です。これは、宮城県内で仙台市に次いで二番目に大きい都市であったこと、工業や漁業も盛んということでこれだけの大きな被害となりました。災害廃棄物は、皆様が家庭から出す家庭ごみと同じ扱いの「一般廃棄物」になります。このため、災害廃棄物は市町村が本来処理をしなければならないのですが、今回被災により自治体の機能が麻痺し、がれき処理をする余裕がないため、今回はこの「有」と書いた自治体が都道府県に事務委託をしました。例えば、石巻ブロックでは宮城県が代わりに業務を行っている状況がこの「有」となります。例えば、仙台市は被災後も行政機能がしっかりしていたので、被災自治体でありながら独

自に処理をされました。

図 2-3 宮城県における災害廃棄物処理の考え方

宮城県内では12の市町が宮城県に処理を委託しましたが、宮城県はこれらを4つのブロックに分けて業務を発注しました。北から、気仙沼ブロック、石巻ブロック、宮城東部ブロック、亘理名取ブロックになっています。亘理名取ブロック、気仙沼ブロックはそれぞれの市町ごとに発注されたので、合計8つの処理区に分割・発注されました。その中で、私が担当したのが石巻ブロックということで、石巻市、東松島市、女川町の2市1町から発生したがれきを処理しました。

2．石巻ブロックにおける災害廃棄物の処理
（石巻ブロックとは石巻市・東松島市・女川町の2市1町）

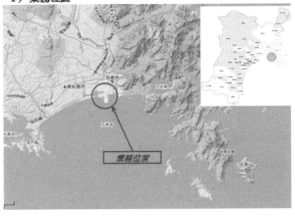

図 2-4 業務位置

次に石巻ブロックにおける災害廃棄物の処理について説明します。石巻市は仙台市から車で約1時間半の場所です。今回がれき処理を行った現場は、【図 2-5】の枠で囲った場所です。これがその航空写真です。

図 2-5 業務位置

業務の実施場所は太い線で囲った部分が対象となっています。この場所はもともと宮城県が工業用地として整備中、販売中の埋立地でした。未利用の場所として広い場所があったことで、被災直後からがれきが搬入され、一次仮置き場として利用されていました。今回、この場所に中間処理施設を建設し、本格的ながれき処理を行いました。面積は、右側で50ha、左側で18ha、合計68haでした。

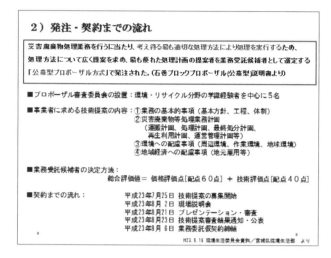

図 2-6 発注・契約までの流れ

今回の業務の発注にあたり、これだけの未曾有の大地震、大量の災害廃棄物、日本で初めて津波被害を受けた廃棄物ということで、正直発注者も含めどのように処理してよいかわからない状況とのことでした。我々施工者も含め、最初大量のがれきを目の前にした時、「どうしたらよいのだろう」、というのが第一声でした。宮城県は最適な処理方法を実行するため、民間企業から提案を募集する「公募型プロポーザル方式」で発注されました。その提案内容を審査する審査委員会を宮城県の中に設置し、これも今回特にがれきの処理ということで、環境・リサイクル分野の学識経験者を中心に5名配置されました。提案の内容と致しては、画面の①から④となっています。特に二番目の「処理計画」で、がれきの運搬から場内での処理、処理した後どのように処分するか、どのようにリサイクルするかまでの提案が求められました。このように業務全体を一括して発注されたことが「宮城県方式」と呼ばれるものです。受託者の決定方法は、総合評価方式で価格評価点と技術評価点の足し算で60：40の比率となっていました。

契約までの流れですが、平成23年7月25日に技術提案の募集を開始し、8月7日に提案書の提出、8月21日にプレゼンテーションを行い、審査会が開かれ、最終的に8月23日に優先交渉権者が決定し、9月6日に仮契約締結という経緯です。

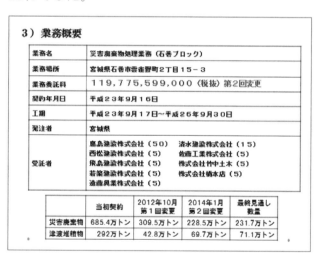

図 2-7 発注・契約までの流れ（技術評価店の内訳）

入札の技術点の内訳ですが、基本的な事項で10％、一番メインとなる処理計画について50％、周辺への環境の配慮が10％で、今回がれき処理でありながら地元への貢献の評価点が高く30％でした。

図 2-8 業務概要

これから業務の概要を説明します。当初契約は約1,832億円、9社JVでした。廃棄物の数量は災害廃棄物685万4000トン、津波堆積物292万トンで、合計約1,000万トンのがれきを処理するという、途方もない数量でした。ところが、実際我々が乗り込んで処理を行いながら、測量・調査によって数量を見直していくと、対

象数量は減少し、最終的には約300万トンと約1/3の数量になりました。当時、このような大規模な災害時の廃棄物発生量の推定方法がなく、発注者としては、予算確保の観点から多めの廃棄物の数量を推計するしかなかったのです。第2回の変更時点で約1,200億円という契約金額になっています。

図 2-9　業務工程(P-226)

次に業務工程です。平成23年10月から乗り込み、約8カ月後の5月に一部施設が供用開始しました。9月から全施設供用開始し、19ヶ月間で300万トンのがれき処理を行いました。今年の1月18日に焼却処理完了、火おさめ式を行い、3月10日には災害廃棄物の処理業務はすべて完了し、現在施設の解体中です。

図 2-10　災害廃棄物二次処理場(P-227)

ヤードの配置です。右側がAヤードといわれる50ヘクタールの土地に、前処理設備と破砕選別、土壌洗浄等があります。左側のBヤード、18ヘクタールの中には、焼却施設、焼却灰のリサイクル施設等があります。

図 2-11　主な処理フロー(P-227)

廃棄物処理の主な流れです。主なものとして、混合廃棄物は可燃物と不燃物、ふるい下の土砂に徹底的に分けます。可燃物は場内の焼却炉で燃やし、焼却灰はリサイクルしました。ふるい下の土砂は、津波堆積物と同じく、土壌洗浄によるリサイクルを行いました。フローを見ていただくと分かりますが、単にがれきを処理するだけでなく、リサイクルにも配慮しました。

図 2-12　搬入廃棄物の処理

これ以降は写真を中心にご説明します。重機がたくさん並んでいますが、ここで1度展開選別をして、

図 2-13　混合廃棄物の粗選別

例えばボンベ、タイヤなどリサイクルできるものや、思い出の品といわれる写真、位牌などと徹底的に取り除いていきます。これらは重機や人力により取り除きます。

図 2-14 混合廃棄物の粗破砕

その後、破砕機で粗破砕し、

図 2-15 混合廃棄物の破砕・選別

この破砕・選別プラントで

図 2-16 混合廃棄物の破砕・選別（手選別）

作業員の方々もベルトコンベアの両脇に並んでリサイクルできるもの、あるいは燃えないものを手選別し、

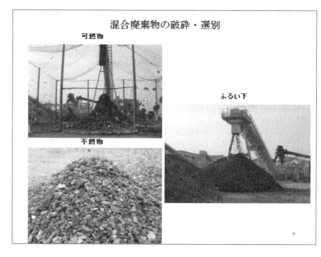

図 2-17 混合廃棄物の破砕・選別

最終的には燃えるもの、燃えないもの、ふるい下土砂に分けます。

図 2-18 仮設焼却炉全景

燃えるものについては、焼却炉で燃やしました。

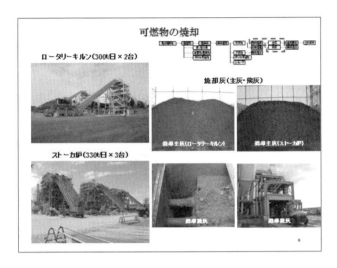

図 2-19 可燃物の焼却

　1日300トンの処理能力のロータリーキルンが2基、1日330トンのストーカ炉が3基あり、合計1日1,590トン燃やすことができます。これは日本最大級の規模です。

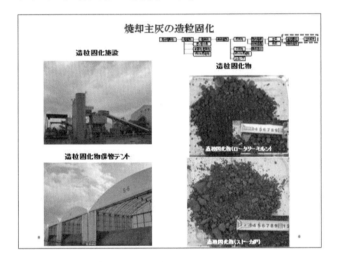

図 2-20 焼却主灰の造粒固化

　発生した焼却灰は、セメントと薬剤を混ぜて造粒固化し、土木資材としてリサイクルを行いました。

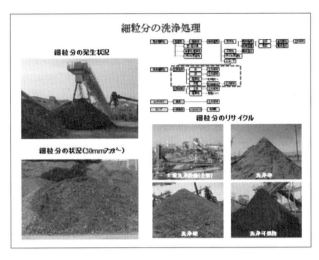

図 2-21 細粒分の洗浄処理

図 2-22 津波堆積物（汚染あり）の処理

図 2-23 津波堆積物（汚染なし）の処理

　一方、ふるい下の土砂については土壌洗浄設

備で洗うことにより、砂、礫、可燃物に分けました。基準を超過した津波堆積物も同じ処理を行いました。ちなみに基準超過か否かは、事前に 900m3 ごとに分析し、判断しました。

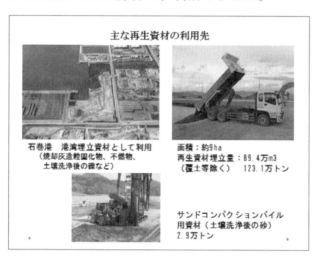

図 2-24　主な再生資材の利用先

これまで土木資材としての利用と言いましたが、具体的にどこに利用したかというと、現地のすぐ脇に港湾埋立の予定地があり、当初建設残土や浚渫土で埋立予定でしたが再生資材を使って埋立てる計画変更をしていただき、再生資材の利用先が確定したということです。

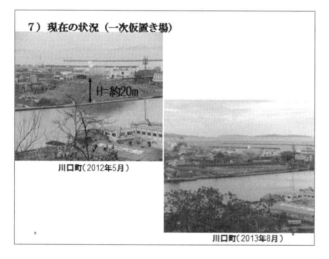

図 2-25　現在の状況（一次仮置き場）

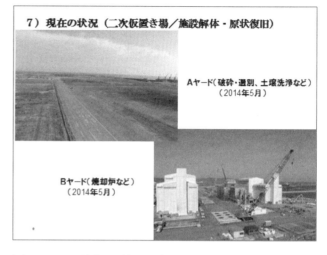

図 2-26　現在の状況（二次仮置き場／施設解体・現状復旧

現在は仮置き場もきれいになっております。

処理を行った者として
今後伝えていくべきこと

☞平常時からの準備として（行政側）
①広いヤードの確保（仮置き場、処理用地）
②広域処理先との連携、協議、協定締結
③最終処分場の確保
④資材利用部局、廃棄物部局との連携
（資材をどこで使えるのか、品質は？）

☞災害発生時に初めにすること（施工側）
①災害廃棄物の数量推計（仮置き量、解体家屋量）
②より多くの組成と比重のデータ収集
→　こまめな見直しと処理計画の策定

図 2-27　今後伝えていくべきこと

最後に、後世に伝えていかなければいけないと感じたことを整理しました。まず行政側の対応となりますが、災害が起きる前の平常時からの準備です。石巻は非常に恵まれていて広いヤードがありましたが、事前に用意あるいは想定しておく必要があるということ。2点目は、広域処理を地震が起こる前から協議、協定を結んでおく。石巻では、広域処理を実施するまでに手続きを始めてから2ヶ月以上かかりました。このように、平時からヤードの確保、広域処理先との連携、最終処分場の確保、がれき処理により発生した資材をどこで使えるのかを最初か

ら詰めておくことが必要ではないかと感じました。それから対象量の管理です。量はどのように変動するかわかりません。施工者として乗り込んでからこまめに比重の調査、測量、解体家屋の戸数をもとに、こまめに処理数量の推計を見直して、それに合わせて処理計画をたてていく、これが発注者にとっても非常にいい情報になると考えております。これらの点を、各社のノウハウではなく、今後発生が予想される東南海地震等に活かすために、このような場で多くの方々に情報発信できればと考えております。今日は貴重な場をどうもありがとうございました。以上で発表を終わります。

◇質疑
（会場）
　経験のない大型の業務を間もなく完了されるということでたいへんご苦労様でしたし、東北の復興に大いに寄与されたものと思います。相当マネジメントに苦労されたと思いますが、当初の数量から少なくなる方向に変化する中で、設備が過剰になる恐れがあると思いますが、実際どうであったのか、リスクを避けるためにどのような工夫をされたのか、それから、何回か変更されたようですが、かかった経費がどういう形で発注者にも理解をいただき、必要な経費として見ていただいたのか、お話しできる範囲で変更協議の状況など、以上の2点をお伺いしたいと思います。

（青山）
　設備が過剰であったというのは1,000万トン処理できる設備に300万トンしかなかったということと思います。提案当初はおよそ3割場内処理、7割広域処理でした。ところが、実際は3割に減ったということで、広域処理をほとんどしなくても場内の処理だけで処理できるという不幸中の幸いでした。このため、設備的に過剰ではありませんでした。

　2つめの設計変更については、「この業務の本当の目的は何か」ということが大きくかかわってきます。例えば、設備を追加導入する、薬剤が必要となる、などが目的でなく、目の前からがれきをなくすことが目的なのです。それは発注者の宮城県も同じ思いでいました。今回は、発注者と施工者が同じ思い、目的で処理をして、無事この短期間、発災後3年で処理を終えることにつながったと思っております。

（会場）
　これだけの災害が突然やってきて、必殺仕事人のような形でこなされたわけですが、災害対応なので当然日常とは違う形になるんですけれども、一番苦労されたことを教えていただけますか。

（青山）
　あえて言うと、「がれきは生き物だ」ということです。つまり、二つとして同じものはない。搬入されるがれきが毎日同じものであったら楽ですが、今日は土砂分が多い、今日は雨が降っているから水分が多いから粘着力強く選別が難しいなどあります。日々がれきの質が変わる、それに対してうまく処理を進めていかなければならない。日々変わるものに対しての管理が一番苦労した点だと思っております。

1) 災害廃棄物の発生量と処理の状況

県	沿岸市町村	県への事務委託	災害廃棄物等推計量（千トン）	災害廃棄物推計量（千トン）	津波堆積物推計量（千トン）
岩手県	洋野町（ひろのちょう）		20	17	3
	久慈市（くじし）		90	76	14
	野田村（のだむら）	有	167	121	46
	普代村（ふだいむら）		14	14	0
	田野畑村（たのはたむら）	有	55	37	19
	岩泉町（いわいずみちょう）	有	65	31	34
	宮古市（みやこし）	有	802	601	201
	山田町（やまだまち）	有	482	423	59
	大槌町（おおつちちょう）	有	659	453	206
	釜石市（かまいしし）		945	753	192
	大船渡市（おおふなとし）		853	624	230
	陸前高田市（りくぜんたかたし）	有	1,683	1,078	605
	計		5,837	4,228	1,609
宮城県	気仙沼ブロック		2,739	1,666	1,073
	気仙沼処理区県処理分		1,654	764	890
	気仙沼市（けせんぬまし）	有	362	350	12
	南三陸処理区県処理分		659	488	172
	南三陸町（みなみさんりくちょう）	有	64	64	0
	石巻ブロック		7,945	4,922	3,023
	県処理分		3,117	2,406	712
	女川町（おながわちょう）	有	518	518	0
	石巻市（いしのまきし）	有	1,337	1,186	151
	東松島市（ひがしまつししまし）	有	2,972	811	2,161
	利府町（りふちょう）		19	19	0
	松島町（まつしままち）		64	63	2
	宮城東部ブロック		1,120	687	433
	県処理分		330	249	81
	塩竈市（しおがまし）		151	151	0
	七ヶ浜町（しちがはままち）	有	334	89	244
	多賀城市（たがじょうし）	有	305	197	108
	仙台市（せんだいし）		2,717	1,362	1,355
	亘理名取ブロック		4,088	2,390	1,698
	名取処理区県処理分		771	549	222
	名取市（なとりし）	有	193	193	0
	岩沼処理区県処理分		623	461	162
	岩沼市（いわぬまし）		4	4	0
	亘理処理区県処理分		839	458	380
	亘理町（わたりちょう）	有	17	17	0
	山元処理区県処理分		1,642	709	933
	山元町（やまもとちょう）	有	0	0	0
	計		18,692	11,107	7,585
福島県	新地町（しんちまち）		150	126	24
	相馬市（そうまし）		754	232	522
	南相馬市（みなみそうまし）		1,680	655	1,025
	広野町（ひろのまち）		80	55	25
	いわき市		822	665	157
	計		3,486	1,732	1,754
	岩手、宮城、福島3県合計		28,015	17,068	10,947

※環境省公表資料より（H26.3.31現在）

図 2-2 災害廃棄物の発生量と処理の状況

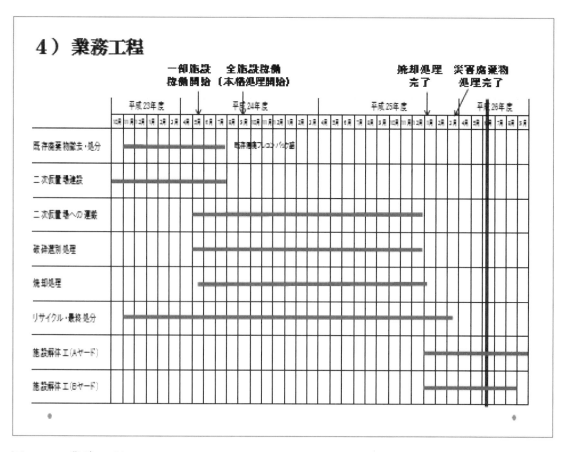

図 2-9 業務工程

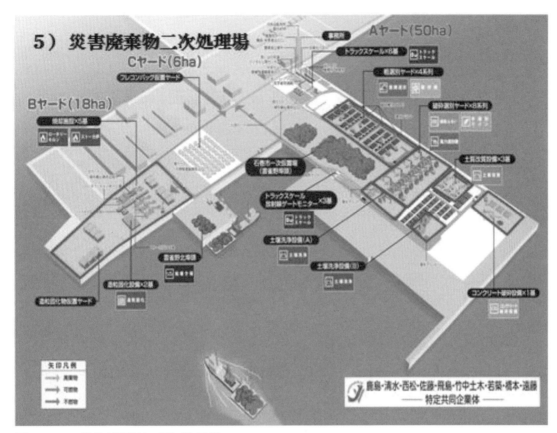

図 2-10　災害廃棄物二次処理場

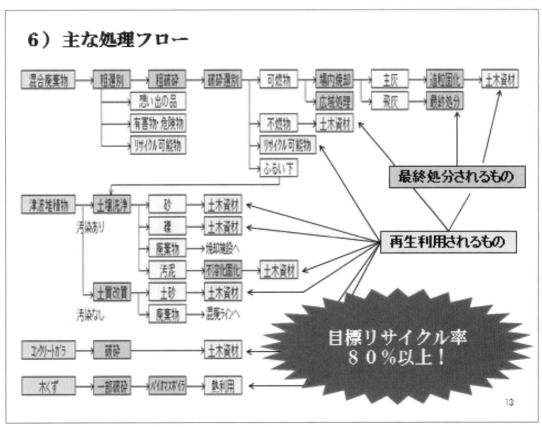

図 2-11　主な処理フロー

3．3　ICTによる担い手育成（近藤　里史）

はじめに

ICT（情報通信技術：Information and Communication Technology）がコンピューター技術の進化と共に施工サイドに普及されて来ている昨今、我々は、平成21年度から情報化施工に本格的に取り組んできました。

そこでICTを活用した情報化施工を切り口に担い手育成に向けた可能性を考えてみたいと思います。

情報化施工とは、ICTの活用により、生産効率の向上などを目指すシステムです。その背景として、厳しい経営環境のもとで持続可能な経済発展を実現するために、施工技術や生産管理システムの高度化、新技術・新工法の導入等により生産効率の向上に努めてきましたが、さらなる向上が求められている現状があります。

建設業界全体の視点で見ても就業者の年齢構成は他産業と比較しても高齢者に偏っており、現場の生産効率の低下が懸念されています。今後更に、熟練の技能労働者が大量に退職すると、現場を支える人材は量的にも質的にも不足することが懸念される状況であり、防災減災対策や既存ストックの維持更新など今後増大が想定される需要にも対応するためには、建設業において生産性の向上と人材の確保育成が深刻で大きな課題となっています。

1．建設業のイメージ

人材確保の観点からリクルートの現状を考えてみると、建設業のイメージは依然としてあまり良いものではないようです【図 3-1】。

図 3-1　建設業のイメージと改善策

そんな現状ですが、学生に「どんな業界に就職を希望するのか」というアンケートを行ってみると、自分が育った地域での就職を望む「地域志向」が強いという傾向もあるのです。

2．建設業の人材不足と人材育成

では、我々地域建設会社は入職者増加のために何をアピールすべきかと考えた場合、社会的なイメージアップとしての社会貢献、ものづくりの大切さ、モノ・ヒトのかっこ良さであったり、やりがいや厳しさも含めた本当の中身を知ってもらうことだろうと思います。

特に地域建設会社の最大の強みは「その地域にいること」で災害復旧、インフラ維持管理は地域の会社にしかできないということです。加えて、人間関係が濃い、地域愛が強い、地元の大学・高専などと研究や実習を通じて人材育成に向けた連携が可能であり若手の地域志向にマッチしているのです。

そこで、ICTを技術論以外の少し別の切り口から考えてみましょう【図 3-2】。

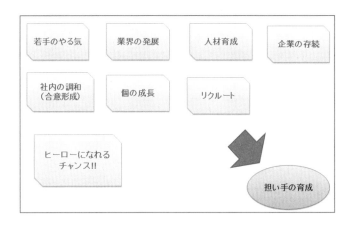

図 3-2　担い手育成の ICT

「若手がやる気になるんじゃないか」、「業界の発展に繋がるんじゃないか」、「人材育成のツールに使えないか」、「企業の存続に一役かう事ができるのではないか」、「個の成長を期待・・」、「だれにでもヒーローになれるチャンスがあるのではないか」などなど・・・
ICT には、担い手育成の大きな可能性を秘めていると思いませんか！

3．情報化施工に関する基本的な考え方

我々はその可能性を実現させるための基本的な考え方として以下のような理念をもっています。

ICT の取組みは、長期的経営方針に基づき実施しています。単なる生産性改善を目的にシステマチックに取り組んでいるわけではありません。地域で持続的に貢献していくためには企業としての成長が不可欠であり、環境の変化に対応できる企業になることが必要です。例えば、経営改善に直結ではありませんが若手社員にやりがいのある仕事を通した人材育成を行うことによって経営改善になっていくという考え方が重要で、その一環として「情報化施工」に取り組んでおり、生産性向上のメリットは後からついてくるものと確信しています。

つまり、人手不足や工事量の増加に対応するための「効率化」だけを目的とするのであれば、効果は薄いのではないかと私は思います。

具体的には、MC（マシン・コントロール）は敷均し、MG(マシン・ガイダンス)は法面仕上げという様な固定概念を無くすことで他工種への応用などにより、全体的なコストダウン、安全・品質の向上といった情報化施工技術の有効利用の検討であったり、3次元データ作成、キャリブレーション、現場でのトラブル対応を自社で行う事により外注費を抑たり、得られる情報に頼り過ぎると施工品質の確保は難しくなるので情報化施工技術の仕組みを理解する事が施工品質の向上につながるような情報化施工技術を扱う技術者の育成と近い将来取り組むべき CIM（Construction Information Modeling）へのアプローチに向け重要であると思います。

4．事例紹介

ここで実際の事例についてご紹介します。

【図 3-3】は導入初年度の実践現場での事例で、数々の現場見学会・大臣視察・GNSS（汎地球測位航法衛星システム）出来形管理の試行現場など、注目度の大きい現場でありました。

また、この現場での様々な課題発見・解決が今日に生かされる事になり、会社にとっても大きい意味を持つ現場でもありました。

【図 3-4】は、国道の改良工事の様子です。使用した技術は MG と TS(トータルステーション) 出来形で、当初から今までと違った使い方はないか？と考え、ライフライン対策に活用する事を試験的に行ってみました【図 3-5】。

図 3-3　３Ｄ－ＭＧによる法面整形と３Ｄ－ＭＣによる盛土・路床仕上げ

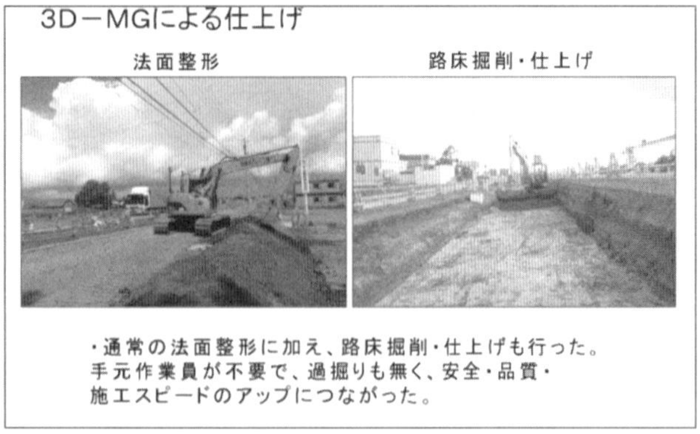

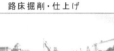

図 3-4　３Ｄ－ＭＧによる放面整形と路床掘削・仕上げ

図 3-5　ライフライン対策

5．導入効果の検証

導入効果について施工効率からコスト面を検証してみます。【図 3-6、図 3-7】 に、3D-MC の従来工法との比較を示します。このように 3D-MC を活用した場合、従来工法と比較し 4%～19%（直接工事費）のコスト削減が達成できました。

3D-MCの従来工法との比較(施工効率)

	従来工法 7tブルドーザー	情報化施工 3D-MC	情報化施工 3D-MC²
路盤仕上げ面積(1日)	100%	154%	428%
手元作業員	2人	1人	2人
精度	±20mm	±30mm	±20mm

注）当社の施工実績の一例であり、施工条件・規模により変化します。

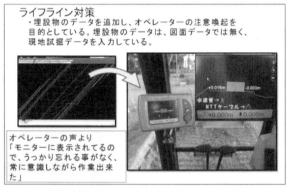

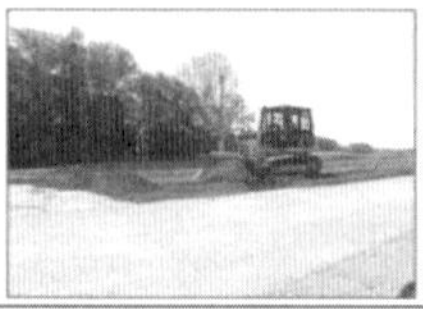

図 3-6　３Ｄ－ＭＣの従来工法との比較（施工効率）

3D-MCの従来工法との比較(直接工事費)

	従来工法 7t級ブルドーザー	情報化施工 3D-MC	情報化施工 3D-MC²	備考
リース代 (ブルドーザー+ローラー)	100%	330%	368%	初期費用含む
燃料代	100%	63%	25%	
オペ稼働代	100%	63%	25%	
労務費	100% (労務者2名)	32% (労務者1名)	25% (労務者2名)	
総額	100%	105%	88%	
丁張設置費用を含めると				
総額	100%	96%	81%	

注）当社の施工実績の一例であり、施工条件・規模により変化します。

図 3-7　３Ｄ－ＭＣの従来工法との比較（直接工事費）

GNSS による測量を工事測量【図 3-8】に活用した場合の比較【図 3-9、図 3-10】では、1 現場、1 週間で約 10 万円の効率化による削減効果が確認できます（イニシャルコストを除く）。

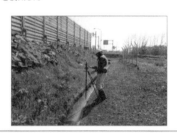

図 3-8　GNSS 測量、３次元データ作成

仮に 5 現場で工事測量に 4 週間費やすと仮定した場合、5 現場×10 万円×4 週間＝200 万円相当のコスト削減が見込まれます。

現状を少しお話すると、弊社では TS 出来形に対応できる測量機器を 5 台（内自動追尾が 2 台）と GNSS 測量機器 4 セットを保有し機器の空きを現場間で調整し活用しています。

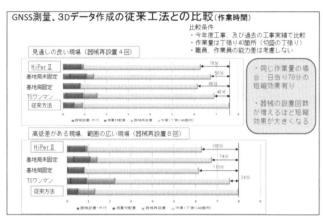

図 3-9 GNSS 測量、3Dデータ作成の従来工法との比較（作成時間）

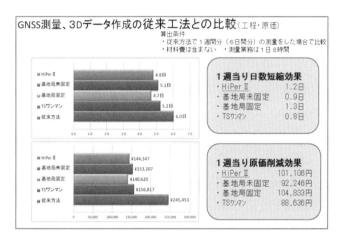

図 3-10 GNSS 測量、3Dデータ作成の従来工法との比較（工程・原価）

　また、弊社では情報化施工を実践している現場で社内外の見学会や講習会等を積極的に行うようにしています【図 3-11】。

　見学会・講習会を行うことで、担当者は説明出来る様に事前に勉強し段取りするわけですから、自然と情報化施工のノウハウも身に付くし、何より技術者として今求められているプレゼン能力が向上します。

図 3-11 社内外の見学会や講習会

　現場では実際に活用してみると様々な課題が出てきます【図 3-12】。みんなで知恵を出し合い「考え、調べ、工夫」することでチームワークが良くなります。

図 3-12 現場での情報化施工検討会

6．更なる検証

　現在施工中の築堤の現場では、仮想基準点データを株式会社ジェノバから提供を受け、VRS方式（仮想基準点方式）で動かしています【図 3-13】。

　この方式だと、GNSS 方式と違い携帯電話の通信を使用しているため、他の電波に干渉されることなく安定した位置情報の取得が可能であり、日々の固定局設置、初期化、キャリブレーションの手間が軽減されるため、職員、オペレーター、ブルドーザ費用として約 10,000 円/日の削減効果が確認されています。

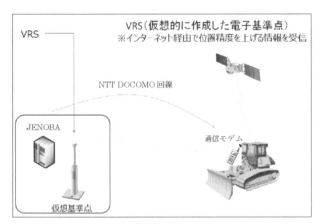

図 3-13　ＶＲＳ方式

図 3-15　ルーフトップ GNSS アンテナのメリット

今年度は、新たに iMC（インテリジェント・マシンコントロール）搭載のブルドーザを導入しました。排土板への負荷を検知しシュースリップを抑制することで燃費が向上し、CO_2 削減にも効果を発揮しています【図 3-14、図 3-15】。GNSS 方式では出来なかった、インターネット通信による コンピューターソフト（TeamViewer）での遠隔操作、進捗管理が可能になり、施工管理の幅も広がり、高い導入効果を得ています。

また、施工効率、コスト、品質、安全以外の検証項目として担い手育成の観点から仕上げ操作を完全にコントロールされた場合における従来の施工方法に比べたオペレーターの心的ストレスを心拍数から比較検証しています。

図 3-14　インテリジェント・マシンコントロールドーザの部品構成

7．関連する取組み事例

関連する取組みとして、機械メーカーと連携し、5～10 年かけて一緒に取り組む共創テーマを設定し、カッコ良い現場づくり活動を開始しました。

具体的には「機械にできることは機械にやってもらおう！」ということです。例えば、地下埋設物感知センサー付きのバックホウ、クラウドを活用した過去の情報化施工データ活用型重機、リアルタイム密度管理（三輪車を改造した転圧管理システム）、周辺記録（盗難防止、施工記録）、事故防止に向け機械側でどう警告を発して止めるか（人は完璧じゃない、システムとしては可能）、無人で作業→データ収集→日報（仕事量データの掌握）などに取り組みました。そうすることによって、「発注者も含め建設業界を元気にするために何かできないか」、「業務の効率化で忙しい現場に少しでも考える時間を創ってやれないか」という現場の"課題"を共に解消し、お互いになくてはならない存在になることを目的としています。

8．担い手育成の ICT

技術者の幸福って何でしょうか。土木技術者のように創造性があり、理系に強く、知能が高い人達が、創造性や自分のアイディアを活かす機会がないような仕事はつまらないと思いませんか。

ICTの狙いは以下5項目です。
- 労働環境の改善、死傷事故の解消
- 建設生産システムの一貫性向上
- 社会インフラの品質・スピードの向上
- 少子高齢化社会への適用
- 建設事業全体での生産性向上

ICTを導入するメリットとしては以下のものがあります。
- 工期短縮による国民へのサービス向上
- 施工のしやすさ
- 安全作業
- 工程短縮
- 手戻りなし
- 協力会社との一体感
- 職長に陽が当たる
- 施工手順の見える化－技術の伝承

ICT市場拡大に向けた発注者への期待としては形式的な導入を評価するのではなく、品質や効率の向上、将来の維持管理にどの様なメリットをもたらしたかという部分もしっかり認識して評価すべきだと思います【図 3-16】。

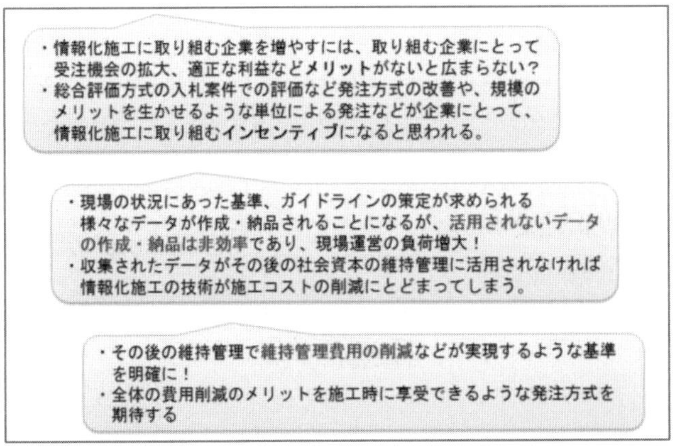

図 3-16 ICT市場拡大に向けた発注者への期待

9．取組みのポイント

実際に取組みを開始する際には社内の合意形成が重要であり、とりわけ新たなことに素直に取り組める環境の構築が基本となります。社会環境から見ても投資がなければ成長のチャンスはありません。担い手育成の観点からも未来を担う若者にとって魅力ある業界であり続けるには、そうした時代の変化に柔軟かつ機敏に対応していくことが重要であり、ICTもCIMも女性技術者の将来の仕事であると同時に、若手技術者が能力を発揮し企業や社会に貢献できるまでの期間を大幅に短縮するのです。

おわりに

ただ単に先行的に取り組めば良い訳ではないということを付け加えさせて頂きたいと思います。経営者の理解の下、経営方針に基づき長期的な視点でICTを活用して行うべきです。投資対効果についても、長期的な効果も見ながら迅速な意思決定と社員への浸透により企業の成長に取り組む姿勢が必要です。建設業がICTへ取り組むメリットをしっかり認識しておけば、ICTを現場に導入するのは至って自然なことであり、建設業の生産性の改善というイノベーションを起こすことにより、建設業が社会や消費者にとって、より価値のあるものとなり、建設業の永続的な発展がなされていくことを期待してやみません。

"技術者の成長無くして、
　　　　今後戦って行けますか？"

◇質疑
(会場)

　できれば、埋もれたデータをいろいろ活用される活動をずっと続けて下さい。私もそれに取り組んでいます。よろしくお願いします。

(会場)

　発表いただいたメインの人材育成について、取り組まれて何年かすでに経っておられて、御社の社員の方がこういう形でそろっていると評価できる具体的なことがあればご紹介いただきたいということと、特に技術者が総合性を発揮できる部分がこのICTの活用と具体的にどのような関連でやりがいのある仕事とつながっているのか、単に労力が少なくなって時間的な余裕でもてること以上のものがあれば、教えていただきたいと思います。

(近藤)

　成長を具体的に説明することは非常に難しいかもしれませんが、地場の建設業ですが情報化施工のテクニカルな部分を堂々と詳しく語れる技術屋が相当数増えてきています。そのような者が育っていると感じていますし、そのような者が自分たちの中で理解もされているので、ICTについていろいろと想像できなかった使い方を現場で実施されています。従来のマシンコントロール、マシン開発、測量だとか、さきほど埋設物の話もありましたが、あれらはほんの一例で、けっこう変わった使い方というか、工夫をされた使い方で、自分たちがいかに品質を保ちながら効率を上げるところで本当にやり方自体を考えている、そのようなことが仲間同士で情報交換している姿を見ると成長していると感じられますし、創造性といいますか、楽しみながら取り組んでいると我々からも見て取れるというところです。

(会場)

　非常に先駆的な取り組みをされていて素晴らしいと思います。この資料の中では、ブルドーザの均しの測量をあげられましたが、それ以外にどういう方面で、例えば構造物でもICTを使って数量を拾うとか竣工図を作るとか、どういうような取り組みをやっているか、また考えているのかということと、専属でやっているスタッフはどれくらいいるのかということを教えていただきたい。

(近藤)

　CIMに関しては、実際にまだ取り組んで成果がでている状況ではありません。去年始めようと思ったのですが、なかなか方針がはっきりしないということで1年待ちました。今年は少しずつ基準も出始めてきていますので、現在進行形ではありますが、橋梁補修の現場でCIMを取り組んでいます。床板だけを取り換えるので既設の桁をそのまま使えますので、既設の桁のデータを全部とって床板のパネルを現場にもってきて合わないということをなくすように事前にデータを取って、工場の方に流して、手戻りがない施工を目指そうと取り組んでいる最中です。

　専属スタッフに関しては、今はいません。みんなで勉強会をやりながら、平成21年当時は機械メーカーさん、技術屋の方と現場で1週間くらいいろいろな勉強をして、トラブルシューティングということで問題点を出し、自分たちで解決して自社でマニュアルなどを作り、それを活用しながらみんなで取り組んでいるというのが弊社の現状です。

3.4 第二阪奈有料道路 道路維持業務委託の包括マネジメント（賀集 功二）

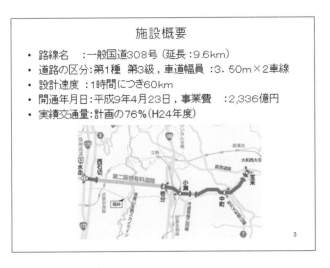

図 4-1 第二阪奈有料道路 道路維持管理業務の包括マネジメント

　第二阪奈有料道路管理事務所から参りました賀集といいます。「道路維持管理業務の包括マネジメント」について説明します。

図 4-2 第二阪奈有料道路位置図(P-244)

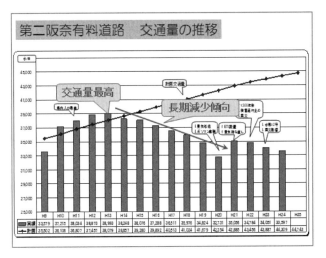

図 4-3 施設概要

　第二阪奈有料道路は、奈良市宝来町と東大阪市西石切町を結ぶ自動車専用道路で、平成9年4月23日に供用を開始しました。管理については、奈良県道路公社と大阪府道路公社が合同で行っており、大阪府域3.8km、奈良県域9.6kmからなる延長13.4kmの有料道路です。この道路は、大阪と奈良を結ぶ阪奈道路の慢性的な渋滞を解消するために、総額2,336億円を投入し建設されました。現在は平成39年の建設費の償還に向けて経営努力をしているところです。

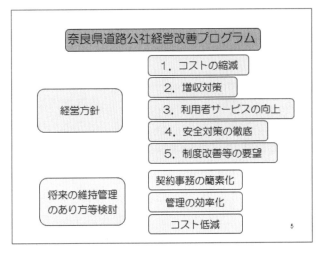

図 4-4 第二阪奈有料道路 交通量推移

　しかし、利用交通量が平成13年をピークに長期的に減少傾向で推移しています。さらに供用開始から17年が経過し、経年劣化による修繕にかかる費用の増加、また国のインフラ長寿命化基本計画を受けて点検等にかかる費用の増加が見込まれ、当公社を取り巻く経営状況は非常に厳しい状況にあります。

図 4-5 奈良県道路公社経営改善プログラム

　そこで、奈良県道路公社では、平成23年3

月に経営改善プログラムを策定し、サービス水準の見直しや経費削減に取り組みました。その内容は、経営方針として、コスト縮減、増収対策、利用者サービスの向上、安全対策の徹底、制度改善等の要望、また、将来の維持管理の在り方の検討として、契約事務の簡素化、管理の効率化、コストの低減を掲げて、経営改善に取り組んでいます。

図 4-6　維持管理体制（改善前）（P-244）

第二阪奈有料道路の当時の状況を見ますと、この清掃業を行う業者、トンネル等の点検を行う業者、照明器具の修繕をする業者、舗装補修をする業者等、たくさんの業務に対して、非常に多くの業者が携わっていることが分かりました。

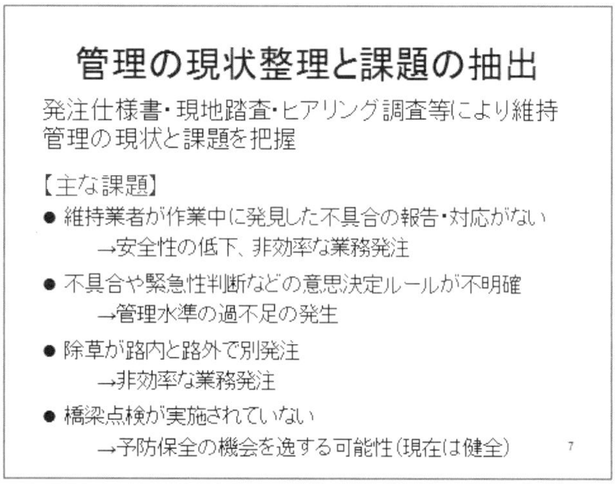

図 4-7　管理の現状整理と課題の抽出

そこで、補修業者等のヒアリング調査により、次のような課題が分かってきました。まず、維持業務の中で不具合を発見しても対応できていない、対応していないことです。次に、不具合が分かっても、それを修繕するスキームがないということです。また、植栽管理において非効率になっていること、道路インフラの点検、補修スケジュールが立てられていないこと、等が分かってきました。

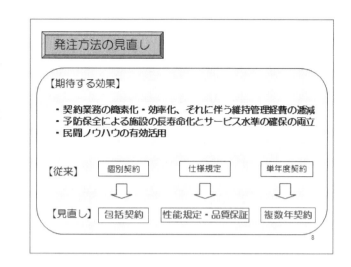

図 4-8　発注方法の見直し

そこで、次のような効果を期待して、発注方法を見直しました。1つ目は、契約業務の簡素化・効率化、それに伴う維持管理経費の低減をモットーとして、今まで個々に契約していた業務を包括的に契約してみてはどうかということになりました。2つ目に、予防保全による施設の長寿命化とサービス水準の確保の両立のモットーに、今まで仕様規定であった業務に対して、性能規定・品質保証を盛り込んだ契約としました。3つ目に、民間ノウハウの有効活用をモットーに、単年度契約であった業務に対して複数年契約を盛り込んでみることなどを掲げて検討しました。

図 4-9　維持管理体制（改善後）（P-245）

第二阪奈有料道路は開業から17年が経過して、舗装や伸縮継ぎ手、遮音壁等の付属施設の損傷が顕著化していますが、現時点ではまだ橋梁やトンネルの重要構造物については重大な損傷がありませんので、この健全度が高い状況からここに示す清掃、修繕等の業務に舗装工事や除草作業、それに全体的にウォッチマンとしてのマネジメント的な役割を付加して包括的にすることによって、予防保全が有効に機能するのではないかと考えました。

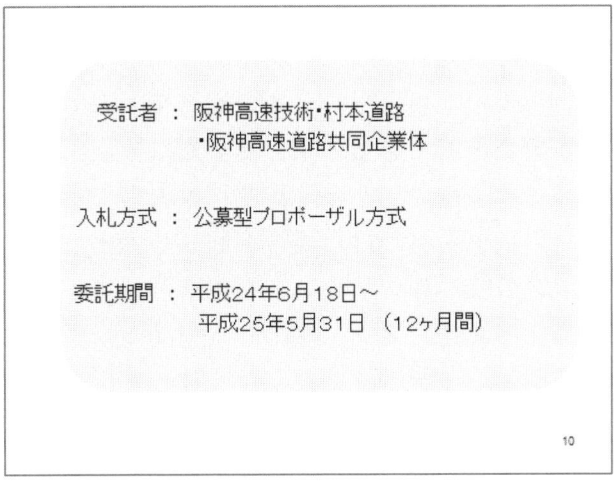

図 4-10 受託概要

次に、実施しました内容について説明させていただきます。まず平成24年度に包括契約を行いました。受託者は公募型プロポーザル方式で選定して、阪神高速技術・村本道路・阪神高速道路JVに選定されました。委託期間は平成24年の6月から25年の末までの1年間で実施しました。

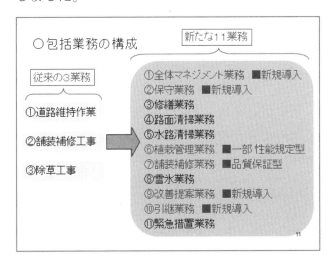

図 4-11 包括業務の構成

包括業務の構成は、これまで実施していた道路維持作業、舗装工事、除草工事の3業務をここに示す11の業務に再構成しました。新規導入と書かれている全体マネジメント業務と保守業務、改善提案業務、引継業務が新たに導入した業務です。また、植栽管理業務に一部性能規定を盛り込み、舗装補修業務には品質保証型の内容を盛り込みました。

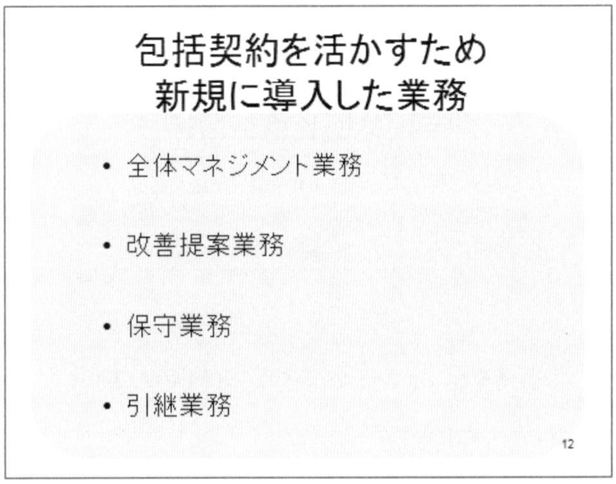

図 4-12 包括契約を活かすため新規に導入した業務

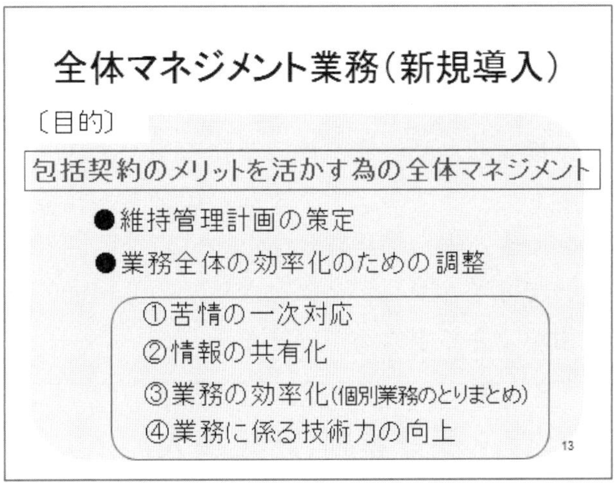

図 4-13 全体マネジメント業務（新規導入）

新たにとりいれた業務について説明します。まず全体マネジメント業務ですが、これがまさに包括発注を活かすための業務であり、維持管理計画を策定することはもちろん、各業務を取りまとめて業務全体の効率化、それによる経費の逓減、通行規制時間の短縮を図るもので、窓口業務的で重要な業務となっています。

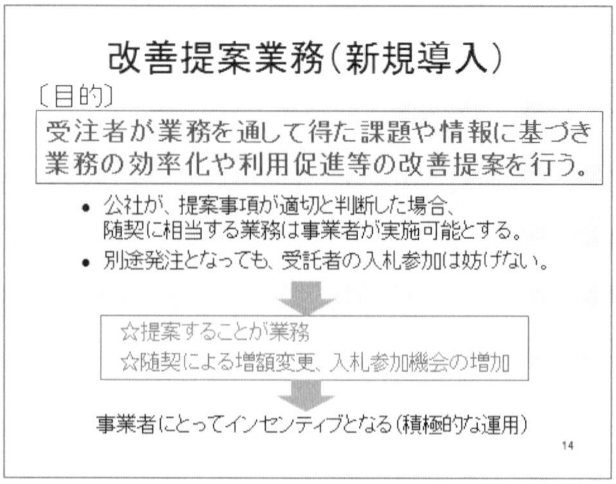

図 4-14 改善提案業務（新規導入）

次に改善提案業務について説明します。受託者が維持管理の効率化やサービス向上等に関する改善提案することを追加しました。その提案された業務について、予算等を考慮しながらやるかやらないかを検討します。やるとなった場合、提案した受注者が維持業務の中で実施する場合もありますが、そうでない場合も入札等に参加できる機会が得られるという点で受注者にとってはインセンティブとなるため、積極的な運用ができると考えています。

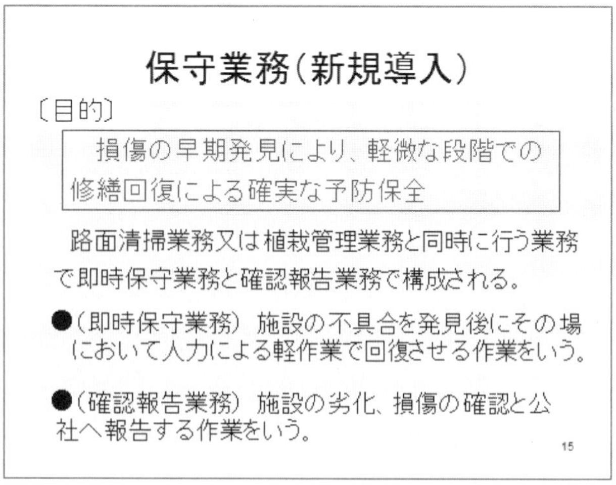

図 4-15 保守業務（新規導入）

次に保守業務についてですが、保守業務の中には即時保守業務と確認報告業務があり、これまで路面清掃や植栽管理業務の中で即時対応可能であったにもかかわらず、後の工事発注まで対応できなかった不具合に対して即時に対応するために導入しました。具体的な即時保守業務は、小規模なポットホールの補修や人力による軽作業で施工できる修繕で、早期に機能回復が期待できます。また、確認業務は人力で対応できない損傷を見つけた場合、施設の劣化、損傷状況を公社へ報告することを義務付けました。この保守業務で発見、修繕した施設の損傷箇所や種別ごとのデータ蓄積が、今後の劣化予測や予防保全につながるのではないかと期待しています。

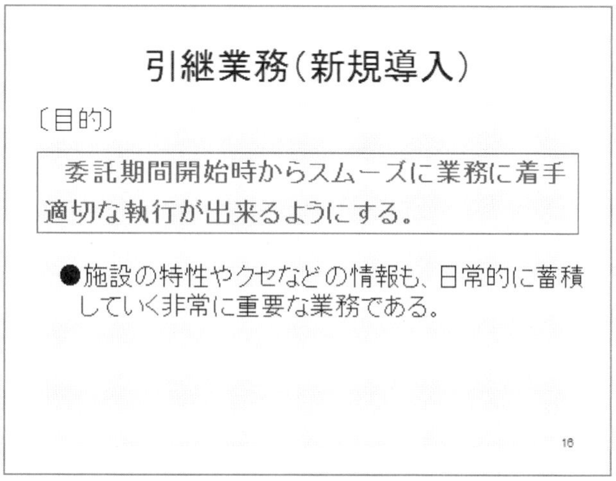

図 4-16 引継業務（新規導入）

次に引継業務について説明します。維持管理していく日々の業務の中で、道路の特性、クセを毎日積み上げて次の業者に引き継ぐための業務で、スムーズな業務の継続のために重要な業務となっています。

個別業務での調達方法の改善

- 植栽管理の性能規定化
  民間ノウハウの導入を図る
  - 除草は受託者判断で実施(性能規定)
  - 受託者は、実施範囲、実施体制、実施回数、実施方法を自由に設定できる
  - 性能要件としては、①建築限界の確保、②視距の確保 ③視線誘導標や標識の視認性確保、など
- 舗装補修工事の品質保証付契約
  - 工事品質に係る受託者へのリスク移転

17

図 4-17　個別業務での調達方法の改善

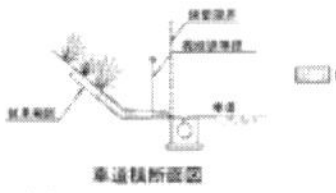

次に調達方法の改善について説明します。新しい取り組みとして2項目説明します。1つ目は業務の性能規定の基準を設けました。植栽管理業務では作業区域の一部に性能規定を導入しました。具体的には、本線、ランプ、側道内において建築限界、視認性の確保に着目して基準を設けて実施しました。これは、除草の範囲や時期、方法は受注者が自由に設定できるものとしています。そこでコストの縮減が可能な自由度を設けています。その反面、自由に設定できますが、それがサービス水準の低下につながってはいけませんので、要求する水準に達していない場合に要求水準に状態が回復するまでの時間的制限を設けています。これらは今までの管理実績を参考にこのように定めました。

植栽管理業務の性能規定

性能要件	要求未達成時の時間的措置の制限
交通安全上、支障を来さない状態を保持する。	【交通に支障がある場合】3時間以内に対応する。
本線、ランプ、側道において視認性を阻害しない状態を保持する。	【視認性に支障がある場合】24時間以内に対応する。
視線誘導標、標識等が目視確認できる状態を保持する。	24時間以内に対応する。
側溝等の排水能力に影響を損なわない状態を保持する。	【排水能力に支障がある場合】24時間以内に対応する。
景観上、常に良好な状態を保持することとし、苦情には適切に対応すること。	30日以内に完了させること。

18

図 4-18　植栽管理業務の性能規定

また、委託料の構成についても見直しました。

委託料の構成

分類	支払いタイプ	対象となる業務	対価の対象となる数量
定額・固定費Ⅰ	定額払い	⑤水路清掃業務 ⑥植栽管理業務(B除草) ⑦舗装補修業務	各業務の要求水準で示した回数、数量等。
定額・固定費Ⅱ	定額払い	①全体マネジメント業務 ②保守業務 ⑥植栽管理業務(A除草) ⑨改善提案業務 ⑩引継業務 性能規定型	各業務の要求水準を満たしていれば、実施した作業数量にかかわらない。
変動費	契約単価に基づく精算	③修繕業務 ④路面清掃業務 ⑧雪氷業務	公社の指示に基づき実施した作業数量。

19

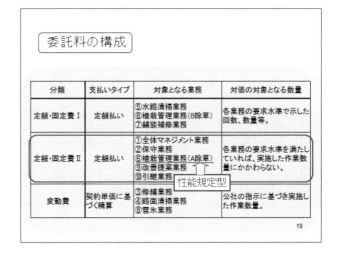

図 4-19　委託料の構成

この表に示すように、水路清掃や舗装補修業務等の固定費Ⅰと一番下にある修繕業務や雪氷業務等の変動費は一定期間ごとの検査を行ったうえで、実施した業務についての対価を支払うもので、これは従来の仕様規定の支払いとまったく同じものです。しかし、この性能規定型であるA除草を含む固定費Ⅱについては、各業務の要求水準を満足していれば、実施した作業量に関わらずその対価を支払うこととしています。支払いが定額となることで精算の必要がなく、支払い管理が容易になり、業務の簡素化につながりました。要求水準が未達成の場合、未達成の業務が含まれる委託料全体の支払いを、改善が認められるまで保留することとしております。

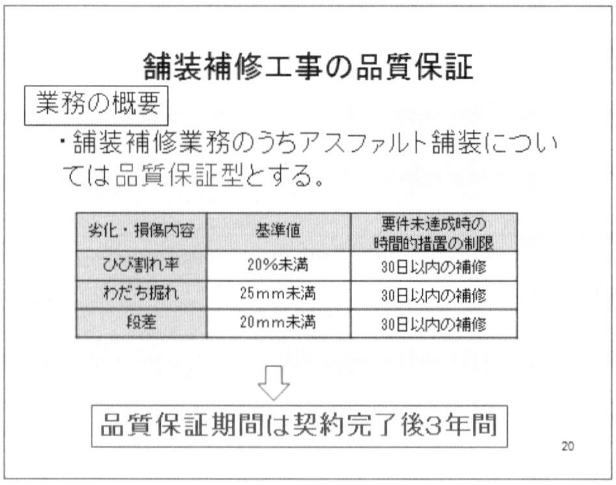

図 4-20 舗装補修工事の品質保証

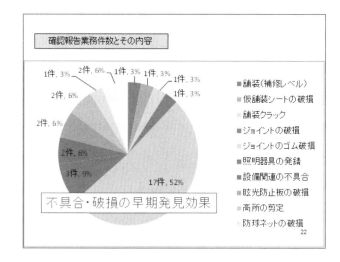

図 4-22 確認報告業務件数とその内容

2つ目として品質保証型の契約にも取り組みました。舗装補修業務についてですが、指定する区間の舗装補修工事について契約期間完了後3年間の品質保証期間を設けました。保証期間を設けることで受注者のリスクを明確化し、仮に性能要件を下回った場合受託者の費用と責任で修繕することを義務付けました。

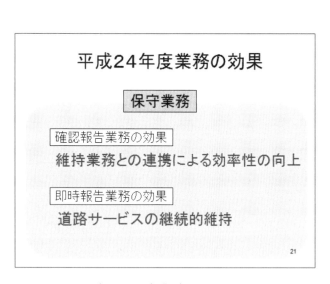

図 4-21 平成24年度業務の効果

ここで、実施している包括業務の効果について報告します。この表は平成24年度の確認報告業務の件数とその内容をまとめたもので、内訳については橋梁のジョイント部分の損傷に関わるものが18件と最も多く、次に道路照明の器具の不良の発見が3件となっています。従来このような損傷は数年に1度の点検まで発見することができませんでしたが、清掃業務と同時に行う保守業務により早期発見でき、対応までの時間短縮やサービス水準の早期回復に大きく貢献できたと考えています。

図 4-23 受託者作成の損傷・施工箇所展開図 (P-245)

この表は受注者が補修業務のなかで作成、集計している展開図で、舗装補修の履歴やガードレール等の損傷箇所、修繕を行った時期を内容や種類ごとに色分けしプロットしています。まだまだデータが少ないですが、これから道路の特性、癖が分かり、今後の劣化予測によるアセットマネジメントや損傷の早期発見が可能となって確実な予防保全に大いに役立てられるのはないかと期待しています。

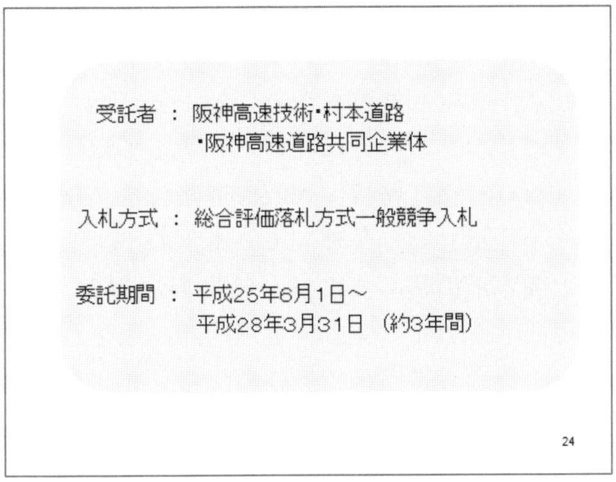

図 4-24 受託概要

　現在、当公社では、第二段階として、平成25年度から27年度までの2年10カ月の複数年契約を行ったところです。これは性能規定型のさらなる活用と民間業者の今以上に創意工夫の提案や民間ノウハウの積極的活用を狙ったものです。

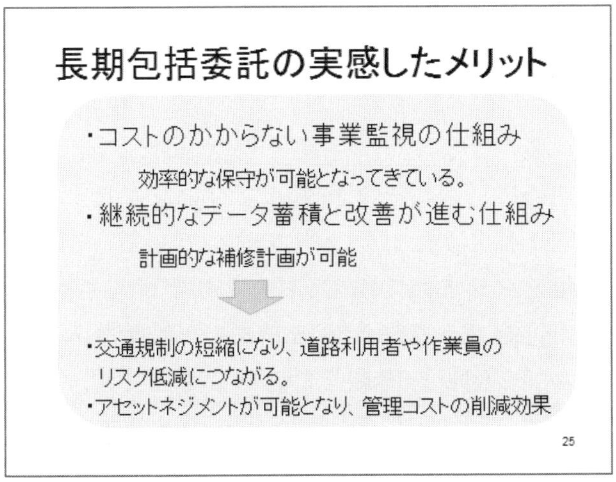

図 4-25 長期包括委託の実感したメリット

　ここで長期の包括業務で実感したメリットについて説明します。コストのかからない仕組み作り、セルフモニタリング等を活用することで、すべてを公社である発注者が確認するのではなく、事業監視ができる仕組み作りが構築できましたので、効率的な保守が可能になったと思われます。これは交通規制の期間短縮にもつながり、利用者のサービス水準の低下防止だけでなく、現場作業員のリスクの低減にもつながると考えています。また、継続的なデータ蓄積することで照明等の交換時期、舗装補修の時期、場所等の計画的な補修、修繕計画を提案できる仕組み作りができていると思っています。

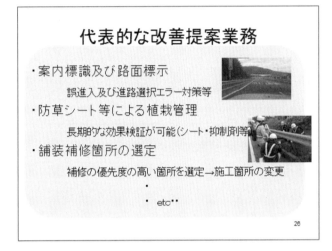

図 4-26 代表的な改善提案業務

　次に受注者からの改善提案業務の代表的なものを数個紹介させていただきます。1点目は、利用者の料金所への誤侵入を減らす目的で路面表示を設置し、より分かりやすい案内が実現できた事例です。これはまさに民間ノウハウを活用できた事例だと感じております。2つ目は、長期の契約であることを十分に活かし、防草シートの試験施工を実施しています。雑草の種類、気候等の地域的な特性に合った有効な施工をするためにデータ蓄積しており、今後の確実な効果の発現に期待しています。

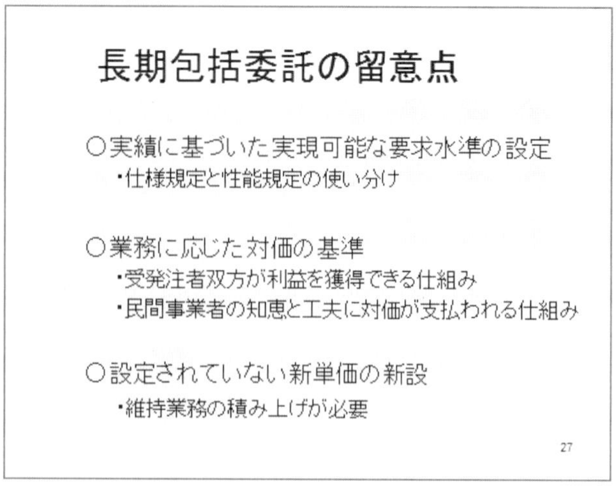

長期包括委託の留意点

○実績に基づいた実現可能な要求水準の設定
・仕様規定と性能規定の使い分け

○業務に応じた対価の基準
・受発注者双方が利益を獲得できる仕組み
・民間事業者の知恵と工夫に対価が支払われる仕組み

○設定されていない新単価の新設
・維持業務の積み上げが必要

図 4-27　長期包括委託の留意点

次に留意点について説明します。実際に実績に基づいた実現可能な要求水準の設定で蓄積されたデータから性能規定に切り替え出来ているものがまだ除草業務しかありませんが、今後、舗装補修業務や橋梁の継ぎ手部の止水機能等へ拡大していくためにはデータの積み上げが重要となると考えています。また、対価の基準について、発注者、受注者双方が Win-Win を実感できる基準作りが重要となってきていると思います。改善契約業務などについても、それ相応の対価が支払われる仕組み作りを確立することが重要であると感じています。

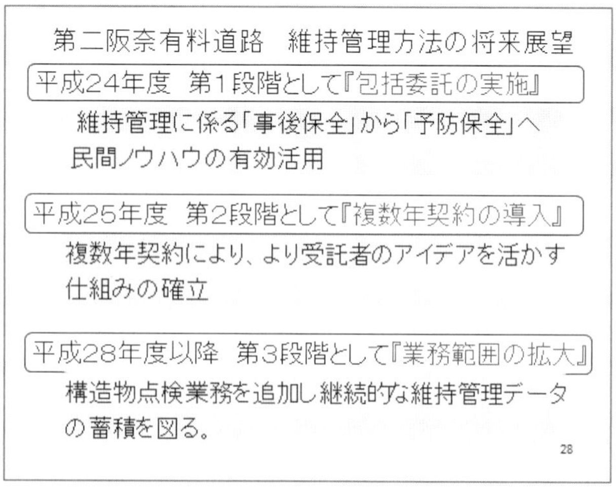

第二阪奈有料道路　維持管理方法の将来展望

平成24年度　第1段階として『包括委託の実施』
維持管理に係る「事後保全」から「予防保全」へ
民間ノウハウの有効活用

平成25年度　第2段階として『複数年契約の導入』
複数年契約により、より受託者のアイデアを活かす仕組みの確立

平成28年度以降　第3段階として『業務範囲の拡大』
構造物点検業務を追加し継続的な維持管理データの蓄積を図る。

図 4-28　第二阪奈有料道路　維持管理方法の将来展望

最後になりましたが、今実施している包括業務は業務範囲の拡大ができておらず、契約期間の長期化のみとなっています。今後、予防保全の観点から巡回業務を取りこむことが次のステップにつながるのではないかと考えております。第二阪奈有料道路は、大阪府道路公社、奈良県道路公社が共同で管理していますので、役割区分上問題が山積みですが、今後維持補修の技術的専門性をもった業者、地理的即応性をもった地元の業者、道路維持修繕のマネジメントのノウハウを持った業者等と連携してよりよい仕組み作りを進めていきたいと考えています。

以上、ありがとうございました。

◇質疑
（会場）

平成24年度の入札方式が公募型プロポーザル方式で発注されていて、平成25年度の3ヵ年の際に総合評価方式に変わった理由を教えていただきたい。また応札者数を教えていただきたい。

（賀集）

初めにプロポーザル方式で行いました。その時に1社しか応札がありませんでした。そこで問題となりましたので、もし1社だけでも対応、契約可能である総合評価方式の一般競争入札に変えて2回目を実施したということです。結果的には、2回目も1社しか応札がありませんでしたが、今後は受注者も我々も Win-Win の関係ができる仕組み作り、受注者の財源は公社と他の道路管理者もですけど、新しい財源と勘違いがないようにお互いがメリットある契約ができるようなシステム作りをしていきたいと考えていますが、なかなか財政当局への説明の中でコスト縮減についての説明や包括業務の説明をうまくできていない状況です。例えば、ポットホールが今まで100円でできたものが80円でできたという分かりやすい表現ができない状況で、サービス水準を下げないために早く対応で

きたということしか説明できず、なかなか金額的に削減できたと説明でないため財政当局との溝が埋まらない状況で苦慮しているところです。今後、もうちょっと仕組み作りを考えていきたいと思っています。

（会場）

維持管理は個別に発注されてきたところを包括で受託契約されたということで、それによって全体的な維持管理コストというのは、個別のポットホールのコストはなかなかつかんでいないようですが、全体の維持管理の費用はどのくらい変化したのか、つかんでいるものがありましたらお聞きしたい。また、当然ながら個別のものを包括的に行いますから、道路公社の組織は何か変わられたのかをご説明いただきたけたらわかりやすいと思うのでよろしくお願いします。

（賀集）

いろいろな検証方法がありまして、まず平成24年度に行った業務の一つの検証として除草業務だけに特化してコスト検証したのですが、そこではVFMで25.6%の削減となりました。これは包括の観点からの削減ではなく、請負差金も入っていますので本意ではない数字であり、これを表に出していいか難しかったのですが、報告書の中には25.6%という数字が出ているものもあります。公社の組織につきましては、大きく事務の簡素化を実感できていることは実はございません。契約件数は減っていますが、今の契約方法について年に3回精算、出来高部分のある変動費について3か月に一度ずつ精算しています。この部分が重くなってなかなか事務の簡素化になったかという実際の実務の担当の方からは苦情が多いところですし、ここも本当に年3回でいいのか、4回でいいのか、2回でいいのか、1回でいいのか、検討も含めて事務の簡素化につながる仕組み作りを考えていきたいと思います。

（司会）

舗装補修工事の品質保証で、保証期間を契約完了後3年間と設定されていますが、維持管理業務は継続して別の3年間も業務として出ています。この場合、同じ業者さんが受注されているのでその期間の維持補修についてどちらの責任かを問う必要がありませんが、これが別の業者に変わった時に品質保証による対応をすべきか、通常の管理業務として当該年度の業者が対応するのかあいまいになる気がしますが、これについてどう思われますか。

（賀集）

舗装補修について、3年契約でありながら経費のこともありましたので、まず1年目に計画的な大規模な補修舗装工事を実施しています。それについて契約完了後3年間の保証期間を設けていますので、実質5年間の品質保証の期間があります。初めに契約前の質問事項で3年間がどこからですかという質問があり、契約完了後3年、実質5年と回答しており、それをわかった上で応札していただいていると考えていますので、舗装補修をした区間での補修に関してはここの変動費で示す修繕業務の対応箇所としては考えておりません。何かあったときには、その施工者の責任で修繕していただくと考えています。

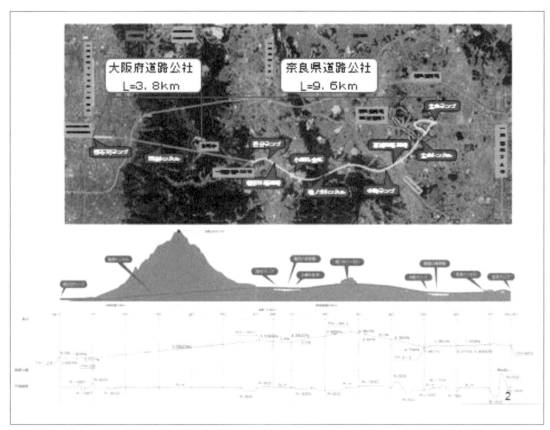

図 4-2 第二阪奈有料道路位置図

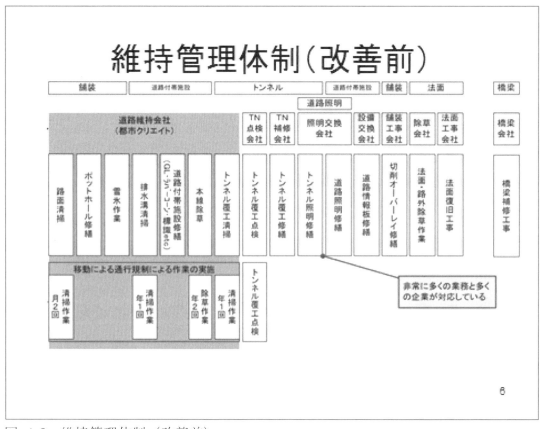

図 4-6 維持管理体制（改善前）

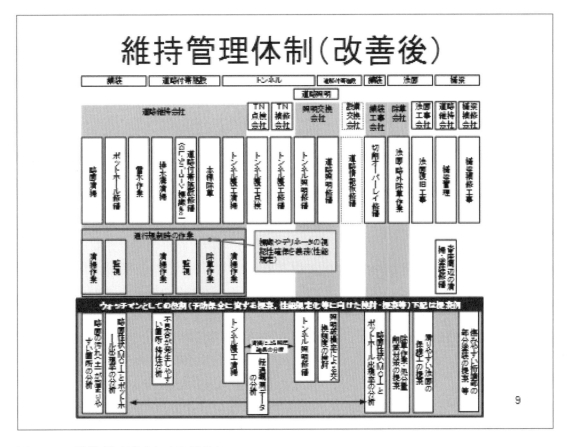

図 4-9 維持管理体制（改善後）

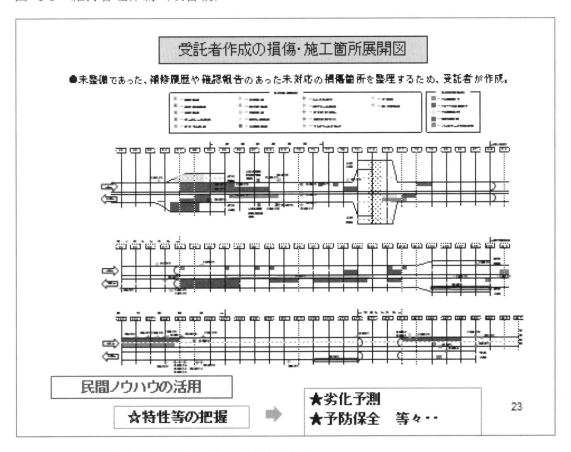

図 4-23 受託者作成の損傷・施工箇所展開図

3.5 仙台市下水道事業アセットマネジメント（水谷 哲也）

図 5-1 仙台市下水道事業のアセットマネジメントについて

　仙台市下水道事業の水谷と申します。今日は「仙台市下水道事業のアセットマネジメント」について、どちらかというと発注者側の話になりますので、他の方々と毛色が違う部分がありますが、ご承知いただければと思います。
　今回我々が行ったこのアセットマネジメントという経営改革の取り組みですが、これは自治体の曖昧だった業務を性能管理型にしていくものだと思います。今回の公共調達の発注方法の問題とは離れていますが、我々の業務は性能発注をする際に業者さんが行うことを自治体がやってみるとこうなりましたというご報告になると思います。興味深いところもあれば違うと思われるところもあるかと思いますが、よろしくお願いします。

図 5-2 仙台市下水道事業のアセットマネジメント導入の状況(P-255)

　最初に仙台市のアセットマネジメントがどのように進んできたかを簡単にご紹介します。仙台市でアセットマネジメントを開始したのは、2006 年になります。この時にアセットマネジメント導入検討のワーキンググループを立ちあげ、オーストラリアの上下水道事業の視察なども含めて導入を考えました。2008 年には専門部署を作るとともにプロポーザルにより支援業者を選定し、アセットマネジメントの導入戦略を作りました。この導入戦略の途中で東日本大震災があって 1 年延期した中で、2013 年度アセットマネジメントの本格運用を開始しました。2014 年に入って ISO55000 シリーズというアセットマネジメントの国際規格が発行され、日本で初めて下水道事業の管路部門でその認証を取得して現在運用しています。この写真は市長に、「アセットマネジメントの運用をこれから頑張りましょう」という決意表明を 2013 年にしてもらい、意識統一を図ったものです。仙台市下水道事業のアセットの規模ですが、資料にもありますとおり、管渠延長で約 4,600km あります。2013 年の段階で 4,626 km、今年ちょっと増えて 4,645 km ですが、かなりの延長があることで、今後の老朽化が全国のインフラ共通の課題になっています。また、下水道事業なので土木施設だけではなくいわゆる機械電気があるので、設備点数で約 1 万点あるという現状です。

図 5-3 ISO5500x シリーズと仙台市下水道事業の AM(P-255)

　公共調達の話ですが、ISO の話も含めてお話しします。ISO55000 シリーズは 2014 年の 1 月に発行されました。これはアセットマネジメントシステムの国際規格で、要求事項が入っており認証ができる規格です。今後公共調達の部分でこのような規格を持っているか、あるいは海外に進出する時にもこのようなものを持っていたほうがいいという可能性もあり、そこに本日会場にいらっしゃる方も関心があると思います。仙台市では独自にアセットマネジメントのシステムの整備をしてきましたが、ISO55000 シリーズが発行されたので、これを機会にそれを適用してより国際基準に合ったアセットマネ

ジメントに取り組んでいるところです。ここの左側はISO55001のいわゆる目次を並べたものです。4章から10章までが要求部分で、例えば4章では状況把握、5章ではリーダーシップなどいわゆるマネジメントシステムなので、特に民間で認証を取得されている9001や14001の内容に非常に近い部分があります。それに対して仙台市下水道事業でどのような取り組みをしてきたかを55001の章ごとに対応させて説明したものがこの図です。例えば、リスク評価、目標や指標の管理、プロセスマネジメント、内部監査などを実施して、これまで発表されていた民間企業でこのようなことをやり始めましたという内容を仙台市でも行っている状況です。

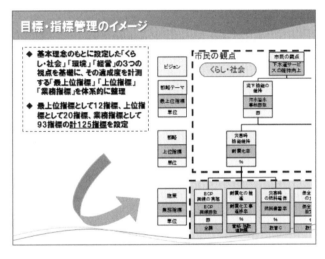

図 5-4　目標・指標管理のイメージ

どのようなことを実施したか細かく紹介させていただきます。例えば、目標管理について、下水道事業ではこれからやるべき大きな目標、アウトカム目標と言いますが、「市民の観点から下水道サービスを維持向上させていく」ことを挙げ、下水道ですから汚水を溢れさせないように流す流下機能を維持するために、汚水を溢水事故回数でモニタリングして流下機能を維持していく作業、など業務レベルで出てくる目標を全部で125挙げ、係ごとの業務目標としています。さらにアウトカム指標に当たる最上位指標として12指標を決めています。性能管理のレベルを下げないように所々の施策を実施し、あるいは新しい施策を決める、このような目標管理による業務に切り替えていこうとしています。

図 5-5　リスク評価とその見える化

リスクマネジメントという観点では、リスクの「見える化」を目指していて、この中では下水道事業における管路や設備の老朽化、あるいは故障等のリスク、地震や浸水といったリスクを評価するためにリスク基準を整理しました。例えば、GISの画面を表示していますが、GISの色分けがリスクで、経過年も踏まえて健全度や影響度を出しています。例えば、影響ランクでいくとその管を使っている人の数や管の上の道路交通量を踏まえて、このリスクを全管渠4,600kmにおいてマンホールからマンホールの間のスパンごとに設定しています。このような色分けをして、発注をする時もスパンをクリックして「このスパンととこのスパンを発注します」というように、実際の発注業務あるいは申請業務に適用できるようにしています。

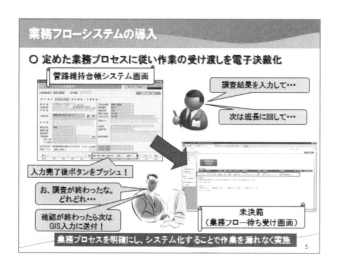

図 5-6　業務フローシステムの導入

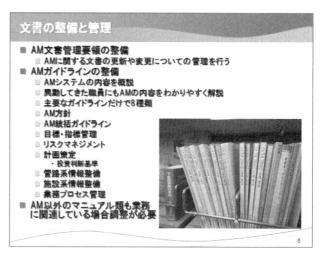

図 5-7　文書の整備と管理

　仙台市下水道事業は、様々な苦情の受付、清掃、維持管理業務を行っています。そのような業務を、どうにかして管理し減らしていくために重要なことは情報収集とその分析です。その情報収集について色々なシステムを用いていますが、これは1つの管路維持台帳というシステムの事例です。この図が管路維持台帳のイメージですが、この中に様々な入力項目があり、それらの入力箇所をクリックするとプルダウンメニューが出て、清掃、詰まり、様々な業務、苦情が選択できます。さらに、職員が調査に行った時にきちんと情報入力をする業務プロセスを明文化した上で業務フローシステムを導入しました。これにより、管路維持台帳のシステムの中で実際に入力した後に入力完了ボタンを押すと情報が係長に回り、係長がそれを確認する（確認しないと次の発注業務に移れない）、という具合に業務プロセスとシステムを連動させています。

　ISO認証をしているので当然マニュアル類も整理しています。会場にいらっしゃる方々は道路の管理、公園の管理、河川の管理、このような下水道の管理をされている方が多いと思いますが、そのような方々にとっての維持管理あるいは工事監理、いろいろな業務全てがアセットマネジメントの範疇に入ります。よってこのようにマニュアルを整備しております。どのようなマニュアルかというと、アセットマネジメント特有の方針や新たに決めた目標もありますが、情報整理あるいは工事監理のマニュアルなどで、極めて一般的な我々自治体が日常の業務で行っている内容をマニュアル化して整理しています。これが意味していることは、アセットマネジメントと横文字を使ってはいますが、業務方法をいかに体系化するか、あるいは目標管理の視点で整理するかという話で、新しいものを作るよりは整理をしたというものとなっています。

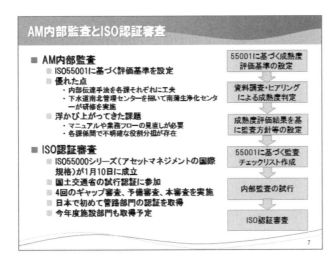

図 5-8 AM 内部監査と ISO 認証審査

図 5-9 導入から運用へ～保全計画策定の取組

　このようにアセットマネジメントを行い、折角なので ISO55001 の認証を取得する話になりましたが、一番困ったというかやらなければならない業務が内部監査でした。この内部監査も一応評価基準やチェックリストを作成し、実際の業務を評価しました。これが終わった後 ISO の認証審査を受けて、「このようにやっていきましょう」という話を内部あるいは外部からもしてもらい、アセットマネジメントシステムの改善を行いました。例えば、優れた点には「よくやりました」とリストアップすることとしましたし、浮かび上がった課題についてはマニュアルの見直しが必要ということで、ISO を受検された方はわかると思いますが、例えばそのマニュアルに書いてある部署名が違うことなどよくあるのですが、実際我々も組織変更に対応するようにマニュアルが直っていなくてそのままだったという業務、内容も結構あり、見直しをされたという状況です。それを経た上で国土交通省下水道部が実施した ISO 認証審査の枠組みに参加しまして、日本で初めて取得しました。世界でも 5 番目くらいです。去年は管路部門だけでしたので今年は施設部門も入れるように準備をしているところです。

　このようにアセットマネジメントを実施し、ISO55000 を取得して、どういったことが良かったについて、先ほどの阪奈道路さんがなかなか定量的な成果が出にくいという話をされておりましたが、仙台市も確かにその通りです。いくつか部分的な効果は出ていますが、我々事業者側にとって一番良かったと思うことは、「見える化」です。陥没や詰まりが、例えばこれらは GIS 上でも瞬時に確認できますし、なおかつ今後どのようにすれば良いかという分析業務も含めて、陥没や詰まり削減の計画を立てていく仕組みができあがったことにあります。このようにアセットマネジメントによって情報収集の仕組みが出来上がったので、逆にこれからこのような保全をしていこうと提案するなど次のステージに行くのではないかと考えているところです。

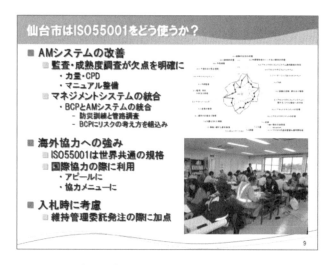

図 5-10　仙台市は ISO55001 をどう使うか

　ISO55000 シリーズの観点から、このアセットマネジメントシステムをこれから改善していくために、監査や成熟度評価によって欠点を洗い出すことになります。例えば、ここに書いてあるレーダーチャートですが、これでISO55001 の 1 つ 1 つの要求事項ごとにどこが良かった、どこが悪かったかを評価をしました。すると、例えば職員の力量、本日岐阜大学の先生のお話にありましたが、どのような教育課程を経たらいいか、どのように力量を評価すればよいか、ということが重要ですし、そこをなんとか「見える化」していかなければなりません。その意味で土木学会さんがやっている CPD の制度を自分たちの中で作ってこのようなことを勉強していかなければいけないと整理しているところです。

　また、他のマネジメントシステムも仙台市は持っており、例えば災害マネジメントシステムや環境マネジメントシステムです。これら中でマネジメントシステムを 1 個 1 個別々に管理するのではなく統合させていくことを考えています。例えば、この写真、災害の防災訓練ですが、仙台市では東日本大震災の記録・経験を活かして訓練で実際に調査情報を取ってくるようにしています。そのような情報を、例えばリスクの考え方をアセットマネジメントと統一して、どこに行くかを決める、あるいは取ってきた情報を全部アセットマネジメントに取り込んで、その周辺の情報を収集するような統合を図った上で、職員に情報収集の効率化にも資する形で実施していきたいと思っているところであります。

　また、下水道事業では海外進出を自治体と企業さんと一緒にやっていこうという流れになっています。そのようなところにアセットマネジメントあるいは ISO55000 シリーズが世界共通の規格ですので、協働のアピールあるいは協力のメニューを国際協力の時に使えると考えています。

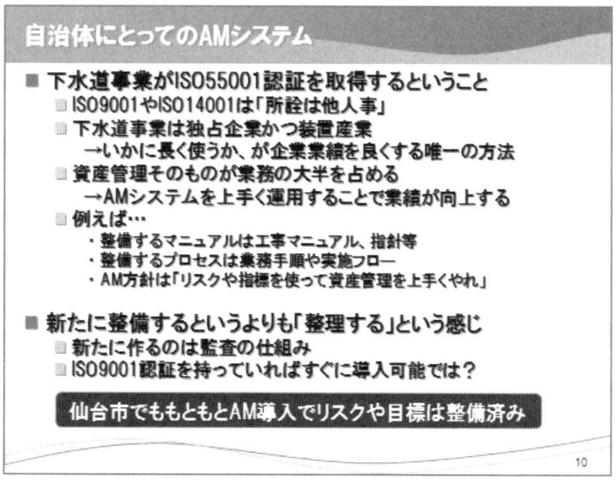

図 5-11　自治体にとっての AM システム

　本日は公共調達のシンポジウムですので、その観点から見ると、入札時に関しては、維持管理業務委託についてこのような資格を持っていれば加点をする、あるいは参加要件にすることなどが考えられます。

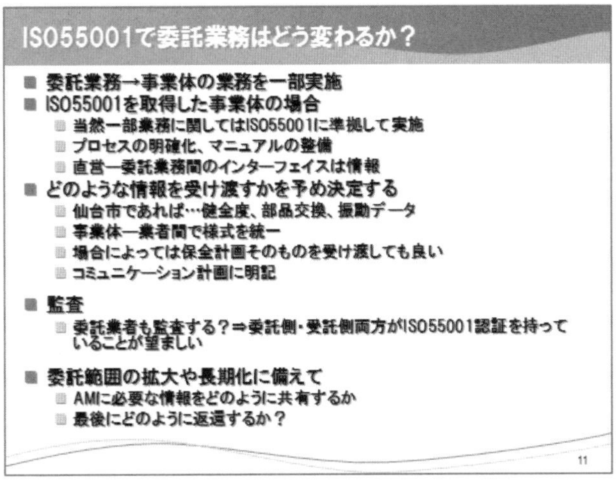

図 5-12 ISO55001 で委託業務はどう変わるか

　自治体にとってのアセットマネジメントあるいは ISO55001 はどのようなことであるかを考えていくと、自治体あるいは維持管理をしていくものにとってはそのものの、つまり我々の業務そのものであると思います。例えば ISO9001 や ISO14001 は皆さんも「面倒くさい」と思うことも多分にあるかと思います。例えば入札参加に必要だとか環境部門がやっているとか他人事のイメージが結構強かったと思いますが、自治体による下水道事業は特に独占企業ですし、さらに装置産業で多くのアセットを持っているということもあるので、いかに長く使うかということが業績を良くするために1番重要なことになります。その意味では、我々が一番考えなければいけないことがアセットマネジメントあるいは ISO55000 に書かれているのです。よって、このようなアセットマネジメントシステムをうまく利用するということが我々にとって必要であり、アセットマネジメントシステムは今後自治体あるいは民間企業が考えていくべき業務だと思います。

　その中で新たに整備するのはめんどうですが、整備するというよりは整理するという感じだということが我々の感覚であり、新たに作るのは監査の仕組みくらいなので、アセットマネジメントを実施する観点では、おそらく他の自治体でも行っている業務なので、アセットマネジメントシステムというのは受け入れられやすいのかなというふうに思っています。

　委託業務の観点から ISO55000 シリーズがどのように貢献あるいは変革を要するかという話になると、委託業務は事業体、例えば仙台市下水道事業の業務を一部分実施していただく話になりますので、ISO55001 を取得している事業体はそれに準拠して業務をすでに行っているはずなので、安心できるところがあります。自治体が今後施設管理をしていく観点で見ると、例えば3年間や5年間の委託契約を行った後に、あるいは PFI の 15 年間後にどのような情報を自治体と業者さんとの間で受け渡すのか、どこまで拡張するのかということを ISO55000 シリーズは非常に気にします。例えば、仙台市くらいわりと大きな規模の自治体であれば、健全度のようなことは業者さんから聞けば理解できるかもしれませんが、小さな自治体さんでは、健全度の情報をもらってもなかなか判断ができない場合もあるのではないでしょうか。もしかすると保全業務や保全計画そのものを受け渡すことも今後出てくるかもしれません。このような場合は性能発注の委託できる範囲をもう少し広げないと ISO55000 シリーズを十分に使い切ることができないかもしれないと思っています。その意味で、委託業務の拡大、それに備えるためどのようにアセットマネジメントを行うのか。土木施設は 50 年、100 年の寿命を持った施設なので、どのような情報を共有化していくのか、その後どのように自治体と業者さんとが情報を受け渡していけるかを今後考えていかなければいけない、そのようなことを ISO55001 の認証取得を行った結果よく考えさせられたと思っています。

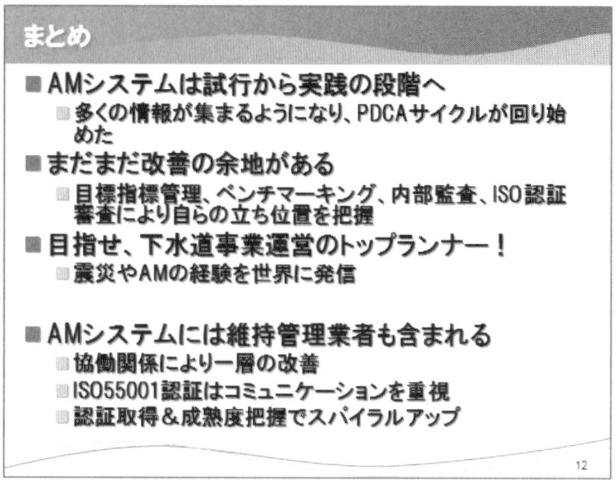

図 5-13 まとめ

最後に、アセットマネジメントは ISO55000 ができた、あるいは各自治体やり始められたということで、いよいよ試行から実践の段階に来ていると思います。もちろん道路あるいは橋梁は先駆者なので、非常に多くの情報が集まっていると思いますが、仙台市の下水道もようやく始まったところです。まだまだ改善の余地はありますが、我々の決めた基本理念の中で下水道事業運営のトップランナーを目指すんだと頑張っているところです。アセットマネジメントシステムの中には当然維持管理業者さんあるいは様々な建設業者さんも含まれる部分がありますので、協働することによって一層の改善が図られると思います。今後も我々アセットマネジメントシステムの改善に頑張って行きますが、今日お集まりの皆さんにご知見、あるいは色々情報を交換させていただきながら進歩させていきたいと思っています。

◇質疑
（会場）
　興味深く先進的な話をありがとうございました。認証の話で、資料の中では国土交通省の試行認証に参加ということですが、認証の仕組みについて現在の認証とこれからどのような認証の仕組みになるかをお聞きしたいのと、説明によりますと仙台市さんの場合はかなり準備期間が長いようですが、実際の認証になると中味によって判断が難しいですけれど、どのような期間が必要なのか、あるいは何回も審査をされていますが特に要求事項の中で審査で難しいとか特に強く求められることがもし何かありましたら教えて頂きたい。
（水谷）
　国土交通省さんの認証登録プログラムですが、今年下水道事業で実施される予定で、私も参加していましたが、規格の策定業務に係わる経緯もあって早めに ISO の内容がわかりましたので、国交省さんでも今後の対応をしていかなければいけないこともあり、試行的に我々が自治体と業者さんを 1 つずつ選定され、まず 1 回目をやってみましょうということを去年 1 年間実施してみたということが経緯です。その中で通常の ISO9000 の審査あるいは ISO14000 の審査をされている方もわかると思いますが、認証機関が来て、このような業務をやっていますか、このようなことを整備していますか、と質問されることが何回かあり、その後認証を取得することで、通常ですと恐らく ISO9000 の認証システムと同じような形で 1 年間の認証期間で認証がとれると思います。ただ、アセットマネジメントをまだ全然考えていない自治体さんがあると、まだ目標が定まっていないでしょうし、リスクも定義、基準も決まっていませんとなって、そこから決めていかなければいけなくなります。我々が 2006 年から取り組んだのはアセットマネジメントの認証を取るための業務期間ではなく、アセットマネジメントを始めようという時にリスクを決めよう、目標管理を決めよう、という仕組みを構築する期間があり、実際認証に掛かった時間は半年間くらいです。よって、きちっとした整理がされていれば半年くらいで取れますが、この機会にリスクも決めようという話になるともう少し認証に期間がかかると思います。例えば、先ほど話がありました阪

神高速さんもアセットマネジメントをやっていらっしゃると思いますが、ISO9000を持っていらっしゃる方はそれほど期間が掛からないと思います。逆に、まだアセットマネジメントがわからないという方は、例えば1年間準備期間を置いてそれから本認証に行くというやり方はあると思います。

（会場）

日本で先進的に ISO のアセットマネジメントを取得されて頑張っている状況を聞かせて頂き、ありがとうございました。たぶん仙台市さんがISO55000を取得された理由はいくつかあると想像しますが、仙台市さんそのものがこれを持って海外に出ていくことを具体的に考えているのかなというのが 1 つと、もう 1 つはISO55000 を取得するプロセスを通して内部組織の仕事のやり方やガバナンスの仕方を少し整理していい方向へ変えていこうというところもISO を取る効果としては期待できると思います。もし内部でお仕事をされる方が ISO55000 を取得する間、取得するプロセスを通してどのように変わってきたか、あるいは変わりつつあるのか、実際の組織の中の状況を聞かせてください。

（水谷）

内部の話ですが、アセットマネジメントをずっとやってきたこともあり、仕事のやり方自体かなり変わってきました。実際のデータに基づいて次に改善を広く行うとの先ほどの話について、今まではもちろんデータはありましたが紙ベースであったり分析が容易ではなかったりすることもあり、それらを修繕できるようになったことは大きな成果だと思います。ISO を整備する過程で、事業ベースにおいて仕事の手順をはっきりさせることについて、仕事そのものを変えながら仕事を「見える化」することにより、提案が職員レベルでできるようになってきたことがあります。その意味で考え方を変えるところに効果があったと思います。ISO そのものの効果を考えると「学習効果」があると思います。特に内部監査や認証審査の時には、やはりみなさん勉強するという話を聞いていますので、改めてこういうことだったという話も結構あってそれは良かったと思います。最後に海外進出の話ですが、震災の話もあって来年仙台市が防災会議を実施します。そこで海外との関わりが最近注目されていて、例えば防災会議に参加していただく海外の自治体さんを探していて、いくつかの国にアセットマネジメントや防災関連に興味はないか話を聞いています。その結果、何カ国か興味があり、来月韓国の方が訪日、視察に来られたりしています。このようなこともサーチしていますので、今後このようなことが広がっていく可能性はあり、できれば日本初として頑張っていきたいと考えています。

（会場）

貴重なお話をありがとうございました。私はコンサルタントの視点ですが、会社でも ISO を実施していまして、なかなか上手く回らないこともいっぱいあります。それは ISO となると現在から過去に対してどんどんデータを蓄積したり長期予測をしたりするとなかなかうまく回らないこともあります。常々思うのは日々、目の前にある課題、目の前にある業務、現場、ここで起きているものに対して過去のその ISO やアセットマネジメントで蓄積されたデータやナレッジをうまく活かしていくということを私達の考えですが、なかなかできていません。本日の話の中で仙台市さんもこれからアセットマネジメントの試行から実践の段階へということで実施してきたことを今ある現場の課題や問題にどう活用するか、あるいはインターフェイスとか、何かありましたらお願いします。

（水谷）

先ほどのお話の中でもありましたが、仙台市で一生懸命やっているのは管路系で、いわゆる業務改善ということで、実は詰まりの分布が郊外団地に多いということが明らかになりましたが、この話はまさにアセットマネジメントの結

果見えてきたものです。それに対して、どのような対策をするかについて現場本位で対策ができるようになりました。例えば、今までは管路の更新や清掃は古いところからやる、あるいは工事では大きいところからやる、となっていたものを、情報に基づいてやれるようになりました。例えば清掃をするだけではなくきちんと管の改築をしないと木の根が侵入してくるから駄目です、仕事の基準や標準図を変えていきましょう、実際に業務プロセスにおいて工事の判断を、今までは担当者が行っていたものを係長に変えましょう、このような詰まりに関する業務改善の話を現場は非常にやりたかったがデータがなくて説明できなかった、ということがありました。あるいはデータをアセットマネジメントでうまく解釈・翻訳をして「このようなことですよ」と財務部門に説明することができるようになったこともありました。さきほど道路さんの中でどこを補修したかを「見える化」する話がありましたが、そのように業務をアセットマネジメントで改善しないと説明がうまくできないと思います。やはりたくさんのデータをシステムを使って収集することにより見えるようになることがありますので、アセットマネジメントは非常にいいと思います。先ほど話しました業務プロセスについては毎年見直しをしています。現場の意見を聞いて、「ここがちょっと滞っている、こういうことは実際やっていないけど」のような話もすぐに変えることができます。また、組織変更により計画を立てる業務が1人足りないといったら今年は業務を分担したり職員を異動させたりしましょう、などということもおこなって円滑な業務進行に役立つというところで、アセットマネジメントには潤滑油のようなところがあると思います、というくらいでよろしいでしょうか。

仙台市下水道事業のアセットマネジメント導入の状況

- 2006年　AM導入検討WG
  - オーストラリア視察
- 2008年　資産管理戦略室（現経営戦略室）設置
  - プロポーザルによって支援業者選定
  - AM導入戦略策定
- 2009年　AM導入戦略の策定・実施
  - AMシステムの抜本的整備を開始
- 2013年　AM本格導入
  - AMに基づく業務の実施
- 2014年　ISO55001認証
  - 下水道事業の管路部門で取得

アセットの規模（2013年3月31日現在）

管きょ延長	4,626	km
設備点数	10,793	点
土木建築・付帯設備	2,455	点
機械設備	4,200	点
電気設備	4,138	点

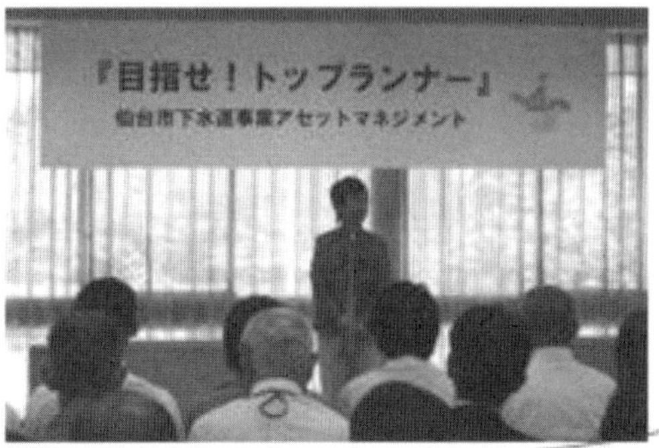

1

図 5-2　仙台市下水道事業のアセットマネジメント導入の状況

ISO5500xシリーズと仙台市下水道事業のAM

- ISO5500xシリーズとは　※2014年1月発行
  - AMシステムを構築・運用するときに、最低限必要な要素をまとめたもの
  - ISO55000（概要、原則、用語）、ISO55001（要求事項）、ISO55002（55001適用のためのガイドライン）からなる
- 仙台市では独自にAMシステムを整備してきたが、ISO55001発行に伴い整合を図った

ISO55001		仙台市下水道事業の取り組み事例
4章	組織内外の状況把握と戦略的なAM計画の策定	・海外事業者とのベンチマーキングの実施 ・AM導入戦略の策定
5章	リーダーシップとAM方針，責任と権限等	・仙台市下水道事業AM方針の策定
6章	リスクマネジメントと，それに基づく目標・計画策定	・リスク評価の基準の設定と，評価の実施 ・リスク評価結果の予算策定への反映 ・目標/指標管理の実施
7章	AMを支援する仕組みや方法	・仙台市下水道CPDプログラムの導入 ・AMに関連する業務の各種ガイドラインの整備 ・既存システムの改善と新規導入によるデータ整備
8章	プロセスの明確化とその運用	・一部業務のプロセスをフロー図として標準化 ・プロセス実行を支援する業務フローシステムの導入
9章	業績や状態のモニタリング，AM内部監査	・目標/指標管理の実施 ・AM内部監査共同研究の実施
10章	継続的改善	・苦情や故障の評価と改善 ・問題解決のためのAMSの変更

2

図 5-3　ISO5500x シリーズと仙台市下水道事業の AM

3.6 かほく市上下水道施設維持管理業務
（奥野　了平）

図 6-1　かほく市上下水道施設維持管理業務

ご紹介ありがとうございます、西原環境の奥野と申します。「かほく市の上下水道施設維持管理業務」について話をいたしますが、上下水道を一体で管理する事例は全国的にみても少ないので、本日はその点について重点的に話させてします。

かほく市は海と山に囲まれた地形をしており、人口がおよそ3万5千人の市となっております。本日お話しする内容ですが、1点目はかほく市の概要、2点目は上下水道施設維持管理包括民間委託業務の発注までの流れについてです。今回のお題が公共調達ということから、かほく市様側の意見を頂戴しましたので併せて発表いたします。3点目は業務内容について、今回プロポーザル型公募方式にて弊社が受注しましたので、その契約項目について、4点目は平成25年度から管理を始めて1年経ちましたので、1年を終えてと今後の展望についてお話しさせていただきます。

1．かほく市の概要

図 6-2　かほく市の概要

かほく市の概要です。かほく市は石川県のほぼ中心に位置し、平成16年3月に高松町、七塚町、宇ノ気町の3町が合併して誕生した市です。人口は約3万5千人で、水と緑の豊かな自然環境に恵まれた地勢となっています。水道普及率及び下水道普及率は99％であり、ほぼ面整備が完了しています。現在の事業としては維持管理と設備更新が中心となっています。

平成22年度に公共下水道事業、農業集落排水事業それぞれを個別に「包括民間委託」して3年契約で導入された実績があります。水道事業について設備の保守点検の一部を委託されていましたが、基本的には直営で管理されていました。

2．維持管理包括民間委託業務発注までの流れ

図 6-3　包括管理委託(P-266)

ここで上下水道の包括民間委託業務発注までの流れについてお話します。先ほど概要でお話しましたが、下水道と農業集落排水施設については既に平成22年度から包括的に民間委託されていて、下水が北部と南部の2か所、農業集落排水施設が15か所、それに伴うポンプ場とマンホールポンプを管理されてきていました。

この3年間でかほく市様としてはある程度のコスト縮減効果があったとのことです。

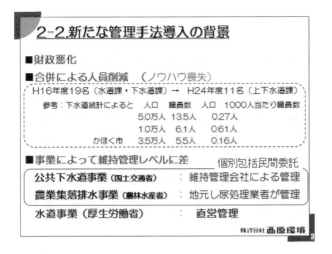

図 6-4　新たな管理手法導入の背景

今回の委託は水道・下水・農集の3事業が一体になりますが、その導入の背景はかほく市様をめぐる財政の悪化や、合併により平成16年度では19名いた担当職員の数が平成24年度には11名まで人員削減され、ノウハウの損失等が懸念される状況がありました。また、今回公共下水道事業、農業集落排水事業は個別に民間委託さており、下水は維持管理会社、農凝集落排水は地元のし尿処理会社が管理されていました。一方水道事業は直営管理されており、維持管理にレベルの差が生じていた背景もありました。

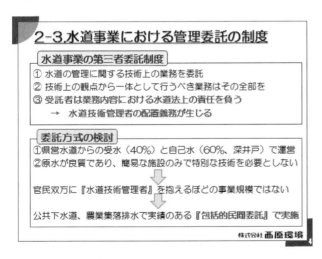

図 6-5　水道事業における管理委託の制度

水道事業における管理委託の制度についてお話します。水道施設は今まで直営で管理されていましたが、委託方法としては第三者委託制度があります。これは水道の管理に関する技術上の業務を委託するもので、技術上の観点から一体として行うべき業務範囲はその全部であり、「受託者は業務内容における水道法上の責任を負う」ことで、水道技術管理者の配置をしなければならないことが大きな特徴となります。

かほく市様で検討されたところ、県営水道が約40％で、その他60％程度の自己水は深井戸で運営されている点、深井戸では原水水質が良好なため簡易な施設のみで特別な技術を必要としない点から、官民両方に水道技術管理者を配置するほどの事業規模ではないと判断され、公共下水道、農業集落排水で実績のある「包括的民間委託」で実施されました。

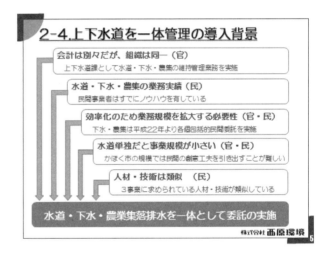

図 6-6　上下水道を一体管理の導入背景

上下水道一体管理の導入の背景をお話しします。まずかほく市様側になりますが、事業ごとに会計が別々となっていますが、組織としては既に上下水道課という名称に変わっており、課内で水道、下水道、農集の維持管理業務を実施されています。また民側では、水道、下水道、農集は既に民間に委託されているので民間事業者は既にノウハウを持っています。また、水道、下水、農集の3事業に求められている人材は、技術、人材において類似点があるので、一緒に

できると考えられました。

　また、かほく市様としては、効率化するためにはある程度業務規模を拡大する必要があり、下水農集は個別に民間委託、水道は直営という範囲であった業務をできるだけ拡大した方が双方にメリットが出やすくなると考えられました。また水道事業単独だと事業規模が小さいので、かほく市の規模では民間の創意工夫を引き出すのは難しいことも挙げられました。以上から業務規模を拡大して水道、下水、農業集落排水を一体として委託してはどうかということで進められました。

図 6-7　包括的民間委託のスキーム(P-266)

　ここで民間委託のスキームについてお話します。公共下水道事業と農業集落排水事業、水道事業の3事業の施設に関して、下水処理場が2施設、ポンプ場が2施設、マンホールポンプが32か所、管路が250キロ、農集は処理場が15か所、マンホールポンプが46か所、管路が50キロ、水道事業は浄水場が2施設、送水施設が4施設、配水が7施設、深井戸が11か所、管路が350キロとなっています。平成22年度から24年度に、公共下水道と農業集落排水事業の2事業はレベル2.5で包括民間委託により個別に別々の会社に委託されていました。水道は直営で管理されており、その他管路の管理については仕様発注で別途委託されていました。これらを平成25年度からの契約において、レベル2.5で一括に発注される形になりました。更に、下水道事業に関しては、管路についてもかほく市様がデータを集めていましたので委託に加えられています。水道事業の管路については一部データが集めきれていない部分があるということで委託からは外されています。

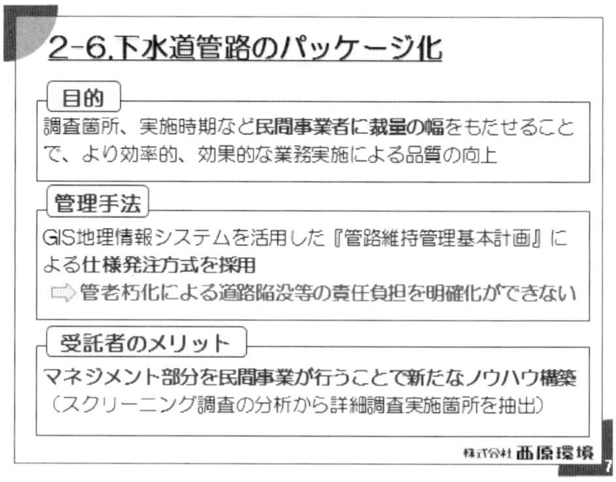

図 6-8　下水道管路のパッケージ化

　今回の委託で、管路の委託が含まれたことから、下水道管路管理のパッケージ化についてお話させていただきます。

　調査個所、実施時期などを民間事業者に裁量の幅を持たせることで、より効率的、効果的な業務実施による品質の向上を目指すことを目的としております。

　管理手法としては、GIS地理情報システムを活用した「管路維持管理基本計画」による仕様発注としております。仕様発注にしている理由は、管路老朽化による道路陥没等の責任等を明確化できていないためであり、今回は一部仕様発注として包括委託に含まれています。

　受託者側のメリットとしては、スクリーニング調査の分析から詳細調査実施個所を抽出することができるため、マネジメントを自分たちで行うことができ、新たなノウハウの構築ができることがメリットと考えています。

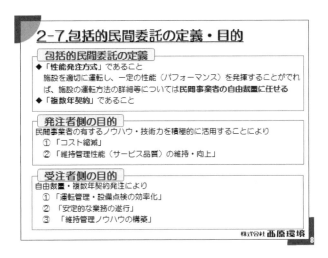

図 6-9　包括的民間委託の定義・目的

ここで一度まとめとして包括民間委託の定義・目的について話します。

包括民間委託の定義は性能発注方式により施設を適切に運転し、一定の性能を発揮することができれば、施設の運転方法の詳細等については民間事業者の自由裁量に任せられていること、また複数年契約であることが定義されています。かほく市では5年の契約となっています。

発注者側の目的としては、民間事業者の有するノウハウ・技術力を積極的に活用することにより、コスト縮減と維持管理性能（サービスレベル）の維持と向上です。

受注者側としては、自由裁量と複数年契約により運転管理・設備点検の効率化が図れます。また5年という期間がありますので、安定的に業務ができ、今回新しく業務が増えた管路管理の維持管理のウハウの構築ができることが挙げられます。

3．業務内容（上水・下水・農業集落排水）

図 6-10　水道事業　業務範囲

次に業務内容についてお話します。まず水道事業の業務内容ですが、先ほど施設数についてはお話ししましたが、こちら地図で見て分かる通りかほく市の施設は北部と南部に別れています。これは元々合併前の高松町と宇ノ気町、七塚町の関係であり、取水井戸等も、北部、南部に所在しています。運転管理業務として運転・水質・保安・調達等の管理、保全管理業務として保守点検・整備、補修、水源井戸の調査が業務に入っております。井戸の調査業務は5年間のうちに5つの井戸で実施することになっていましたが、今回弊社が業務を実施する際に、いち早く現状の把握を行いたいこと、井戸の効率化が可能かを調べるために、5年で実施するものを1年目に全て終わらせています。その他業務については、衛生業務、環境整備業務、見学者対応業務のほか、量水器定期交換補助業務で、年間1,740個の量水器の管理等を行っています。

図 6-11　下水道事業　業務範囲

下水道事業の業務については、上水と同様に北部（旧高松町）、南部（七塚と宇ノ気町）の二つに分かれています。かほく市の地形上、丘があるので、その丘の右側にマンホールポンプがたくさんあることが特徴の一つです。

運転管理業務について上水とほぼ同じですが、内容に管路管理調査業務が含まれています。これは予備調査として年間 315 か所程度、距離にして 9.1 キロにあたりますが、この区間の調査を行い、調査結果から翌年に調査範囲の 10% 程度において清掃・詳細な調査を行います。

図 6-12　農業集落排水事業　業務範囲

農業集落排水事業の業務範囲ですが、山間部に固まって集中しています。これは地形上の問題です。施設は JARUS I から XIV まで処理方式も処理規模も違った処理場となっています。

この管理業務についても管路管理調査業務が付随しており、予備調査は 82 か所で距離にして 3.2 キロ程度になっています。こちらも予備調査の調査個所から翌年 10% 程度の清掃と実態調査を実施します。

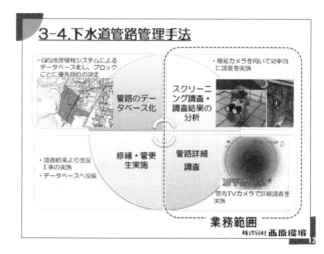

図 6-13　下水道管路管理手法

ここで、下水道管路調査の管理手法についてお話しいたします。管理手法は 4 つのパートに分かれます。管路のデータベース化、スクリーニング調査・調査結果の分析、管路詳細調査、管路の修繕・管更生の実施という 4 つです。管路のデータベース化は基本的には区画ごとをメッシュで区切り、管路ごとに重要度を評価してデータベース化します。また、軟弱地盤等があれば、調査頻度を短く設定します。

当業務の範囲は、次のスクリーニング調査から管路詳細調査までになります。スクリーニング調査では簡易カメラを用いて管路に入れることによって、管路が曲がっていないか、不明水の侵入がないか等を調査します。スクリーニング調査結果の 10% 程度について、管内にテレビカメラを入れて詳細調査を実施します。この調査結果から修繕・管更生の実施を行い、実施した実績はデータベースに反映されるサイクルとなります。

4．提案項目について

図 6-14　自主基準値の設定(P-267)

　当社が提案した提案項目についてお話させていただきます。今回の発注は、性能発注ですので要求水準があります。特に上水・下水・農集の全てにおいて水質管理に重点があります。当社としては上水、下水、農集の3事業において要求水準よりも厳しい自主基準を設定し、放流水の汚濁負荷量の低減と要求水準の超過防止を行っています。農集について施設の処理方式。規模が違うため、施設に合わせて要求水準を設定しています。

図 6-15　自主基準値の超過の考え方(P-267)

　自主基準の超過の考え方について、自主基準の超過未達フローを設定しております。未達が発見された場合は、まず原因追究をするとともに点検回数を増やします。自主基準の超過が続いている間、超過の度合いと超過期間を把握しその対策を策定、実施するためです。この対策の実施による効果の有無により次の対策を実施しなければなりませんので、対策の実施後は効果の確認も必要になります。

　自主基準超過時はこの様な対策と、点検回数増加による効果の確認、また次対策を早期に取組ことができるため、要求水準の確実な達成と環境負荷の低減が図れると考えています。

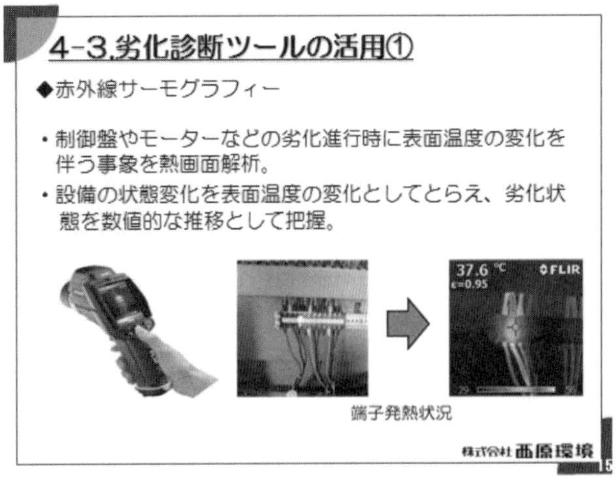

図 6-16　劣化診断ツールの活用①

　次に劣化診断ツール6の活用についてお話します。当社は赤外線サーモグラフィーを用いて制御盤やモーターなどの劣化進行時に表面温度の変化を伴う事象を熱画像解析により表面温度の変化としてとらえ、劣化状態を数値的な推移として把握することができます。こちらは実際にかほく市で撮影したものでが、故障前に熱が高いところを発見することができたため、故障前に対策を実施することができた例です。

図 6-17　セルフモニタリング

　次にセルフモニタリングについてです。セルフモニタリングにより各業務において従事者だけでなく直接業務に従事していない社員も加え、正しく確認・評価することによって、要求水準書や企画提案書の内容をしっかり履行できてい

るか、達成できているか、進捗具合の確認を行います。期間は3カ月に1回実施しています。確認内容は従事者が作成した書類をファイリングしたものが資料になっています。ここでは要求水準の未達や提案事項の進捗状況が確認できます。また、点検回数・頻度については収集したデータより、かほく市様と相談して点検過度を測る材料にもしています。

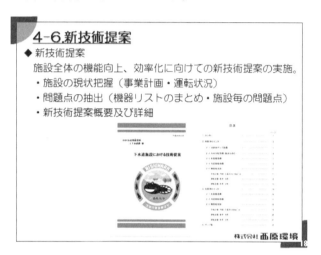

図 6-18　新技術提案

また、当社は水処理メーカーですので、新技術提案として施設全体の性能向上、効率化に向けての新技術の提案・実施をしています。施設の現状把握、問題点の抽出し、その中から新しい技術等を提案しています。

図 6-19　その他提案事項

その他の提案事項ですが、まずスマートフォンを活用した遠隔監視システムの導入です。先ほど地図を見ていただき、施設が点在している点はお話しましたが、施設は点検のみの無人施設がほとんどです。その無人施設において遠方から状況が確認できるシステムの導入を現在行っています。

導入により情報の共有化が図れるほか、どこにいてもスマートフォンで施設の状況が見られることから、毎日点検に行く必要がなくなり点検回数の低減が図れます。また、緊急時・故障発生時には何が壊れていてどのような状況なのかがすぐに把握できるので、初動体制の確立が容易で、出動警報かそうでないかの判断、また出動人数を早期に決定できると考えています。

また、地元企業との連携に関して、当社は地元維持管理会社と共同してこの業務を実施しています。また、共同している会社以外の地元企業とも災害協定を結んでいて、大規模な災害があった場合はお互い協力して取り組むことができるようにしています。

災害訓練等については市職員と共同で実施し、昨年度は落雷時停電対応訓練や取水井戸が汚染された時の訓練等を実施しています。その他、CSR活動としてはかほく市の文化祭において水についての学習会を実施し、活性炭による水の浄化や、顕微鏡による微生物の観察等を実施し、水の大切さと共に、上水・下水道の大切さを話しました。その他、積極的に地域清掃活動等にも参加しています。

5．上下水道施設維持管理業務
～1年目を終えて～
～今後の展望～

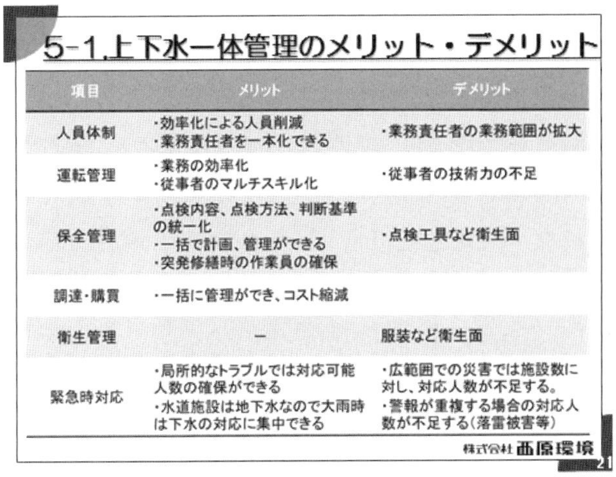

5-1.上下水一体管理のメリット・デメリット

項目	メリット	デメリット
人員体制	・効率化による人員削減 ・業務責任者を一本化できる	・業務責任者の業務範囲が拡大
運転管理	・業務の効率化 ・従事者のマルチスキル化	・従事者の技術力の不足
保全管理	・点検内容、点検方法、判断基準の統一化 ・一括で計画、管理ができる ・突発修繕時の作業員の確保	・点検工具など衛生面
調達・購買	・一括に管理ができ、コスト縮減	
衛生管理	ー	服装など衛生面
緊急時対応	・局所的なトラブルでは対応可能人数の確保ができる ・水道施設は地下水なので大雨時は下水の対応に集中できる	・広範囲での災害では施設数に対し、対応人数が不足する。 ・警報が重複する場合の対応人数が不足する(落雷被害等)

株式会社 西原環境　21

図 6-20　上下水一体管理のメリット・デメリット

1 年間維持管理を行ってきた中での上水、下水、農集の一体化によるメリット・デメリットをまとめました。人員体制については効率化により人員が削減できることが挙げられます。また、今まで 3 事業に一人ずつ責任者を置く必要がありましたが、それらを一本化できるメリットがあります。その反面として、業務責任者にかかる負担・業務範囲が大きくなるデメリットがありました。

運転管理については人員体制と同様に運転業務の効率化が図れました。また、従事者については水道も下水も農集も管理をするためにマルチスキル化を進めることができました。デメリットとしては、マルチスキル化のために、1 年目から従事者が覚える技術が多すぎて、技術力が不足したことが挙げられます。

保全管理については、今まで 3 事業でバラバラの管理会社が行っていたものが 1 社になったので点検内容、点検方法、判断基準の統一化が図れました。また、保守計画は下水、上水、農集一括で計画・管理ができるようになったので手間が省けるようになりました。突発修繕時については、作業員はたくさんいますので一つの物が壊れたときには皆が集まって作業等ができるメリットがありました。デメリットについては、衛生面より上水・下水で点検工具が一緒に使えないことが挙げられます。また、服装、靴に関しても上水と下水で同じでは衛生管理について問題となるデメリットが挙げています。

緊急時対応については、突発修繕もそうですが局所的なトラブルには対応人数が確保できるメリットがあります。特に水道施設は地下水なので大雨による影響はほとんど受けません。そのため大雨時には下水道に集中できるメリットがあります。しかし、広範囲の災害では施設数に対して対応人数が不足してしまうデメリットがあります。特にかほく市がある石川県は雷が多く、雷による施設の警報等が重複するので、その場合の対応人数が不足するデメリットがあります。

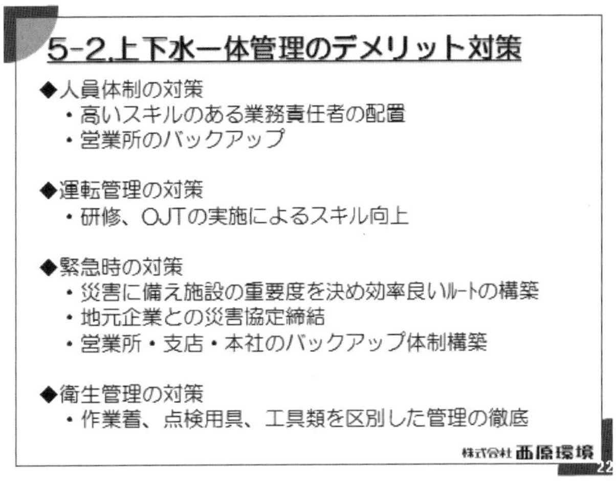

図 6-21　上下水一体管理のデメリット対策

次にデメリットの対策を挙げます、人員体制においてスキルのある業務責任者を配置すること、営業所からもバックアップで人を出すなどでデメリット対策としました。

運転管理対策としては、研修・OJT 実施によるスキルの向上、マニュアルの作成による作業の標準化を図りました。また習熟時間については、PDCA による点検頻度の最適化等を行うことで時間を作りました。

緊急時の対策は災害に備えて重要度を決め、

効率の良いルートの作成および各種災害マニュアルの作成と、それに伴った訓練を実施することにより、災害時はどこから行けばよいか、どこが重要かを皆で共有するようにしました。

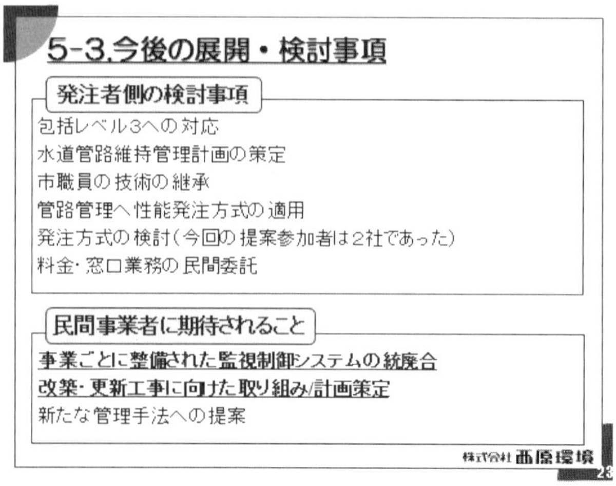

図 6-22 今後の展開・検討事項

最後に、こちらはかほく市様から頂戴した意見ですが、今後の展望ということで、発注者側の検討事項としては現在行われている包括レベル2.5から3への対応、水道施設の管路維持管理計画の策定の遅れ、市職員の技術の継承の問題、管路管理へ性能発注方式の適用、発注方式の検討が挙げられました。今回当社が受託した入札への参加企業は2社でした。また、料金・窓口業務の民間委託を現在発注者側で検討されています。

民間事業者に期待されていることとしては、事業ごとに整備された監視制御システムの統廃合が挙げられます。現在かほく市の上水、下水、農集において全く違う監視システムが導入されています。また、改築・更新工事に向けた取り組み、計画策定、新たな管理手法の提案が期待されています。

以上で発表を終わります。ご清聴ありがとうございました。

◇質疑・応答
（会場）

大変興味深い発表ありがとうございました。実際に水道や下水道を一緒に管理して人員削減が行われたという話でしたが、1点目に人員削減効果で委託者側のかほく市さんは人数が8人削減されたという説明はありましたが、実際に西原環境さんは何人でかほく市さんの管理に回されたのでしょうか。2点目はその地元業者さんとの関係、再委託によってとかでやっているのか、あるいは何か協定とかなのか。そこを聞かせください。

（奥野）

どうも質問ありがとうございます。2点目については、地元企業の方にも等業務の中に入ってもらい一緒に業務を行っております
（かほく市様が8人削減されたことと、今回の委託契約での人員削減は別の問題です）。

（会場）

契約関係はありますか。

（奥野）

あります。地元企業は元々農集を管理してした清掃業の会社で、一緒に業務に取り組むことで、地元企業にも弊社の管理ノウハウが伝わりレベルアップになると考えています。また弊社としても地元企業である強み、清掃業者としての強み等を活かして維持管理に取り組んでいます。

1点目に関しましては、現在業務は7名で実施しています。どのような点で削減ができるかという話ですが、例として挙げたいのは水道で点検にだいたい1.5人工かかります。1.5人工というと、その事業だけでやると2人必要になってしまいます。そこの残りコンマ5人工の部分を下水に割り当てることで削減が図れます。また、水道事業では管末での点検を毎日行わなければなりませんが、2人での実施では、休みが取れなくなってしまいます。

（司会）

　私の方から、【図 6-5】の業務提携の上のところで、水道事業の第三者委託で受託者は水道法上の責任を負うので水道技術管理者の配置義務が生じると言いながら、下の方で官民双方に水道技術管理者を抱えるほどの事業規模ではないとなっており、ここを詳しく解説していただけますか。

（奥野）

　私の説明が不足していましたが、水道事業の第三者委託という制度で考えた時に、地方として県水が40％、残りの60％が深井戸の管理になり、取水も比較的きれいな水になっているため、特別な技術が必要ではありません。そのため、第三者委託にして水道技術管理者を双方に抱えるほどの事業規模ではないという判断をかほく市様がされ、第三者委託ではなく、農集や下水で実績のある包括的民間委託の採用の流れになっています。

（司会）

　第三者委託と言うと、今回の委託との違いは第三者の意味が違うのですか。

（奥野）

　そうです。第三者委託となると一番大きいことは水道技術管理者を置く必要があることですが、今回弊社では水道技術管理者を配置せずに、かほく市様の方で配置されていることが一番大きな違いになっていると思います。

（司会）

　そうすると、官民双方にではなく官側に配置しているということですか。

（奥野）

　かほく市様で官民双方に配置する必要はないよと判断をされたということです。

図 6-3　包括管理委託

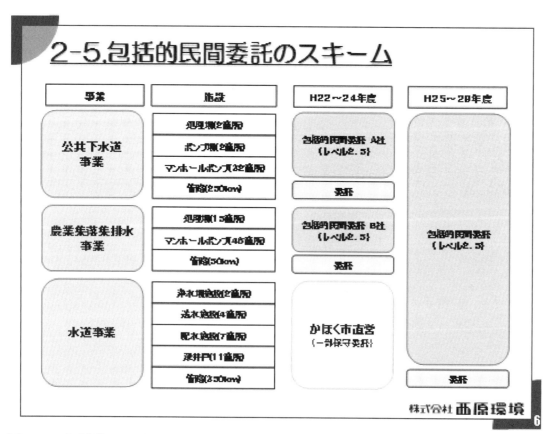

図 6-7　包括的民間委託のスキーム

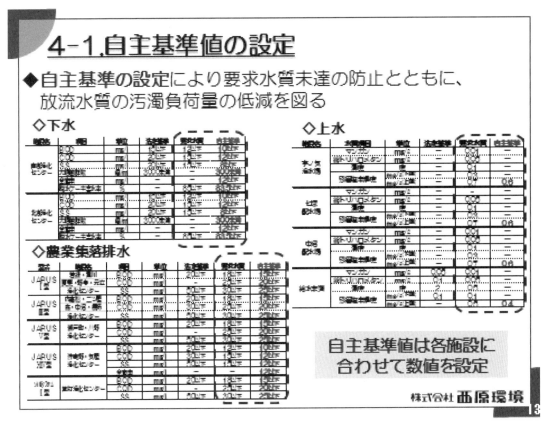

図 6-14　自主基準値の設定

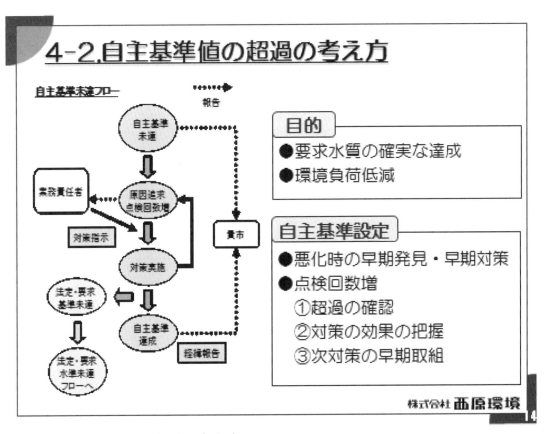

図 6-15　自主基準値の超過の考え方

3.7 全体討議

コーディネーター：松本 直也

```
2014年度公共調達シンポジウム
特定課題「維持管理の入札・契約制度について」
全体討議における論点

1. 維持管理の組織体制・人材（財）　（基調講演、事例(4)）
　・発注者の体制整備
　・担い手の確保・育成

2. 効率的・効果的な維持管理のための入札・契約制度
　　　　　　　　　　　　（事例(1)、(2)、(3)、(5)）
　・民間企業の有する技術の導入方策
　・維持管理の市場の魅力向上
```

図 7-1　全体討議における論点

　それでは、全体討議を始めますが、私の方で勝手に論点を 2 つ挙げさせて頂きました。1 点目は、これから維持管理の重要性がますます増す中で、その組織体制、あるいは人材の問題です。関連する発表としては、基調講演がまさにそうですし、仙台市さんの発表は、発注者側の業務プロセスの改善となるので、こちらにしました。2 点目は、入札契約制度で、これは元々のテーマがそうでしたので、大半の発表がこれに入ります。

　まず 1 点目ですが、発注者といっても、インハウスエンジニアをたくさんかかえているところから、維持管理を実施するだけの体制がなかなかとれない小規模な自治体まであると思われますが、規模の大きなところ、小さなところ含めて、発注者の体制を今後維持管理にふさわしい形に整備していくために、どのような課題があり、どのような解決方法があるのかという点です。また、官民含めてですが、基調講演にもありましたように、維持管理に関する技術なり知識なりを持った人をどのように確保、育成していくかという点を、最初の論点として挙げさせていただきました。このような観点で、今まで発表にあったこと以外も含めて、発注機関の方も会場にたくさんおられると思いますので、コメントをいただけたらと思います。

　まず、道路法の改正があって、高速道路も含めこれから大規模な修繕が本格的に実施されると思いますが、その対応のために、体制をどのように強化していくかということについて、道路関係でコメントいただける方がおられたら、お願いします。

会場（公共機関）

　道路法が改正され、実際は平成 26 年 4 月からの施行ですが、点検を 5 年ごとのサイクルで実施し、次期点検までには修繕する必要なある箇所、早急にやらなくてはいけないランクのものについては、次の点検までには修繕を行うということが、法律で決まりましたので、たぶん予算は先取りになるのかなと思います。一方、自治体を含めて、それをやらなくてはいけないので、体制の問題があります。整備局としましては、今年の 4 月から新たに道路保全官を設置し、人数の強化を行い、本局に 5 名、各事務所に最低 1 名で自治体支援をしていくように体制は整えたつもりではあります。

コーディネーター

　当然直轄の方も体制を強化していかなくてはいけない、さらに、自治体の支援もしていかなくてはいけない、これは国も、なかなか大変だなという気もしますが、そういう状況で、発注側の体制を補完する、あるいは支援する形で、民間の様々な力を借りるという点、次の論点にも関わりますが、さらに何か発注側で考えておられていることがあれば、どなたかお話しいただけませんか。

会場（公共機関）

　発注者の体制整備について、品確法の改正もあり、発注者の体制整備を支援していかなければいけないというところで、国総研も本省のお手伝いをしています。要点を言うと、なにを

って体制がしっかりしているか、ダメかという判断基準がなく、一人当たり何本の工事を担当しているのか、いくらくらいの予算を使っているのか、今そういう面でいろいろと考えてみてはいるのですが、何を標準とするのかわからないということがあります。なにかそのアカデミックな考え方があれば、教えていただけたらなと思います。

コーディネーター

それも大事な観点かと思います。足らない足らないといっても、ではどれだけ足らないのか、量的な話があまり整理されていない気がするのですが、今の質問になにか、ずばりではなくても答えることができる方おられますか。沢田先生、どうでしょうか。ME という形で、技術者を育成されていますが、どこまでそういう専門的な技術を持った人を増やしていかなければいけないのかというような、数量的な観点で考えられたことはありますか。

沢田（岐阜大）

岐阜大の沢田です。国交省が法改正をされたので、今全国的にメンテナンス会議だったか、そういう名前でいろんな会議がもたれて、計画を練っているところですが、岐阜でいえば、岐阜県の道路担当が、市町村の技術者の数と、それから担当しなければいけない道路やトンネルの数を調べました。そうすると、余裕のあるところは間違いなく余裕があり、余裕がないところはどうなのかというと、技術者が 0 なのです。管理しなければいけない橋梁がたとえ 1 橋であっても、技術者 0 だと、割り算すると無限大です。その無限大をどのようにするのかということの答えには、今のようなものの考え方だとたどりつかないのではないかなと思っております。そこをどのようにカバーできるかというのは、たぶんどこかの壁を超えて何かしなければいけないとは考えるのですが、数量的にはどうこうというのは、今のところ私にはわかりません。

小澤（東京大）

どれくらいのボリュームの体制を確保しておけばちゃんとメンテナンスできるかというのは、今までやってきていないところを一生懸命調べてもなかなか参考にならないので、管理、メンテナンスしている対象の施設の種類によっても変わってくるとは思いますが、これまである程度そのための体制がきちんと確保されているところではどれくらいのバランスがいいのか参考になるのかなと思います。ひとつは、100 年以上経っている施設も管理している鉄道系で、JR があれだけの施設を管理するのにどれくらいの規模でやっているのか。例えば、JR 東日本で何百人か、1000 人は超えてなかったと思いますが、通常の日常のメンテナンスを、点検含めてやる人たちがそれぐらいの規模だったと聞いています。それは、設備系はたぶん別ですが、橋梁もトンネルも、いわゆる土木系のインフラを全部やっていると思います。道路系では、NEXCO はじめ道路会社は、エンジニアリング会社と保守点検を専門にやる会社と子会社にされていますが、そこでそれぞれの地域にはりつく会社とマネジメント、エンジニアリングをやる会社とに機能を 2 つに分けられて、全国に配置されていて、たぶん規模は、ちょっと調べればすぐにわかる状況にあるかなと思います。

コーディネーター

なるほど。そこも調べていただいて、対象が変われば質が違うのでストレートにそのまま比例するわけではないと思いますが、国や自治体でどの程度必要かの目安になるものが出てくるかもしれませんね。ありがとうございました。

次に入札契約制度ですが、今いろいろな工夫をされている事例をいくつか挙げていただいたのですが、基本的に民間企業が持っている技術をいかにうまく取り込んでいくのか、その手法として長く契約するとか、性能発注的なもので自由度を増すとか、包括委託で様々な工夫を長期間にわたってやっていただくとか、そういう

例がありました。このような先進的なものをどんどん伸ばしていくということが1つあるとして、率直に言って今の発注方式で民間技術がうまく導入されていっているかどうか、それについての何か課題があるかという点をまずお聞きしましょうか。受注をされる立場の方から今の発注方式についての注文をしていただいた方がいいのかなと思いますので、コンサル、あるいは建設会社の方、どなたか発言お願いします。

会場（コンサルタント）

　今日の話で、いつも感じることですが、技術の導入、発注者にとってはそういう言葉になりますが、その技術をどれくらいの値段で買っていただけるのかということになります。それが高ければ、民間の方ではそういう技術をどんどん作っていくということになるのですが、1つの例として、今日沢田先生のお話しに道路の寸断を救った技術者がいました。あの値段はいくらですかという話です。そこのところを、ありがとうとか彼は優秀であったということだけではなくて、その自治体の人から見た場合、あの技術はいくらで買える、そのためにその技術者はどのくらい努力していたかというようなことです。その技術者のコスト（生活費ではないですよ）その見積書を出せというのは野暮な話でして、その技術がいくらかという議論を難しいとかできないではなくて、始めるっていうことをしていただければなと思います。これは、業者の立場で言っております。

コーディネーター

　逆にお聞きしますが、発注者が払いたい金額だから、受注者が提案するということではないと思いますが、どうすればいいとお考えですか。何か考え方を決めないと、金額にならないですよね。

会場（コンサルタント）

　そこにいる技術は公共投資だと思います。ですから、アセットマネジメントの施設調査でも、with と without でこれだけ効果が出たといわれるわけです。税金をこれだけ使ってこれだけ効果を出した、その一部をエンジニアに渡すということですから、ベースは with と without、すなわち、先ほどの話だと道路が寸断した場合と寸断しなかった場合、というのがベースとなると思います。

コーディネーター

　今までは、技術者の人件費、つまりコストで価格を決めていましたが、そうではなく成果としてどれだけ価値があるものかという、ベネフィットの方をベースにした価格決めということですね。ここは学会ですから、先生方にはぜひ研究していただきたいと思います。

会場（建設会社）

　今日のお話をうかがって、2，3点入札契約制度について、要望をさせていただきたいと思います。特定課題の方は、公共施設を管理する管理者がこれまで維持管理についてやってきた部分を民間が請け負っていくということだと思います。その時に、今日感じた1つは、公共施設を維持管理していくときの持続可能性です。公務員を民間の人間に置き換えることによって、コスト縮減がずっと行われてきたのですが、そういう方法でずっと持続可能かということをこれから労働力、人口の減少ということを考えてくと、特に維持管理に関してはしっかりと議論をして入札契約制度を検討していくべきではないかということです。次に、私どもは修繕工事を長い間やってまいりましたが、最近品確法ができ、競争性を価格だけではなくて品質その他にも持っていくということで、非常にいい方向になってきたとは思いますが、少し総合評価疲れといいますか技術提案することについてのコストが大変だということで二極化し、金額が小さいもの、難易度の低いものについては、ほとんど企業の技術評価だけという動きにややなっ

てきています。しかし、メンテナンス、特に維持修繕の部分については、金額は小さいけれども、施設の今後の寿命などいろんなものに影響のあると思います。修繕工事をした後、5年後、10年後、20年後どのようにカバーしていけるのか、そういう提案に一定の評価をする、そのような入札契約制度にすることがすごく重要ではないかと思います。最後にお願いをしたいのは、先ほどもでていましたけど、これからの修繕事業、保全事業等のボリューム感がつかみきれないということです。例えば、橋については、道路事業が10兆円くらいあったのが6兆ぐらいになり、橋梁の新設であれば、昔なら1割くらいが橋梁の新設だといわれていたものが、今はたぶん数％になっていると思いますが、維持修繕の規模、特に橋梁の補修の規模というのは2,000億、3,000億といった規模でありますので、それが2倍も3倍にもなるとは考えにくいのです。そのあたりがどのようになっているのかについては、発注者側で長期的な計画を作ることが重要ではないかと思います。

コーディネーター

　いくつか指摘がありましたが、発注機関の方で、今のどの部分でも結構ですが、コメントいただけたらと思います。

会場（公共機関）

　今の話はまさにうちの課題です。アセットマネジメントをとりあえず実施してみたあとに長期計画を作っているところです。そこでボリューム感を出すというところで、長期健全予測を第一段階は済ませており、更新だけの発注量を倍ぐらいにしていかないと、長寿命化を図っても難しいのではないかというのがそこの感覚です。それは、建設を一生懸命やっていた平成の初期の時代であれば何分の1かの費用ですが、それくらいのボリュームが必要ではないかと思っており、そこをどのように確保していくのか。自治体では、一般会計にも関わりますし、人事も全体の人事を総務局の中でやっていますので、そこの話を明確に出していくことが必要です。あとは、担い手の確保の観点から言うと、力量を明示するということが非常に大きな話で、例えば民間業者さんには維持管理をお手伝いしていただく場合には、こういう資格を持っていることや、こういう経験を持っている方を明示しているはずですが、直営はどうか。仙台市もいくつかのポンプ場を直営でやっていますが、そこの直営の技術者がそれだけの能力を持っているかというと実際には持っていないところもあり、すぐにどうこうとはできないのかもしれませんが、そこを明確化し、きちんと財政と人事の方に言い続けていくことが必要ではないかと考えています。ボリューム感だけはおそらく出るのかと思っており、金額でいえばそのくらいの規模ですし、それを例えば1人当たり何本工事を発注すると考えていくと、今の人員では間に合わないのではという危惧がございますので、どのような発注形態するのかということもありますが、民間とも協力しながら人材を確保するといった話をしていく準備を今やっています。

コーディネーター

　将来必要な事業量というのは、民間の建設会社、コンサルタントにとっても、経営計画を立てていく上で必要な情報になると思いますし、それが正確な情報であればあるほど、国民の皆様方にもその必要性を理解していただいて、予算の確保にも結び付いていくこともなると思いますので、今のインフラを管理しておられる方々に努力していただき、なるべく明確にしていただいて、そのデータを世の中に出していくということが求められているのかなと思います。

　論点に挙げた最後、維持管理のマーケットですね。河川の管理でも除草のときはまとまった仕事はありますが、そのあとは不定期に災害対応や、事故対応等になり、それで1年間拘束されることになると、大事な仕事であることはわかるのだけれど、なかなか企業側としては手を

上げにくい。こうしたことが共通してあるのではないかと思います。魅力を上げていくために、もちろん価格をあげるというは一つだと思いますが、あるいは自由度を与えて、工夫が入れることができればそれなりに面白い仕事になることもあると思います。維持管理の入札契約制度を検討されている小澤先生いかがでしょう。

小澤（東京大学）

そういう意味では、最後にご紹介いただいたかほく市の例は、非常に私としては参考になりました。1つの公共下水道だけではとても魅力的ではない、あるいは農業集落排水事業だけでは魅力的ではないというものを、上水道も含めて包括して1つのメンテナンスとすると、民間にとってもある種魅力的なマーケットになりうる。非常に極端な例でいうと、もっと小さいところでは、上下水、水だけではなくて、もっと他のインフラもまとめて規模を考えてみないと魅力的なものにならない。逆に言うと、そういうふうにすると魅力的になる可能性があるということも考え得るかなと思っていまして、地方公共団体が管理しているインフラは、箱モノを含めると実に多様で、これをどのように包括化すると、どんな可能性が生まれるかということを、実は今、維持管理の入札契約制度というタイトルの委員会で議論させていただいています。それぞれいろいろなモデルが考え得ると思いますが、施設を管理している発注者側、行政側のニーズと、サービスを提供する側、民間企業の皆様方のシーズをどうマッチさせるか、そこでいくつかのパターン、モデルを提示して、そのときに契約するとしたら、どういう方向で契約をすればいいのか、その辺の議論を進めているところです。今年の秋くらいには、皆様方にこういうやり方であれば行政のニーズも満足できる、民間の方々にも手を挙げていただける、そのような契約のモデルをご披露したいなと考えております。

コーディネーター

乞うご期待ということです。

一通り議論させていただいたと思いますので、最後、全体を通して、委員長の福本さんにコメントいただきたいと思います。

委員長

維持管理は、我々がこれから取り組んでいかなければいけない問題だと思いますが、大規模にしても、スコープという面では、あまりはっきりしていません。橋の更新などは、新規と一緒ですからあまり問題はないのですが、道路や河川の堤防などの維持管理は、これをやっていかないと、安心して発展する国土を作っていけないと思うのですが、単にロットを大きくするとしても、どういうものが出ていくかもわからないという問題があります。それから今日の発表にもあったように、地元の建設会社も育てなければいけない、そうしないと何かあったときに対応できない。そのような面からも、人材育成というのは非常に大事だと思います。そのような種々の要請に応える必要があります。例えば、ある程度大きなものにしないと、技術開発は、誰も取り組まないし、誰もできないのではないかと思います。民間技術を導入するといっても、具体的にどうするのか、専門的な面に加えて、もう少しマネジメント的な要素を踏まえたような発注方式ができればいいと思います。小澤先生よろしくお願い致します。これからも引き続き、建設マネジメント委員会でも時間を割いて議論できたらと思いますので、どうぞよろしくお願い致します。

コーディネーター

それでは、以上で2014年度公共調達シンポジウムを閉会します。

建設マネジメント委員会の本

書名	発行年月	版型：頁数	本体価格
土木技術者のための原価管理	平成13年11月	A4：210	
※土木技術者のための原価管理　問題と解説	平成20年3月	A4：125	1,000
※技術公務員の役割と責務－今問われる自治体土木職員の市場価値－	平成22年11月	A5：96	1,400
※土木技術者のための原価管理　2011年改訂版	平成24年2月	A4：265	2,500
※未来は土木がつくる。　これが僕らの土木スタイル！	平成27年3月	A5：217	1,200

建設マネジメントシリーズ一覧

	号数	書名	発行年月	版型：頁数	本体価格
※	1	建設マネジメントシンポジウム　公共調達制度を考えるシリーズ①	平成20年5月	A4：228	2,500
※	2	土壌・地下水汚染対策事業におけるリスクマネジメント　－失敗事例から学び、マネジメントの本質に迫る－	平成20年5月	A4：136	2,700
※	3	建設マネジメントシンポジウム　公共調達制度を考えるシリーズ②	平成20年9月	A4：216	2,500
	4	インフラ事業における民間資金導入への挑戦	平成20年10月	A4：246	
※	5	建設マネジメントシンポジウム　公共調達制度を考えるシリーズ③	平成20年12月	A4：218	2,500
※	6	公共調達制度を考える　－総合評価・復興事業・維持管理－	平成27年3月	A4：140	2,600

※は，土木学会および丸善出版にて販売中です．価格には別途消費税が加算されます．

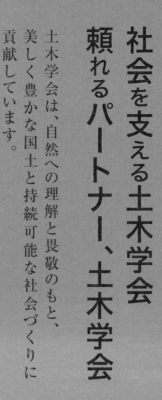

社会を支える土木学会
頼れるパートナー、土木学会

土木学会は、自然への理解と畏敬のもと、美しく豊かな国土と持続可能な社会づくりに貢献しています。

土木学会の会員になりませんか！

土木学会の取組みと活動
- 防災教育の普及活動
- 学術・技術の進歩への貢献
- 社会への直接的貢献
- 会員の交流と啓発
- 土木学会全国大会（毎年）
- 技術者の資質向上の取組み（資格制度など）
- 土木学会倫理普及活動

土木学会の本
- 土木学会誌（毎月会員に送本）
- 土木学会論文集（構造から環境の分野を全てカバー／J-stageに公開された最新論文の閲覧／論文集購読会員のみ）
- 出版物（示方書から一般的な読み物まで）

公益社団法人 土木學會
TEL：03-3355-3441（代表）／FAX：03-5379-0125
〒160-0004　東京都新宿区四谷1丁目（外濠公園内）

土木学会へご入会ご希望の方は、学会のホームページへアクセスしてください。
http://www.jsce.or.jp/

定価（本体 2,600 円＋税）

建設マネジメントシリーズ 06
公共調達制度を考える －総合評価・復興事業・維持管理－

平成 27 年 3 月 31 日　第 1 版・第 1 刷発行

編集者……公益社団法人　土木学会　建設マネジメント委員会
　　　　　委員長　福本　勝司
発行者……公益社団法人　土木学会　専務理事　大西　博文

発行所……公益社団法人　土木学会
　　　　　〒160-0004　東京都新宿区四谷 1 丁目（外濠公園内）
　　　　　TEL　03-3355-3444　FAX　03-5379-2769
　　　　　http://www.jsce.or.jp/
発売所……丸善出版株式会社
　　　　　〒101-0051　東京都千代田区神田神保町 2-17　神田神保町ビル
　　　　　TEL　03-3512-3256　FAX　03-3512-3270

©JSCE2015／The Construction Management Committee
ISBN978-4-8106-0852-6
印刷・製本：日本印刷（株）　　用紙：（株）吉本洋紙店

・本書の内容を複写または転載する場合には、必ず土木学会の許可を得てください。
・本書の内容に関するご質問は、E-mail（pub@jsce.or.jp）にてご連絡ください。